■ 高职高专规划教材
■ 荣获中国石油和化学工业优秀出版物奖（教材奖）

化工设计概论

第二版

杨秀琴　赵扬　主编
丁玉兴　王芳　副主编
朱东方　主审

化学工业出版社
·北京·

内容简介

根据化工设计程序，本教材分为九章，全面介绍了化工厂设计的基本知识，主要内容包括化工工艺流程设计、工艺计算（物料衡算、热量衡算和典型设备工艺设计与选型）、化工厂厂址选择和总平面设计、化工车间布置设计、化工管路设计与布置、公用工程设计、环境保护与安全设计、设计说明书和概算的编制、施工配合、安装和试车。

本书在内容选择上以必需、够用为原则，突出化工特色，采用有关化工设计的新标准、新规范，注重理论联系实际，突出应用性。

本书可作为高职高专化工技术类各专业的教材，也可作为电大、职大等相关专业教材。

图书在版编目（CIP）数据

化工设计概论/杨秀琴，赵扬主编．—2版．—北京：化学工业出版社，2018.11（2025.1重印）
ISBN 978-7-122-32859-5

Ⅰ.①化… Ⅱ.①杨…②赵… Ⅲ.①化工设计-教材 Ⅳ.①TQ02

中国版本图书馆 CIP 数据核字（2018）第 188037 号

责任编辑：窦　臻　提　岩　　　　　　文字编辑：林　媛
责任校对：王素芹　　　　　　　　　　装帧设计：韩　飞

出版发行：化学工业出版社（北京市东城区青年湖南街 13 号　邮政编码 100011）
印　　刷：北京云浩印刷有限责任公司
装　　订：三河市振勇印装有限公司
787mm×1092mm　1/16　印张 16¼　字数 410 千字　2025 年 1 月北京第 2 版第 7 次印刷

购书咨询：010-64518888　　　　　　　售后服务：010-64518899
网　　址：http://www.cip.com.cn
凡购买本书，如有缺损质量问题，本社销售中心负责调换。

定　　价：42.00 元　　　　　　　　　　　　　　　版权所有　违者必究

第二版前言

化工设计课程与其他理论课程不同，要面向工程、面向当代。本书按照化工技术类专业培养目标和专业特点，结合化工总控工职业标准而编写。

本书系统介绍了化工设计的基本程序、方法、手段、工具，内容选择上以必需、够用为原则，突出化工特色，并在第一版的基础上采用了化工设计技术的新标准和新规范。注重理论联系实际，突出应用，培养学生学习能力和应用能力，使学生在学习中结合工厂生产实践，逐步了解并掌握化工设计的内容、方法及步骤，具备能初步设计一个化工生产工艺过程的工作能力。注重培养学生的工程思维方式和工作习惯，从而提高综合运用所学知识分析解决问题的能力。

为了便于教学和同学们自学，书中列举部分图表和数据、规定、规范及标准，以便同学们在设计中查找所需要的相关数据。在每章末附有思考题，有利于巩固所学知识，以便同学们掌握化工设计的基本要领和方法，帮助同学们从学校走向社会时，能尽快适应新的工作岗位的要求。

本书由杨秀琴和赵扬担任主编，丁玉兴和王芳担任副主编。教材中绪论、第四、第九章和附录由河南应用技术职业学院赵扬编写，第一、第六、第七章由河南应用技术职业学院杨秀琴编写，第二章由承德石油高等专科学校丁玉兴编写，第三章由扬州工业职业技术学院王芳编写，第五章由河南应用技术职业学院崔晨编写，第八章由内蒙古化工职业技术学院郭培英编写，全书由杨秀琴统稿。河南应用技术职业学院朱东方副院长担任主审，同时还聘请了一些大中型化工企业的技术人员参与了审稿，他们对书稿提出了宝贵意见，在此深表谢意。

本书编写过程中参考了有关专著与其他文献资料，在此，向有关作者表示感谢。还要感谢使用本教材的师生，希望你们在使用本教材的过程中，能够及时把意见和建议反馈给我们，以便进一步提高教材内容质量。

由于编者水平有限，书中不妥之处在所难免，敬请读者批评指正，不吝赐教。

编　者
2018 年 8 月

目录

第三章　厂址选择和总平面设计

第四章　化工车间布置的设计

第五章　管道设计与布置

第六章　公用工程设计

第七章 环境保护与安全设计

第八章 设计说明书和概算的编制

第九章　施工配合、安装和试车

附　录

参考文献

绪　论

一、化工设计工作的意义和作用

化学工业是国民经济中的重要组成部分，随着化学工业的迅速发展，其产品品种增多，产量大幅度增长，质量也有很大的提高。同时，化工厂技术装备也在不断更新。为了实现把我国建设成为社会主义现代化强国的宏伟目标，根据国民经济的发展规划，化工生产的规模化、现代化、环保化和清洁化的工艺特点在化工设计中逐渐显现出来。

化学工业的发展推动了相关行业的繁荣，为其他工业的发展提供了能源和原料，随着化学工业的快速发展，化工产品已经渗透到社会生产和生活中的许多领域。

化工设计是将一个生产系统（如一个工厂、一个车间、一个工段或一套装置等）全部用工程绘图的方法和手段，转化为工程语言，也就是描绘成图纸、表格及必要的文字说明的过程。在化学工业基本建设上，化工设计发挥着主要作用。如新建、改建、扩建一个化工厂，就需要对生产过程的设备进行生产能力的标定，对所完成的技术经济指标进行评价，并发现生产薄弱环节，挖掘生产潜力；在科学研究中，从小试、中试以及工业化生产都需要与设计有机结合，进行新工艺、新技术、新设备的开发工作；在基本建设施工前，必须先搞好工程设计，要想建成质量优等、工艺先进的工厂，首先要有一个高质量、高水平、高效益的设计。因此，设计工作是生产的前提，是科研成果转化为生产力的必要途径。

二、化工设计的特点

化工设计是政治、经济和技术紧密配合的综合性很强的一门科学技术。化工生产与其他行业的生产一样都有一个规范的生产过程，使得化工设计也具有一般工程设计的共性，但由于化工生产的物料性质、工艺条件及技术要求的特殊性，形成了化工设计的特性。

例如，在确定工艺流程、设备工艺选型、车间工艺布置和管线安排时，必须遵循国家有关法律规范，确保安全生产，符合生产条件的劳动卫生保障，保护环境不被污染；保障良好的操作条件，减轻劳动强度；要重视经济效果，少花钱，多办事，努力做到技术先进、经济合理；化工设计内容涉及面广，综合性强，需各专业协同配合。因此，化工设计要结合国情，尽量采用国内外先进的科学技术，提高技术水平。

为此，要求设计工作者必须具有扎实的理论基础、丰富的实践经验、熟练的专业技能并能够运用先进的设计手段开展设计工作的能力。一个工厂设计的优劣，主要是看工艺生产技术是否可靠、安全适用，在经济上是否合理。具体体现在工艺流程的先进性，选用设备的先进性，工艺控制和工艺条件的先进性和合理性，产品生产技术、经济指标的先进性，对环境不产生污染或污染程度低，是否实现清洁生产等方面。只有全面考虑，才能有高质量的设计。要想建成一个质量优良、水平先进的化工装置，重要的先决条件是要有高质量、高水平的设计。

三、化工设计的种类

化工设计可根据项目性质分类，也可按设计性质分类。

1. 根据项目性质分类

（1）新建项目设计　新建项目设计包括新产品设计和采用新工艺或新技术的产品设计。这类设计往往由开发研究单位提供基础设计，然后由工程研究部门根据建厂地区的实际情况进行工程设计。

（2）重复建设项目设计　由于市场需要，有些产品需要再建生产装置，由于新建厂的具体条件与原厂不同，即使产品的规模、规格及工艺完全相同，还是需要由工程设计部门进行设计。

（3）已有装置的改造设计　一些老的生产装置，其产品质量和产量均不能满足客户要求，或者由于技术原因，原材料和能量消耗过高而缺乏竞争能力，必须对旧装置进行改造。已有装置的改造设计主要以优化生产过程操作控制，以及为提高产品产量和质量、提高能量的综合利用率而对局部的工艺或设备改造更新为主。这类设计往往由生产企业的设计部门进行。

2. 根据设计性质分类

（1）新技术开发过程中的设计

① 概念设计。概念设计又称为"预设计"，是根据开发基础研究结果及收集的技术经济资料，对预定规模的工业生产装置进行的假想设计，亦即对工业化方案提出的初步设想。

概念设计的目的是为了检验基础研究结果是否符合要求；估计技术方案实施后的主要技术经济指标及经济效益；确定模型试验或中试的内容、重点及规模；并估计技术方案实施可能承担的风险。

概念设计的主要内容包括原料和成品规格，生产装置规模的估计，工艺流程图及简要说明，物料衡算和热量衡算，主要设备的规格、型号和材质要求，检测方法，主要技术经济指标，投资和成本估算，投资回收预测，三废治理的初步方案，以及对于中试（或模型试验）研究的建议等。

② 中试设计。按照现代技术开发的观点，中试的主要目的是验证模型和数据，即将概念设计中的一些结果和设想通过中试来验证；考察研究结果在工业规模下的技术、经济方面的可行性；考察工业因素对过程和设备的影响；消除不确定性，为工业装置设计提供可靠数据。中试要进行哪些实验项目，规模多大为宜，均要由概念设计来确定，并不是规模越大越好。

③ 基础设计。基础设计是新技术开发的最终成果，它是工程设计的依据。基础设计有些类似于我国的技术设计，但又有很大的差别。与技术设计不同的是基础设计除了一般的工艺条件外，还包括了大量的化学工程方面的数据，特别是反应工程方面的数据，以及利用这些数据进行设计计算的结果。

（2）工程设计　工程设计可以根据工程的重要性、技术的复杂性和成熟程度以及计划任务书的规定，分为三段设计、两段设计和一段设计。对于重大项目和使用比较复杂技术的项目，为了保证设计质量，可以按初步设计、扩大初步设计及施工图设计三个阶段进行设计。一般技术比较成熟的大中型工厂或车间的设计，可按扩大初步设计及施工图设计两个阶段进行设计。技术上比较简单、规模较小的工厂或车间的设计，可直接按施工图设计，即一个阶段的设计。

四、化工设计的内容与程序

化工设计包括工艺设计和非工艺设计。工艺设计是化工设计的核心，决定了整个化工设计的概貌。非工艺设计是以工艺设计为依据，按照各专业的要求进行的设计，它包括总图运输、公用工程、土建、仪表及其控制等方面。

化工设计的工作程序，按目前我国的情况可分为：以基础设计为依据提出项目建议书；经上级主管部门批准后，写出可行性研究报告；经批准后，编写设计任务书，进行初步设计，施工图设计。化工设计的工作程序见图 0-1。

1. 项目建议书

项目建议书是进行可行性研究和编制设计任务书的依据，根据《化工建设项目建议书内容和深度的规定》HG/T 20688—2000 中的有关规定，项目建议书应包括下列内容。

① 项目建设目的和意义，包括项目提出的背景和依据，市场调研及预测分析，投资的经济意义。

② 产品生产方案和生产规模。

③ 工艺技术初步方案，包括原料路线、生产方法和技术来源。

④ 原材料、能源和动力的来源及供应。

⑤ 建厂条件和厂址初步方案。

⑥ 劳动卫生、安全保障及环境保护。

⑦ 工厂组织和人员配备。

⑧ 投资估算和资金筹措方案。

⑨ 经济效益和社会效益的初步评价。

⑩ 结论与建议。

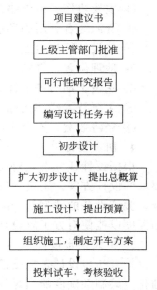

图 0-1　化工设计的工作程序

2. 可行性研究

可行性研究是对拟建项目进行全面分析及多方面比较，对其是否应该建设及如何建设做出论证和评价，为企业和上级机关投资决策、编制和审批设计任务书提供可靠的依据。可行性研究报告的内容如下。

① 总论。扼要说明工程的建设规模、技术特征；着重综合各设计专业提出的主要技术结论和建设条件，论述可行性研究编制的依据和原则，项目提出的背景、投资必要性和经济意义，研究的范围和主要过程，研究的简要综合结论，存在的主要问题和建议，并附上主要技术经济指标表。

② 市场预测。包括通过产品生产技术、生产规模等方面发展趋势，以及国内外市场情况预测和产品的价格分析。

③ 工艺技术方案。包括工艺技术方案的选择、工艺流程、消耗定额、自控技术方案、主要设备的选择和标准化等内容。

④ 原料，辅助材料，燃料及水、汽、电的供应。

⑤ 建厂条件和厂址方案。

⑥ 公用工程和辅助设施方案。

⑦ 劳动安全与卫生、"三废"处理与环境保护。

⑧ 工厂组织和劳动定员。

⑨ 项目实施规划。包括建设周期的规划、实施进度规划等内容。

⑩ 投资估算和资金筹措。

⑪ 结论。

3. 编制设计任务书

可行性研究呈报给企业和上级主管部门，经上级主管部门批准后，可编写设计任务书，以作为设计项目的依据。设计任务书的内容主要包括以下几点。

① 项目设计的名称、目的和依据。

② 建设规模、产品方案、生产方法和工艺原则。

③ 主要协作关系（建设、水文地质、原材料、燃料、动力、供水、运输等）。

④ 资源综合利用和环境保护，"三废"治理的要求。

⑤ 建设地区或地点，占地面积的估算。

⑥ 地理位置、气象、水文、地形、防震等情况。

⑦ 建设工期与进度计划。

⑧ 主要技术经济指标（总投资、消耗定额、成本估算和总定员）。

⑨ 经济效益、资金来源、投资回报情况。

4. 初步设计

根据设计任务书，对设计对象进行全面的研究，寻求技术上可能、经济上合理的最符合要求的设计方案。主要是确定全厂性的设计原则、标准和方案，水、电、汽的供应方式和用量，关键设备的选型及产品成本、项目投资等重大技术经济问题。编制初步设计书，其内容和深度以能使对方了解设计方案、投资和基本出处为准。

5. 扩大初步设计

扩大初步设计是根据已批准的初步设计，解决初步设计中的主要技术问题，使之明确、细化，编制准确度能满足控制投资或报价使用的工程概算。扩大初步设计的工作程序和内容如图 0-2 所示。图中左边的方框流程表示工作程序，右边方框中的内容为设计成品。它的最终成果是编制初步设计文件。

6. 施工图设计

（1）施工图设计的任务　根据初步设计审批意见，解决初步设计阶段待定的各项问题，并以它作为施工单位编制施工组织设计、编制施工预算和进行施工的依据。施工图设计的主要工作内容是在初步设计的基础上，完善流程图设计和车间布置设计，进而完成管道配置设计和设备、管路的保温及防腐设计。

（2）施工图设计的主要内容　包括工艺专业和非工艺专业两个方面，工艺专业的内容有工艺图纸目录、工艺流程图、设备布置图、设备一览表、非定型设备设计条件图、设备安装图、管道布置图、管架管件图、设备管口方位图、设备和管路保温及防腐设计等；非工艺专业方面有非定型设备施工图、土建施工图、供水、供电、给排水、自控仪表线路安装图等。除施工图外，还应附有各部分施工说明以及各部分安装材料表。

7. 设计代表工作

在以上设计文件编制完毕后，工作转入施工和试车阶段，只需少量的各专业设计代表参加。其任务就是参加基本建设的现场施工、安装（必要时修正设计）和调试工作，使装置达到设计所规定的各项指标要求。试车成功后，各专业的设计代表应做工程总结，积累经验，以利于设计质量的不断提高。

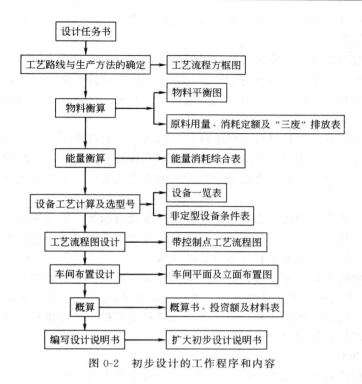

图 0-2　初步设计的工作程序和内容

五、化工车间工艺设计的程序及内容

化工厂通常由化工生产车间、辅助生产装置、公用工程、"三废"处理设施等构成。化工生产车间（即工艺界区装置），指直接涉及将原料转变为产品的过程单元区域，它包括与生产操作有关的土建、设备、管道、仪表及位于界区内的水、电、汽供应和界区内的所有管道、阀门、防火设施与"三废"处理。

化工车间（装置）设计是化工设计的核心部分，而车间（装置）设计的主体是工艺设计，工艺设计决定整个设计的概貌，化工车间工艺设计的主要内容和程序如下。

1. 设计准备工作

（1）熟悉设计任务书　了解设计任务书提出的工艺条件、技术指标、设计要求、进度计划等，正确领会设计依据及设计意图。

（2）制订设计工作计划　了解化工设计以及工艺设计的内容、方法、步骤。参照设计进度，制订出整体及个人的设计工作计划。

（3）查阅文献资料　按照设计要求，主要查阅与工艺路线、工艺流程和重点设备有关的文献资料，并对资料数据进行加工处理。

（4）收集第一手资料　深入生产与试验现场调查研究，尽可能广泛地收集齐全可靠的原始数据并进行整理。

2. 方案设计

方案设计的任务是确定生产方法和工艺流程，是整个工艺设计的基础。要求运用所掌握的各种信息，根据有关的基本理论进行不同生产方法和生产流程的对比分析。

（1）生产方法的选择　化工过程设计，可以针对化工生产的多样性，采用不同的原料和不同的生产方法，进行多种过程设计。在设计时，首要工作是对可供选择的方案进行定量的技术经济比较和筛选，最终筛选出一条技术上先进、经济上合理、安全上可靠、符合环保要求、易于实施的工艺路线。

（2）工艺流程的设计 是确定生产过程的具体内容、顺序和组合方式。包括对构成流程的操作单元的选择、设备选择及设备间的连接方式、操作条件确定等。一般采用图解的方式表示出生产过程的全貌。由于流程设计的周期长，涉及面广，需要做细致的分析、计算和比较工作。

流程设计中可充分运用计算机开发的流程模拟软件，对各种生产方法和工艺流程进行模拟计算和优化。设计时可先凭设计者的经验，拟定几种流程方案，而后再用最优化设计的方法进行计算和筛选，这是国外大型企业和设计单位常用的方法，国内也已逐步推广使用。

3. 化工计算

化工计算是工艺设计中的中心环节，它主要包括物料衡算、能量衡算、设备计算与选型三部分内容，并在这三项计算的基础上绘制物料流程图、主要设备图和带控制点的工艺流程图。因此，化工计算的结果关系到整体设计的成败。

这一阶段会用到大量的基本理论、基本概念和基本技能（数据处理、计算技能、绘图能力等），是理论联系实际，学会发现问题、分析问题和解决问题，进一步锻炼独立思考和独立工作能力的重要过程。目前计算过程多采用计算机流程模拟软件进行，设计人员应准确操作计算过程，并对计算结果进行认真核算。

4. 车间布置设计

根据工艺流程图和化工设备选型的计算结果，即可着手进行车间布置设计。车间布置设计应符合设计规范，并满足施工、操作和检修的要求。其主要任务是确定整个工艺流程中的全部设备在平面上和空间中的具体位置，相应地确定厂房或框架的结构形式。车间布置对生产的正常进行和项目的经济指标都有重要影响，并且为土建、电气、自控、采暖通风、给排水、外管等专业设计的开展提供重要依据。因此，车间布置设计要反复全面考虑，广泛征求有关专业人士的意见，并和非工艺设计人员大力协作，做好这项工作。

车间布置设计完成后，接下来绘制车间布置图。

5. 化工管路设计

化工管路设计是化工设计最重要的内容之一，工作量非常大，需要绘制大量图纸，汇编大量表格，而且这一阶段工艺专业与非工艺专业的工作交叉较多，设计条件往返频繁，工作中需要密切协调，并做到细致周到。

化工管路设计的任务是确定生产流程中全部管线、阀门及各种管架的位置、规格尺寸和材料。化工管路设计，应遵循设计规范，设计中应注意节约管材，便于操作、检查和安装检修，而且做到整齐美观。

6. 提供设计条件

设计条件是各专业据以进行具体设计工作的依据，工艺专业设计人员应根据设计项目的总体要求，正确贯彻执行各项标准、规范和已经确定的设计方案，保证设计质量，认真负责地编制各专业的设计条件，并确保设计条件的完整性和正确性。同时，向非工艺专业设计人员提供设计条件。

设计条件的内容包括：总图、运输、土建、外管、非定型设备、自控、电气、电讯、采暖通风、空调、给排水、工业炉等。

7. 编制概算书及设计文件

（1）工程概算书 应根据《石油化工工程建设设计概算编制办法》（2007年版）进行编

制，它是初步设计阶段编制的车间投资的初步估算结果，可以作为投资决策和银行贷款的依据。概算主要提供了车间建筑、设备及安装工程费用。

编制概算可以帮助判断和促进设计的经济合理性。经济考核工作贯穿了整个设计过程。进入初步设计阶段之后，不论是选定的生产方法，还是设计的生产流程，都要反复进行技术经济指标的比较，进行设备设计和车间布置设计时也都要仔细考虑经济合理性。可以说技术上的先进性是由经济合理性来体现的，只有设计的每一步都在经济上合理，最后才能做出既经济节约又合理可行的概算。

（2）编制设计文件　在初步设计阶段与施工图设计阶段的设计工作完成后，都要进行设计文件的编制。它是设计成果的汇总，是进行下一步工作的依据。设计文件的内容包括：设计说明书、附图（流程图、布置图、设备图等）和附表（设备一览表、材料汇总表等）。对设计文件和图纸要进行认真的自校和复校。对文字说明部分，要求做到内容正确、严谨，重点突出，概念清楚，条理性强，完整易懂；对设计图纸则要求准确无误、整洁清楚、图面安排合理，考虑到施工、安装、生产和维修的需要，尽量满足工艺生产要求。

一般的设计工作可按以上程序。但在实际车间工艺设计过程中，这些设计工作通常是交叉进行的。

六、本课程的内容范围和学习要求

化工设计是一门综合性的学科，是目前高职教育中应用化工技术专业的一门专业课，近年来逐渐受到重视。它是建立在化学、化工制图、化工原理、化工过程及设备、化学反应工程、化工工艺等专业课程基础上的一门综合性的、内容广泛和工程实用性强的课程，也是一门可以学以致用的课程。在设计过程中，既要用到基础知识，又要用到化工方面的专业知识。是基础知识与专业知识密切结合的产物。

该课程的讲授和学习，将有助于培养学生综合分析化工基础和工程问题的能力，有助于增强学生的工程概念和解决实际工程问题的能力，使学生具备化学工程师的基本理论素质。

本课程将对设计过程进行理论联系实际的分析和讨论。通过本课程的教学，使学生初步了解化工生产基本建设的重要意义、一般程序和有关设计文件，学习化工有关工艺设计的基本理论，掌握化工设计的基本内容和方法，培养学生查阅资料，使用手册、标准和规范以及整理数据、提高运算和绘图的能力。同时，根据教学要求，学生在修完本课程后，能运用所学的知识，联系生产实际，进行一次综合性的课程设计过程，并为以后的工作实践打下坚实的基础。

第一章
化工工艺流程设计

 【学习目标】

    通过本单元的学习，使学生了解化工工艺设计的内容，了解工艺流程设计的任务和方法，掌握流程框图、流程示意图、物料流程图和带控制点工艺流程图的识图方法、识图技巧、绘制方法和绘制技巧，并能抄绘各种工艺流程图。

第一节　化工工艺设计的准备工作和内容

    设计是工程建设的灵魂，对工程建设起着主导和决定性作用，它是将科研成果转化为现实生产力的桥梁和纽带，各种科研成果只有通过工程化——工程设计，才能转化为现实的工业化生产力。

    化工设计承担着我国化工领域投资建设的工程设计重任，起着将无数化工科研成果转化为现实化工生产力的桥梁和纽带作用，也在一定程度上决定着中国未来化工建设和生产的水平。

    工程设计仅靠一个人是无法完成的，它是一项集体劳动的结晶。虽然化工设计的主体是化工工艺人员，但必须有其他专业人员的配合，才能很好地完成整个设计过程。因而对一个化工工艺设计人员来说，不但要求其具备敬业精神，精通化工工艺知识，而且要求具备较广泛的其他领域的工程知识，并具备善于与各专业人员沟通，组织共同完成整个专业设计工作的能力。

    对于化工专业的学生来说，通过化工设计这一课程的学习，学会综合运用已学到的专业知识，强化自己的专业能力，无疑是十分必要的。

一、设计准备工作

    (1) 熟悉设计任务书　正确领会设计任务书提出的设计依据和要求。

    (2) 了解化工设计的内容、方法、步骤和设计进度　制订出整个设计工作计划。

    (3) 查阅文献资料　按照设计要求，查阅相关的工艺路线、工艺流程和重要设备文献资料，并对资料数据加工处理。

    (4) 收集第一手资料　深入生产与试验现场调查研究，尽可能广泛地收集齐全可靠的原始数据并进行整理。

二、化工工艺设计的内容

    化工车间（装置）设计是化工厂设计最基本的内容，一个化工厂的设计虽包括很多方面的内容，但它的核心内容是化工工艺设计，工艺设计决定了整个设计的概貌。

化工工艺设计包括下面的一些内容。

（1）原料路线和技术路线的选择。

（2）工艺流程设计。

（3）物料衡算。

（4）能量衡算。

（5）工艺设备的设计和选型。

（6）车间布置设计。

（7）化工管路设计。

（8）非工艺设计项目的考虑，即由工艺设计人员提出非工艺设计项目的设计条件。

（9）编制设计文件，包括编制设计说明书、附图和附表。

在实际工艺设计中，可以根据设计的不同阶段的需要，选取不同的内容或不同的深度。例如，原料路线和技术路线的选择，在可行性研究阶段已经涉及了，初步设计阶段又把它们具体化；而流程设计贯穿了整个设计过程的各个阶段，从前到后逐步深入。

第二节　化工生产方法的选择

化工生产方法是将工厂全年生产的品种、产量、生产时间、生产班次等作一个安排，形成一个化工生产的方案。

按目前化工生产的特点，连续性生产的工厂全年的生产时间可为 300～330 天，每天三班连续生产。间歇性的生产工厂可按实际情况而定。

在安排生产方案时，尽量做到"四个满足"。

（1）满足产量质量的要求。

（2）满足经济效益的要求。

（3）满足安全生产的要求。

（4）满足环境保护的要求。

化工生产方法的选择阶段的任务是确定生产方法和生产流程，它们是整个工艺设计的基础。运用所掌握的各种资料，根据有关的基本理论进行不同生产方法和生产流程的对比分析，从而选取一种先进合理的生产方法。

由于工业生产的进步和科学技术的飞速发展，一个产品的生产可以有不同的原料和不同的生产方法，所以在设计一个产品的生产时首要的工作就是通过定性和定量的技术经济比较，着重评价总投资和成本，从而选择一条技术上先进，经济上合理，安全上可靠，环保上达标，而且又是因地制宜可以实施的生产方法。

接着根据选定的生产方法来设计生产流程，这一步骤的工作历程更长，从规划轮廓到完善定型，要经过物料衡算、热量衡算、设备选型和车间布置设计等过程。周期长，涉及面广，需要做细致的分析、计算和比较工作。

化工生产方法的确定，主要考虑以下因素。

（1）技术上先进可行　工艺技术路线首要条件是技术上要尽可能先进，工艺路线成熟可靠，体现当代化工生产水平的企业，才可能有较大的竞争能力。

对尚处于试验阶段的新技术、新工艺、新设备应慎重对待，要防止只考虑先进性，而忽视装置运行的可靠性。应避免将新建厂设计成试验工厂。

（2）经济上合理　为了能有较高的经济效益，还要考虑技术经济指标，即原材料及能源消耗少，成本低，产品质量好。在评价时，应在同一规模情况下进行比较，以避免规模效应的影响。

（3）原料的纯度及来源　原料应价廉易得，纯度高，开发利用率高，同时应尽量减少原料的流通环节和预处理过程，降低产品的原料成本。

（4）公用工程中的水源及电力供应　水源与电源是建厂的必备条件。应选择水源充足的地方，最好靠近江河湖泊等方便取、排水的区域，同时电力供给也应有保障。

（5）安全技术及劳动保护措施　安全生产是化工厂生产管理的重要内容。化工生产具有易燃、易爆、易中毒、高温、高压、有腐蚀性等特点，与其他工业部门相比具有更大的危险性，因此应从设备上、技术上和管理上对安全予以保证，严格制定规章制度、对工作人员进行安全培训，采用相应的劳动保护措施，做好操作人员的安全生产防护，达到安全生产的目的。

（6）综合利用及清洁生产　从产品的生命周期的全过程考虑，采用能耗、物耗少的，污染物产生量少的清洁生产工艺，合理利用自然资源，防止生态破坏。对产品的设计、寿命、报废后的处置等的合理性进行充分的论证后再进行相应的工艺设计，对在生产中排放出来的废物尽可能做到循环利用和综合利用，从而实现从源头削减环境污染，提高资源利用率，减少或者避免生产、服务和产品使用过程中污染物的产生和排放，以减轻或者消除对人类健康和环境的危害。

（7）环境保护　环境保护是建设化工企业必须重点审查的一项内容，由于化工生产的特殊性，决定了化工企业在生产过程中容易产生有毒、有害物质，造成环境污染。因此，新建工厂的三废排放物必须达到国家规定的排放标准，符合相关环境保护法律法规的要求。

第三节　化工工艺流程设计方法

一、工艺流程设计的内容

工艺流程设计是化工设计中极其重要的环节，它通过工艺流程图的形式，形象地反映了化工生产由原料输入到产品输出的过程，其中包括物料和能量的变化，物料的流向以及生产中所经历的工艺过程和使用的设备仪表等。它集中概括了整个生产过程的全貌，也是工艺设计的核心。

在整个设计中，设备选型、工艺计算、设备布置等工作都与工艺流程有直接关系。只有工艺流程确定后，其他各项工作才能开展，工艺流程设计涉及各个方面，应及时根据各方面的反馈信息修改原先的工艺流程。因此工艺流程要在设计中不断修改完善，尽可能使过程在优化条件下操作。

所以在化工设计中工艺流程的设计总是最早开始，最晚结束。一个典型的化工工艺流程一般可由六个单元组成，如图1-1所示。

图1-1　典型化工工艺流程

1. 原料贮存

原料贮存是指保证原料的供应与生产的需求相适应。在化工生产中，贮存量主要根据原料的性质、来源、运输、相态、安全性等，一般贮存量可为几天至几个月。本企业可以自己供应的，除了产品生产处有贮存外，还要有一定裕量作缓冲之用。

2. 进料预处理过程

一般来说原料大多不符合要求，需要进行处理。根据反应特点，对原料提出如纯度、温度、压力以及加料方式等的要求，据此采取预热（冷）、汽化、干燥、粉碎、筛分、提纯、混合、配制、压缩等操作或加以组合。进料预处理的过程是根据原料性质、处理方法而选取不同的装置、不同的输送方式及连接方式，从而设计出多种不同的流程。

3. 反应

反应是化工生产过程的核心。将原料按比例配好，送入反应器中，在适当的反应条件下，发生化学变化得到产品。根据反应过程的特点、产品要求、物料特性和基本工艺条件来确定采用的操作条件、反应器类型及采用的生产方式。比如，反应装置上热量的供给与移出，反应催化方式和催化剂的选择等方面，都要围绕反应过程来考虑。

4. 产品的分离

在实际反应过程中，往往会出现一些副产物或不希望得到的杂质。反应结束后，将产品、副产品、杂质与未反应的原料分离，再分别加以利用。如果原料的转化率低，可将经分离后未反应的原料再循环返回反应器，再次参与反应以提高收率。例如，用氢气和氮气合成氨的过程，通过合成塔后，仍会有 80％以上的氮气和氢气未参与反应，可以循环利用原料气。

将产物净化和分离的过程，往往是整个工艺过程中最复杂、最关键的部分，有时甚至成为影响整个工艺生产能否顺利进行的关键环节，是保证产品质量的极为重要的步骤。因此，必须认真考虑如何选择分离净化的设备装置，并确定它们之间的连接方式及操作步骤，以达到预期的净化效果。

5. 精制

分离后的产品要进行精制，成为合格产品以提升其价值。这些合格的产品，有些是下一工序的原料，可进一步加工成其他产品；有些作为商品，通过包装、灌装、计量、贮存、输送等后处理工艺过程直接进入市场流通。同时，如果副产品具有经济价值，也可以同时精制，作为有价值的产品。

6. 贮存和包装

贮存和包装过程包括气体产品的贮藏、装瓶，液体产品的罐区设置、装桶，甚至包括槽车的配备，以及固体产品的输送、包装和堆放等。液体一般用桶或散装槽类（如汽车槽车、火车槽车或槽船）容器装运。固体可用袋形包装（纸袋、塑料袋）、纸桶、金属桶等装运。产品贮存量取决于产品的性质和市场情况。

一个工艺过程除了上述的各单元外，还需要有公用工程（水、电、气）及其他附属设施（消防设施、辅助生产设施、办公室及化验室等）的配合。

工艺流程表示由原料到成品过程中物料和能量的流向及其变化。工艺流程的设计直接决定产品的质量、产量、成本、生产能力、操作条件等。工艺流程图是工艺设计的关键文件，它表示工艺过程选用设备的排列情况、物流的连接、物流的流量和组成、操作条件、公用工程以及生产过程中的控制方法。流程图是管道、仪表、设备设计和装置布置等专业的设计基础。流程图也还可用于拟订操作规程和培训工人。在装置开车及以后的运转过程中，流程图也是将操作性能与设计进行比较的基础。

二、工艺流程设计任务和步骤

(一) 工艺流程设计的任务

当生产工艺方法选定之后，即可进行流程设计。它是决定整个车间基本面貌的关键性的步骤，对设备设计和管路设计等单项设计也起着决定性的作用。

流程设计的主要任务包括以下两个方面：

① 确定生产流程中各个生产单元过程的具体内容和组合方式，达到由原料制取产品的目的；

② 绘制工艺流程图，即以流程图的形式表达生产过程中物料在各单元中的流向，以及物料和能量在这些设备中发生的变化，同时表示设备的大致形式以及管路和自控方式。

为了使设计出来的工艺流程能够实现优质、高产、低消耗和安全生产，应按步骤逐步解决以下问题。

(1) 确定整个流程的组成　工艺流程反映了由原料制得产品的全过程。应确定采用多少单元过程来构成，每个单元过程的具体任务，以及每个单元过程之间的连接方式。

(2) 确定每个过程或工序的组成　应采用多少和由哪些设备来完成这一生产过程，以及各种设备之间应如何连接，并明确每台设备的作用和它的主要工艺参数。

(3) 确定操作条件　为了使每个过程、每台设备起到准确的预定作用，应当确定整个生产工序或每台设备的各个不同部位要达到和保持的操作条件。

(4) 确定控制方案　为了准确实现并保持各生产工序和每台设备本身的操作条件，实现各生产过程之间、各设备之间的准确联系，需要确定准确的控制方案，选用合适的控制仪表。

(5) 合理利用原料及能量　计算出整个装置的技术经济指标，合理分配各个生产过程的最佳收益，合理做好能量回收与综合利用，降低能耗，同时确定水、电、蒸汽和燃料的消耗定额。

(6) 制定三废的治理和环保方案　对全流程中所排出的三废要尽量综合利用，对于那些无法回收利用，需排放到环境中去的有害物质，要经过净化处理，达到排放标准后，才能排放，避免对环境产生污染。

(7) 制定安全生产措施　对设计出来的化工装置在开车、停车、正常生产以及检修过程中，可能存在的不安全因素进行认真分析，按照国家有关规定，制定出切实可靠的安全措施，建立事故应急救援体系。

(二) 工艺流程设计步骤

确定工艺流程一般要经过三个阶段。

1. 搜集资料，调查研究

这是确定工艺流程的准备阶段。在此阶段，要根据建设项目的生产方案，有计划、有目的地搜集国内外该生产工艺技术的有关资料，包括技术路线特点、工艺参数、原材料和公用工程单耗、产品质量、三废治理以及各种技术路线的发展情况与动向等技术经济资料。掌握第一手资料，并进行比较选择。

具体搜集的内容主要有以下几个方面：

① 基本建设投资、产品成本和占地面积；

② 国内外生产情况、各种生产方法及工艺流程；

③ 原料来源及产品市场调查；

④ 设备的选型、制造和运输情况；

⑤ 安全技术及劳动保护措施；

⑥ 综合利用、节能减排及清洁生产；

⑦ 环境保护方法及措施；

⑧ 厂址、地质、水文、气象等资料；

⑨ 水、电、气、燃料的用量及供应；

⑩ 车间的生产环境。

2. 全面分析对比

全面分析对比的内容主要有以下几项：

① 几种技术路线在国内外采用的情况及发展趋势；

② 产品的质量情况；

③ 生产能力及产品规格；

④ 原材料、能量消耗情况；

⑤ 建设费用及产品成本；

⑥ 三废的产生及治理情况；

⑦ 其他需注意的情况。

3. 方案比较

一个优秀的工程设计只有在多种方案的比较中才能产生。进行方案比较首先要选取明确判据，工程上常用的判据有产物收率、原材料单耗、能量单耗、产品成本、工程投资等方面。此外，也要考虑环保、安全、占地面积等因素。

下面用氨合成工艺流程工程实例来阐述"方案比较"这一基本设计方法。

小合成氨厂的工艺流程虽然各不相同，但实现氨合成的几个基本原则是相同的，受化学平衡的限制，氨的单程合成率很低，因此氨分离后未反应的原料气返回合成塔循环利用。因而原则流程主要包含有：氨的合成，氨的分离，原料气的补充、惰性气体的放空、增压和循环。氨合成的原则流程如图 1-2 所示。

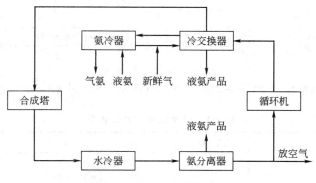

图 1-2 氨合成的原则流程

在图 1-2 中，经合成塔反应后的出口混合气进水冷器被水冷却，从水冷器出来后的气液混合物进入氨分离器，气液相在此一级分离。出口混合气由循环机增压，经增压后的气体进入冷交换器先预冷，然后去氨冷器，用液氨进一步冷却到更低温度，使气体中绝大部分氨气被冷凝下来，然后去冷交换器二次分离氨和回收冷量，同时补入新鲜气。经氨补气增压后的循环气体去合成塔再次反应，从而完成一个循环。

在上述一个氨合成循环过程中有：将氢气和氮气原料气补入循环系统；对未反应气体进行增压和循环；循环气预热和氨合成反应；反应热回收；氨的分离及惰性气体放空。工艺流程的设计关键在于上述几个步骤的合理组合。

通过对循环机、放空气和补充气的位置进行变化分别设置四种流程，以循环机为参照标准，它们的比较如图 1-3～图 1-6 和表 1-1 所示。

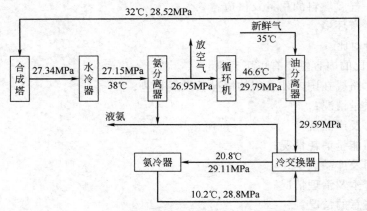

图 1-3 流程 A 示意图

（循环机设在水冷器和氨冷器之间，放空气设在氨分离器后，补充气设在冷交换器前）

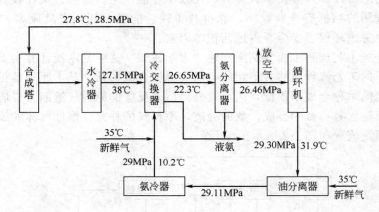

图 1-4 流程 B 示意图

（循环机设在水冷器和氨冷器之间，放空气设在氨分离器后，补充气设在冷交换器前）

表 1-1　四种流程定性分析表

名　　称	要求指标	A	B	C	D
入循环机温度	低	高	低	较低	较低
入循环机前氨含量	低	高	较低	低	低
循环机压缩气体温升对冷量的影响	不增加	增加	增加	不增加	不增加
合成塔进口压力	高	低	低	高	高
冷交换器回收冷氨能力	高	高	低	低	低
放空气惰性气含量	高	低	高	低	高
比较结果		较差	一般	较好	好

通过比较可以看出流程 D 更合理些。

通过以上对循环机几种位置定性和定量的分析，可以看出循环机设在氨冷器后的 D 方

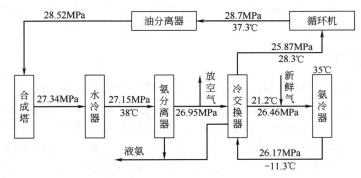

图 1-5　流程 C 示意图

(循环机设在冷交换器后合成塔前，氨分离器后设放空气，补充气设在冷交换器一次出口后)

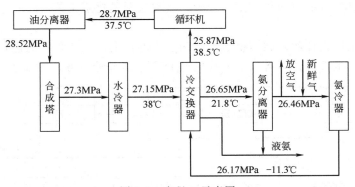

图 1-6　流程 D 示意图

(循环机设在冷交换器后合成塔前，氨分离器后先设放空气，后设补充气)

案是一种最佳设计方案。

　　采取分析对比的方法，根据建设项目的具体要求，对搜集到的资料进行加工整理，提炼出能够反映本质、突出主要优缺点的数据材料，作为比较的依据，从中选择先进可靠的工艺技术，综合不同方案中的优点，在技术路线和工艺流程论证或选择中，全面衡量，综合考虑，确定最佳的生产工艺流程和方案。从而使我们设计的化工生产的产品质量、生产成本、经济效益等主要指标达到比较理想的水平。

第四节　化工工艺流程图的设计程序

　　把各个生产单元按照一定的目的和要求，有机地组合在一起，形成一个完整的生产工艺过程，并用图形描绘出来，即工艺流程图是一种示意性的图样，它以形象的图形、符号、代号表示出化工设备、管路、附件和仪表自控等，以表达一个化工生产过程中物料能量的变化始末。工艺流程图是工程项目设计的一个指导性文件。生产工艺流程设计最先开始，却最后才完成，它涉及面大，设计周期长，因此一般需分阶段进行。

　　化工工艺流程图的设计应遵循中华人民共和国行业标准《化工工艺设计施工图内容和深度统一规定》（HG/T 20519—2009）和《管道仪表流程图设计规定》（HG/T 20559—1993）的规定。

　　流程设计一般由浅入深，由定性到定量进行，根据先后顺序大体上可分为四种流程图：

流程框图、方案流程图（流程示意图）、物料流程图（PF 或 PFD 图）和带控制点的工艺流程图（PI 或 PID 图）。

一、流程框图

在前期规划及初步方案确定时，一般采用流程框图来说明技术路线。

流程框图是采用方框及文字表示主要的工艺过程及设备，用箭头表示物料流动方向，把从原料到最终产品所经过的生产步骤以图示的方式表达出来的图纸。

流程框图是一种示意性的展开图，一个方框可以是一个设备、一个工序或工段，也可以是一个车间或系统。在图上可加注必要的文字说明，如原料来源，产品、中间产品、废物去向等，也可在工艺流程线旁标注出物料在流程中的某些参数（如温度、压力、流量等）。

对可以通过多种方案制取的化工产品，可以通过流程框图进行比较，选择较优的生产方案。如前面讨论过的合成氨四种方案的比较。流程框图是化工工艺流程图中最简单、最粗略的一种。

流程框图是工厂设计的基础，也是操作和检修的指南，用流程框图进行各种衡算，既简单、明了、醒目，也很方便。将以上的合成氨 D 方案展开绘出方框图如图 1-7 所示。

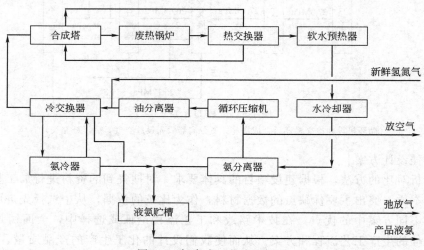

图 1-7　氨合成工艺流程框图

从净化工序送来的新鲜氢气和氮气，补充在油分离器出口的循环气中，进入冷交换器和氨冷器进一步冷却，使其中的氨绝大部分冷凝为液氨并被分离出去。循环气进入合成塔，发生氨合成反应后，依次经废热锅炉、热交换器和软水预热器回收热量，然后再经水冷却器冷却，使气体中部分氨液化，进到氨分离器分离出液氨。气体则进入循环压缩机补充压力形成循环回路。从冷交换器和氨冷器分离出的液氨与氨分离器分离出的液氨汇合进入液氨贮槽。由于液氨贮槽压力降低，溶于液氨中的气体和部分氨被闪蒸出来，合成弛放气送出另作处理。在氨分离器后放出一部分循环气，称为放空气。从整个系统来看，进入系统的是新鲜氢气和氮气，离开系统的是产品液氨、弛放气和放空气。

二、方案流程图

1. 方案流程图简介

方案流程图又称流程示意图或流程简图，是一种示意性的展开图，在流程框图的基础上，自左至右把设备和流程展开在同一平面上，用图例表示出主要工艺设备的位号和名称，用箭头表示出物流方向。

　　它是用来表达整个工厂或车间生产流程的图样。是工艺设计开始时绘制的，供讨论工艺方案用，是施工流程图设计的依据。图 1-8 所示的为某石油化工企业裂解气分离的方案流程图。

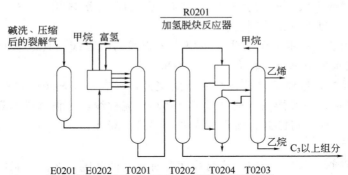

图 1-8　裂解气分离方案流程图

图 1-9、图 1-10 分别为某企业煤气制造方案流程图和水煤气脱硫工艺流程图。

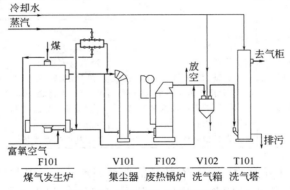

图 1-9　煤气制造方案流程图

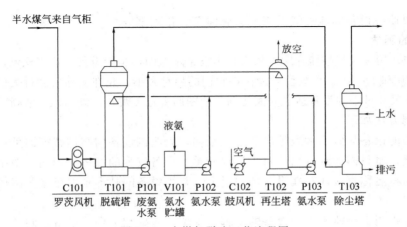

图 1-10　水煤气脱硫工艺流程图

方案流程图的内容，只需概括地说明以下两个方面：

① 由原料转变为产品的来龙去脉——工艺流程线。

② 采用的各种机器及设备。

2. 工艺流程线的画法

图纸尺寸及线条要求如下。

① 按工艺车间或工段，原则上一个主项画一张图，一般采用1～3号图纸，如流程复杂，幅面允许加长，也可分张绘制。

② 在方案流程图中一般只画出代表主要工艺管线的流程线。其他辅助管线不必一一画出，流程线应画成水平或垂直，转弯处画成直角。

③ 绘制流程线时，避免穿过设备或使管路交叉，确实不能避免时，可将其中的一线断开，或曲折绕过设备。一般情况下按照以下原则画出流程线：主物料线不断开，辅物料线可断开；竖线不断开，横线可断开；流程在先的物料线不断开，在后的可断开。

④ 线条要求。

所有线条要清晰、光滑、均匀，线与线间要有充分的间隔，在同一张图上，同一类线条的宽度应一致，线条的宽度在任何情况下，都不应小于0.25mm。

在工艺流程图中，线条宽度可参照表1-2绘制。

表1-2 工艺流程图上的线条宽度

线宽类别 /mm	粗线条	中线条	细线条
	0.9～1.2	0.5～0.7	0.25～0.35
使用情况	①主要工艺物料管道；②主产品管道	①次要物料、产品管道和其他辅助物料管道；②设备、机械图形符号，代表设备、公用工程站等的长方框；③管道的图纸接续标志；管道的界区标志；④设备位号线	①阀门、管件、仪表图形符号线、仪表引出线及连接线、仪表管线；②区域线、尺寸线、各种标志线、范围线、引出线、参考线、表格线、分界线；③保温、绝热层线、伴管、夹套管线、特殊件编号框；④其他辅助线条

一般情况下流程图上不标尺寸，但有特殊需要注明尺寸时，其尺寸线用细实线表示。

⑤ 在流程线上应用箭头标明物料流向，并在流程线的起讫点注明物料名称、来源或去向。

总之，要使各设备间流程线的来龙去脉清楚、排列整齐。

3. 设备的画法

在图样中，用细实线按流程顺序依次画出设备示意图，一般设备取适当比例，常用比例为1：50、1：100和1：200。但要注意应保持它们的相对大小，允许实际尺寸过大的设备适当缩小比例，实际尺寸过小的设备适当放大比例。使图面视觉美观，饱满匀称，清晰整齐。

设备绘制方法如下。

(1) 图中的设备只画出大致轮廓和示意结构，表明该设备的结构特征即可；设备上重要接口管的位置，也只需大致画出。对于流程简单、设备较少的方案流程图，图中的设备也可以不编号，而将名称直接注写在设备的图形上。常用设备的外形画法可参照图例绘制，如附录1所示。

(2) 在流程图上一律不表示设备的支脚、支架、基础和平台。设备之间的高低位置及设备上重要接管口的位置，需大致符合实际情况；设备之间应保留适当的距离，以便布置流程线。

（3）流程中若有几台相同设备并联，可以只画一台，其余用细实线方框表示，在方框内注明位号，并画出通往该设备的管线。对于备用设备，一般可省略不画。

（4）设备位号的标注　在流程图的正上方或正下方标注设备的位号及名称，标注时应在同一条水平线。设备的位号包括设备分类号、工段号、同类设备顺序号和相同设备数量尾号等，如图 1-11 所示。

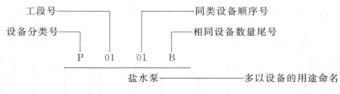

图 1-11　设备位号的标注

① 设备类别代号　按设备类别编制不同的代号，一般取设备英文名称的第一个字母（大写）作代号。具体规定见表 1-3。

表 1-3　设备类别代号表

设备类别	代号	设备类别	代号	设备类别	代号
塔	T	反应器	R	起重运输设备	L
泵	P	工业炉	F	计量设备	W
压缩机、风机	C	火炬、烟囱	S	其他机械	M
换热器	E	容器（槽、罐）	V	其他设备	X

② 主项编号　主项（或工序）编号采用一位或两位数字顺序表示，即可为 1~9 或 01~99。注意：在一个联合工厂设计中，如果要识别装置，设备位号的主项代号可以由 3~4 位数字表示。前一位或两位数字表示装置识别号，即可为 1~9 或 01~99，后两位数字顺序表示主项（或工序）代号，即可为 01~99。

③ 设备顺序号　按同类设备在工艺流程中流向的先后顺序编制，采用两位数字，从 01 开始，最大 99。

④ 相同设备的数量尾号　两台或两台以上相同设备并联时，设备标注的位号前三项完全相同，可用不同的数量尾号予以区别。按数量和排列顺序依次以大写英文字母 A、B、C……作为每台设备的尾号；若同一位号的设备数量超过 26 台时，可用阿拉伯数字序号代替英文字母。

因为方案流程图一般只保留在设计说明书中，因此，方案流程图的图幅一般不作规定，图框、标题栏也可省略。

三、物料流程图（PF 或 PFD 图）

物料流程图是在初步设计阶段，完成物料衡算和热量衡算时绘制的。它是在方案流程图的基础上，采用图形与表格相结合的形式反映设计中物料衡算和热量衡算结果的图样。右图中需要表示出主要工艺设备及部分关键辅助设备和物流方向，标注工艺设备的位号和名称；用表格表示出各物流的流量和含量；在有热量变化的过程或设备旁，标出热量值。

一般情况下，化工设计中应绘制物料流程图。物料流程图为设计审查提供资料，是进一步设计的依据，还可为日后实际生产操作提供参考。图 1-12 为空压站的物料流程图。从图中可以看出，物料流程图的内容、画法和标注与方案流程图基本一致，只是增加了以下内容。

① 设备的位号、名称下方，注明了一些特性数据或参数。如换热器的换热面积、塔设备的直径与高度、贮罐的容积、机器的型号等。

② 流程的起始部位和物料产生变化的设备之后，列表注明物料变化前后组分的名称、流量、组成等参数，按项目和具体情况增减。表格线和引线都用细实线绘制。

物料在流程图中的某些工艺参数（如温度、压力等），可以在流程线旁注出。

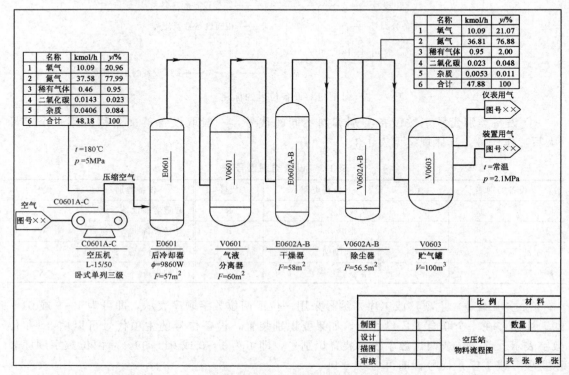

图 1-12　空压站的物料流程图

当物料组分复杂、变化多，或者流程图较长时，可在流程图的下部，按流程图的顺序自左至右列表，并编排顺序号，用 —◇— 或 —○— 表示，以便对照查阅。

根据所编物料代号的数量及物料所涉及成分的数量在物料流程图的设备引线处列表，或在物料流程图的下方或右方画出物料平衡表。表格内容应包括流量、组成及合计等。如图 1-13 和图 1-14 所示。

四、带控制点的工艺流程图（PI 或 PID 图）

1. 带控制点的工艺流程图简介

带控制点的工艺流程图又称工艺管道或仪表流程图，是在工艺方案流程图和物料流程图的基础上，借助统一规定的图形符号和文字代号，用图示的方法把化工生产过程所需的设备、仪表、管道、阀门及主要管件，按其各自功能，为满足工艺要求而组合起来，以起到描述工艺装置的结构和功能的作用。

通常以工艺装置的主项（车间或工段）为单元绘制，也可以装置为单元绘制，按工艺流程次序把设备和管道流程自左至右展开画在同一平面上。

带控制点的工艺流程图不仅是设计、施工的依据，也是企业管理、试运转、操作、维修

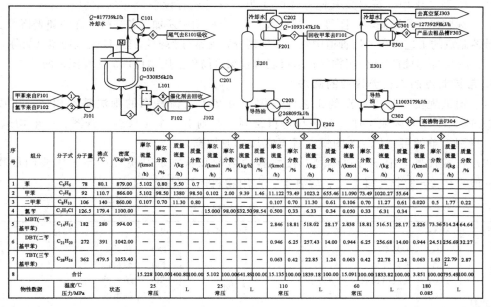

图 1-13 物料流程图一

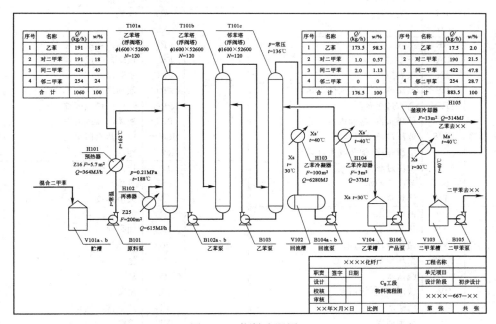

图 1-14 物料流程图二

和开停车等方面所需的完整技术资料的一部分。管道仪表流程图有助于简化承担该工艺装置的开发、工程设计、施工、操作和维修等任务的各部门之间的交流。

2. 带控制点的工艺流程图包括的内容

（1）图形　用规定的图形符号和文字代号，将各设备的简单形状按工艺流程次序，配以连接的主辅管线及管件、阀门、仪表和控制方法等展示在同一平面上。

（2）标注　对上述图形内容进行编号和标注；注写设备位号及名称、必要的参数或尺寸、管道代号、管径、材料、保温、控制点代号等信息。

（3）图例　代号、符号及其他标注的注明，有时还有设备位号的索引等。

（4）标题栏　注写图名、图号、设计阶段等。有些图中还加入备注栏、详图和表格等项。

带控制点的工艺流程图按管道中物料类别划分，通常分为工艺管道仪表流程图（简称工艺 PI 图或 PID 图）、辅助物料和公用物料管道仪表流程图（简称公用物料系统流程图）两类。

3. 带控制点的工艺流程图的画法

（1）图纸规格　带控制点的工艺流程图与方案工艺流程图的画法基本相似，可以车间（装置）或工段（分区或工序）为主项进行绘制，原则上一个主项绘一张图。一般均采用 A1 图幅。特别简单的可采用 A2 图幅，且不宜加长或加宽。

（2）物料代号　用于管道编号，按物料的名称和状态取其英文名字的字头组成物料代号，一般采用 2～3 个大写英文字母表示。常用物料代号见表 1-4。

表 1-4　常用物料代号

类别	代号	物料名称	类别	代号	物料名称
工艺物料	PA	工艺空气	油	DO	污油
	PG	工艺气体		FO	燃料油
	PGL	气液两相流工艺物料		GO	填充油
	PGS	气固两相流工艺物料		LO	润滑油
	PL	工艺液体		RO	原油
	PLS	液固两相流工艺物料		SO	密封油
	PS	工艺固体	制冷剂	AG	气氨
	PW	工艺水		AL	液氨
空气	AR	空气		ERG	气体乙烯或乙烷
	CA	压缩空气		ERL	液体乙烯或乙烷
	IA	仪表空气		FRG	氟利昂气体
蒸汽及冷凝水	HS	高压蒸汽（饱和或微过热）		FRL	氟利昂液体
	HUS	高压过热蒸汽		PRG	气体丙烯或丙烷
	LS	低压蒸汽（饱和或微过热）		PRL	液体丙烯或丙烷
	LUS	低压过热蒸汽		RWR	冷冻盐水回水
	MS	中压蒸汽（饱和或微过热）		RWS	冷冻盐水上水
	MUS	中压过热蒸汽	其他	DR	排液、导淋
	SC	蒸汽冷凝水		FSL	熔盐
	TS	伴热蒸汽		FV	火炬排放气
水	BW	锅炉给水		H	氢
	CSW	化学污水		HO	加热油
	CWR	循环冷却水回水		IG	惰性气
	CWS	循环冷却水上水		N	氮
	DNW	脱盐水		O	氧
	DW	饮用水、生活用水		SL	泥浆
	FW	消防水		VE	真空排放气
	HWR	热水回水		VT	放空
	HWS	热水上水	燃料	FG	燃料气
	RW	原水、新鲜水		FL	液体燃料
	SW	软水		FS	固体燃料
	WW	生产废水		NG	天然气

根据工程项目具体情况，可以将辅助、公用工程系统物料代号作为工艺物料代号使用；也可以适当增补新的物料代号，但不得与表 1-4 中规定的物料代号相同。

如以天然气为原料制取合成氨的装置中，其工艺物料代号补充规定见表 1-5。

表 1-5　工艺物料代号补充规定

代号	物料名称	代号	物料名称	代号	物料名称
AG	气氨	CG	转化气	TG	尾气
AL	液氨	NG	天然气		
AW	氨水	SG	合成气		

（3）隔热、保温、防火和隔声代号　隔热（绝热）是指借助隔热材料将热（冷）源与环境隔离，它分为热隔离（绝热）和冷隔离（隔冷）；保温（冷）是借助热（冷）介质的热（冷）量传递使物料保持一定的温度，根据热（冷）介质在物料（管）外的存在情况分为伴热管、夹套管、电加热等；防火是指对管道、钢支架、钢结构、设备的支腿、裙座等钢材料作防火处理；隔声是指对发出声音的声源采用隔绝或减少声音传出的措施。

隔热、保温、防火和隔声代号用于工艺流程图等工程设计资料中对管道号的标注；采用一个或两个大写英文印刷体字母表示，两个英文字母大小要相同。

代号分为通用代号和专用代号两类。

① 通用代号泛指隔热、保温特性，不特定指明具体类别，优先用于物料流程图（PFD 图）和管道仪表流程图（PID 图）的 A 版。

② 专用代号是指特定的类别。随工程设计的进展和深化，在管道仪表流程图（PID 图）的 B 版（内审版）及以后各版图中要采用专用代号。

管道仪表流程图上隔热、保温、防火和隔声代号见表 1-6。

表 1-6　管道仪表流程图上隔热、保温、防火和隔声代号

类　　别		功能类型代号		备　　注
		通用代号	专用代号	
隔热	隔热	I①	H	采用隔热材料
	隔冷		C	采用隔冷材料
	人身保护（防烫）		P	采用隔热材料
	防冻		W	采用隔热材料
	防表面结露		D	采用隔热材料
保温	蒸汽伴热管	T②	T	伴热管和采用隔热材料
	热（冷）水伴管		TW	伴热管和采用隔热材料
	热（冷）油伴管		TO	伴热管和采用隔热材料
	特殊介质伴热（冷）管		TS	伴热管和采用隔热材料
	电伴热（电热带）		TE	电热带和采用隔热材料
	蒸汽夹套	J	J	夹套管和采用隔热材料
	热（冷）水夹套		JW	夹套管和采用隔热材料
	热（冷）油夹套		JO	夹套管和采用隔热材料
	特殊介质夹套		JS	夹套管和采用隔热材料
防火		F	F	采用耐火材料、涂料
隔声		N③	N	采用隔声材料

① 对于既要热隔离（绝热），又要冷隔离（隔冷）的复合类型，采用通用代号"I"标注。

② 采用导热胶泥敷设伴热管和加热板时，功能类别代号按伴管类标注，但需要在有关资料和图纸上标明导热胶泥的规格和型号。

③ 既要隔热，又要隔声的复合情况，采用主要功能作用的类型代号标注。

（4）管道、管件、阀门图形符号　工艺流程图上管道、阀门和管件图例见表 1-7。

阀门图例尺寸一般为长 6mm，宽 3mm 或长 8mm，宽 4mm。

表 1-7　工艺流程图上管道、阀门和管件图例

名　称	图　例	备　注
主物料管道		粗实线
辅助物料管道		中实线
引线、设备、管件、阀门、仪表等图例		细实线
原有管道		管线宽度与其相接的新管线宽度相同
可拆短管		
伴热(冷)管道		
电伴热管道		
夹套管		
管道隔热层		
翅片管		
柔性管		
管道相连		
管道交叉(不相连)		
地面		仅用于绘制地下、半地下设备
管道等级、管道编号分界		××××表示管道编号或管道等级代号
责任范围分界线		WE 表示随设备成套供应 B. B 表示买方负责；B. V 表示制造厂负责； B. S 表示卖方负责；B. I 表示仪表专业负责
隔热层分界线		隔热层分界线的标识字母"x"与隔热层功能类型代号相同
伴管分界线		伴管分界线的标识字母"x"与伴管的功能类型代号相同
流向箭头		
坡度		
进、出装置或主项的管道或仪表信号线的图纸接续标志，相应图纸编号填在空心箭头内		尺寸单位：mm 在空心箭头上方注明来或去的设备位号、管道号或仪表位号

续表

名　称	图　例	备　注
同一装置或主项内的管道或仪表信号线的图纸接续标志，相应图纸编号的序号填在空心箭头内	进6 ⊏10⊐⌐3 出6 ⌐3⌐10⌐	尺寸单位：mm 在空心箭头上方注明来或去的设备位号、管道号或仪表位号
取样、特殊管（阀）件的编号框	(A)　(SV)　(SP)	A 表示取样；SV 表示特殊阀门； SP 表示特殊管件；圆直径为 10mm
闸阀	—▷◁—	
截止阀	—▷◁—	
节流阀	—▶◀—	
球阀	—▷□◁—	
旋塞阀	—▷■◁—	
隔膜阀	—▷Ⅱ◁—	
角式截止阀	▷	
角式节流阀	▶	
角式球阀	▷□	
三通截止阀	▷◁▽	
三通球阀	▷□◁	
三通旋塞阀	▷■◁	
四通截止阀	※	
四通球阀	⌖	
四通旋塞阀	※	
升降式止回阀	→●	
旋启式止回阀	→▷	
蝶阀	—▱—	
减压阀	→▷□	
弹簧式安全阀	⇞	阀出口管为水平方向

续表

名　称	图　例	备　注
角式重锤安全阀		阀出口管为水平方向
疏水阀		
底阀		
直流截止阀		
呼吸阀		
阻火器		
视镜		
消声器		在管道中
消声器		放大气
限流孔板	(多板)　　(单板)	圆直径为 10mm
爆破片		真空式　压力式
喷射器		
文氏管		
Y 形过滤器		
锥形过滤器		方框 5mm×5mm
T 形过滤器		方框 5mm×5mm
罐式(篮式)过滤器		方框 5mm×5mm
管道混合器		
膨胀节		
喷淋管		
焊接连接		仅用于表示设备管口与管道为焊接连接
螺纹管帽		
法兰连接		
软管接头		

续表

名　称	图　例	备　注
管端盲板		
管端法兰(盖)		
管帽		
同心异径管		
偏心异径管	(底平)　　　(顶平)	
圆形盲板	(正常开启)　　　(正常关闭)	
8字盲板	(正常关闭)　　　(正常开启)	
放空帽(管)	(帽)　　　(管)	
漏斗	(敞口)　　　(封闭)	
鹤管		
安全淋浴器		
洗眼器		
	C.S.O	未经批准,不得关闭(加锁或铅封)
	C.S.C	未经批准,不得开启(加锁或铅封)

　　(5) 仪表控制点的表示方法　在管道仪表流程图上,应用细实线按标准图例绘制出全部计量仪表(温度计、压力计、流量计、液位计、真空计等)及其检测点,并且表示出全部控制方案。

　　仪表和控制点应该在有关管路上,大致按照安装位置,以代号、符号表示出来。常用的代号与符号有以下几种。

　　① 仪表控制点的符号和代号列举如下。

表 1-8　常用测量仪表图形符号

测量仪表	图　例	测量仪表	图　例
孔板流量计	——|||——	靶式流量计	
转子流量计		涡轮流量计	
文氏流量计		膨胀节	
电磁流量计		处理两个参量相同（或不同）功能的复式仪表	
锐孔板	——||——		

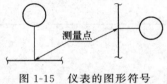

测量点

图 1-15　仪表的图形符号

　　a. 测量点图形符号。测量点图形符号一般可用细线绘制。检测、显示、控制等仪表图形符号用直径约 10mm 的细实线圆圈表示，如表 1-8 所示。仪表的图形符号如图 1-15 所示。

　　b. 仪表安装位置图形符号。仪表安装位置可以用加在圆圈中的细实线、虚线来示，如表 1-9 所示。

表 1-9　仪表安装位置的图形符号

安装位置	图形符号	安装位置	图形符号
就地安装		就地仪表盘面安装仪表	
嵌在管道中的就地安装仪表		集中仪表盘后安装仪表	
集中仪表盘面安装仪表		就地仪表盘后安装仪表	

注：1. 仪表盘包括屏式、柜式、框架式仪表盘和操纵台等。

　　2. 就地仪表盘面安装仪表包括就地集中安装仪表。

　　3. 仪表盘面安装仪表，包括盘后面、柜内、框架上和操纵台内安装的仪表。

　　c. 参量代号。部分常用的参量代号如表 1-10 所示。

　　d. 功能代号。部分常用的仪表功能代号如表 1-11 所示。

　　e. 被测变量及仪表功能字母组合。部分常用的被测变量及仪表功能字母组合见表 1-12。

表 1-10　常用的参量代号

参　　量	代　　号
温度	T
压力	P
液位	L
流量	F
质量	W
速度（频率）	S
湿度	K

表 1-11　常用的仪表功能代号

参　　量	代　　号
指示	I
记录	R
控制	C
报警	A
分析	A
联锁	S
变送	T

表 1-12　被测变量及仪表功能字母组合示例

仪表功能 ＼ 被测变量	温度	温差	压力或真空	压差	流量	物料	分析	密度
指示	TI	TdI	PI	PdI	FI	LI	AI	DI
指示、控制	TIC	TdIC	PIC	PdIC	FIC	LIC	AIC	DIC
指示、报警	TIA	TdIA	PIA	PdIA	FIA	LIA	AIA	DIA
指示、开关	TIS	TdIS	PIS	PdIS	FIS	LIS	AIS	DIS
记录	TR	TdR	PR	PdR	FR	LR	AR	DR
记录、控制	TRC	TdRC	PRC	PdRC	FRC	LRC	ARC	DRC
记录、报警	TRA	TdRA	PRA	PdRA	FRA	LRA	ARA	DRA
记录、开关	TRS	TdRS	PRS	PdRS	FRS	LRS	ARS	DRS
控制	TC	TdC	PC	PdC	FC	LC	AC	DC
控制、变速	TCT	TdCT	PCT	PdCT	FCT	LCT	ACT	DCT

② 工艺流程图上的调节与控制系统。一般由检测仪表、调节阀、执行机构和信号线四部分构成。常见的执行机构有气动执行、电动执行、活塞执行和电磁执行四种方式，如图 1-16 所示。

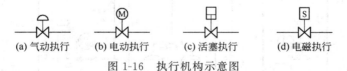

(a) 气动执行　　(b) 电动执行　　(c) 活塞执行　　(d) 电磁执行
图 1-16　执行机构示意图

控制系统常见的连接信号线的方式有三种，如图 1-17 所示，连接方式如图 1-18 所示。

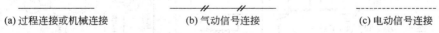

(a) 过程连接或机械连接　　　(b) 气动信号连接　　　(c) 电动信号连接
图 1-17　控制系统常见的连接信号线的方式

③ 仪表位号。仪表位号由字母代号组合与阿拉伯数字编号组成：第一位字母表示被测变量，后继字母表示仪表的功能（可一个或多个组合，最多不超过五个），被测变量及仪表功能的字母组合如表 1-12 所示。用一位或二位数字表示工段号，用二位数字表示仪表符号，不同被测参数的仪表位号不得连续编号。

在管道及仪表流程图中，仪表位号中的字母代号填写在圆圈的上半圆中，数字编号填写在圆圈的下半圆中，如图 1-19 所示。

（6）图例、标题栏及索引

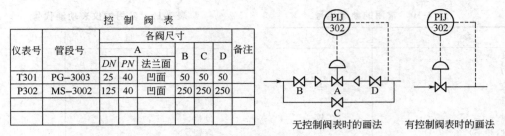

控 制 阀 表

仪表号	管段号	各阀尺寸						备注
		A			B	C	D	
		DN	PN	法兰面				
T301	PG—3003	25	40	凹面	50	50	50	
P302	MS—3002	125	40	凹面	250	250	250	

无控制阀表时的画法　　有控制阀表时的画法

图 1-18　控制阀组的图示

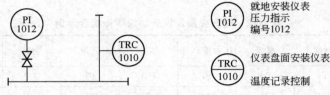

PI 1012　就地安装仪表
压力指示
编号1012

TRC 1010　仪表盘面安装仪表
温度记录控制

图 1-19　仪表位号的标注方法

　　① 图例　图例是在对工艺流程图中常用的化工设备、管路、管件、阀件、仪表等的画法进行的统一规定基础上，将绘图中所采用的图形、符号及代号等用文字给予对照说明。一般地，图例说明多放在图纸的右上方。

　　② 标题栏及索引　在工艺流程中，标题栏位于图纸的右下角，设备位号索引（或设备一览表）可画在标题栏的上方或左侧，其下底边可以和标题栏框线或图下边线重合。

4. 化工生产管道仪表流程图

　　下面列举几个典型化工生产工段的管道仪表流程图，例如空压站管道及仪表工艺流程图、天然气脱硫系统管道仪表流程图和合成氨管道仪表流程图，分别如图 1-20、图 1-21 和图 1-22 所示。

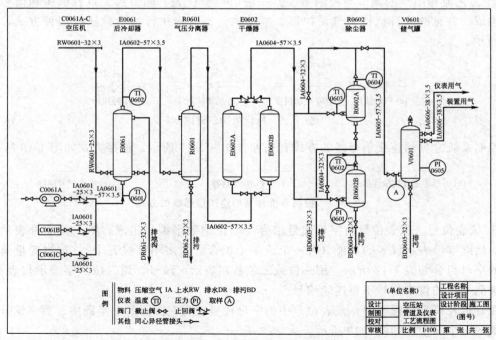

图 1-20　空压站管道及仪表工艺流程图

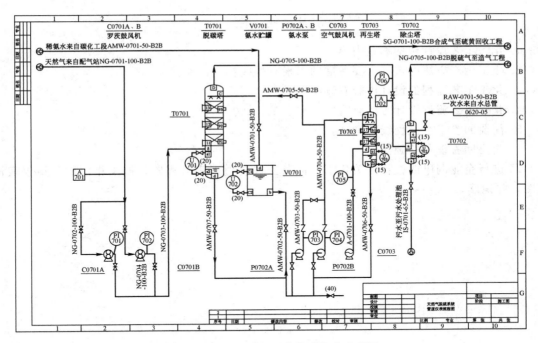

图 1-21　天然气脱硫系统管道仪表流程图

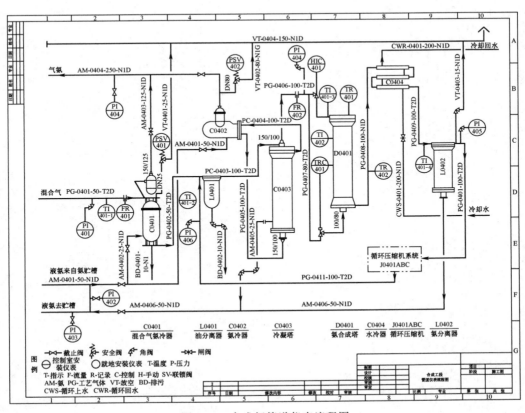

图 1-22　合成氨管道仪表流程图

思 考 题

1. 化工工艺设计包括哪些内容？

2. 化工生产方法的选择主要考虑的因素有哪些？

3. 化工工艺流程的设计内容有哪些？

4. 化工工艺流程设计方法有哪些？重点是什么？

5. 简要回答工艺流程线的画法。

6. 简要回答设备的画法。

7. 进行企业调研或查找相关化工产品某工段管道仪表流程图，抄绘相应的管道仪表流程图，并识读。

第二章
工艺计算

 【学习目标】

通过本单元的学习，使学生了解物料衡算的方法和步骤，掌握常见过程的物料衡算。掌握单元设备的热量衡算，了解系统的热量衡算。掌握典型设备设计和选型的基本要求和主要内容，能够编制设备及装配图一览表。

第一节 物料衡算

化工过程的物料平衡计算（简称物料衡算）和能量平衡计算（简称能量衡算）是化工设计和化工生产管理的重要基础。依据质量守恒定律和能量守恒定律，对化工全过程或单元系统的物料和能量平衡进行定量的计算，其主要目的如下。

（1）为化工工艺设计及经济评价提供基本依据。通过物料和能量衡算，可以确定工厂生产装置和设备的设计规模和生产能力；可以找出主副产品的生成量，废物的排出量，确定原材料的消耗定额，以及"三废"的排放量，蒸汽、水、电、燃料等的消耗量，为公用工程的设计提供依据。

（2）为设备选型和基础设施建设提供依据。通过物料和能量衡算可以确定各物料的流量、组成和状态等的物化性质，每一设备内物质转换与能量传递的参数，从而为确定生产操作方式、设备尺寸、设备选型、仪表设计、管路设施与公用工程的设计提供依据。

（3）物料和能量衡算是过程经济评价、节能分析、环保考核及过程优化的重要基础。为生产改进、技术革新、成本降低和节能减排提供依据。

一、物料衡算的方法和步骤

（一）化工生产过程的类型

化工生产过程根据其操作方式可以分成间歇操作、连续操作以及半连续操作三类。也可将其按照生产过程的操作条件是否变化分为稳定状态操作和非稳定状态操作两类。

（1）间歇操作过程　原料在生产操作开始时一次性加入后进行反应或操作，反应完成后，物料一次性排出，即为间歇操作过程。特点是在整个操作时间内，没有物料进出设备，设备中各物料的组成、状态、物化性质随时间不断变化。

（2）连续操作过程　在整个操作期间，原料连续不断地输入生产设备，同时产品连续不断从设备排出，即为连续操作过程。设备的进料和出料是连续流动的。在整个操作期间，设备内各物料的组成、状态、物化性质不随时间变化。

（3）半连续操作过程 操作时物料依次输入或分批输入，而出料是连续的；或连续输入物料，而出料是分次或分批的。

间歇操作过程通常适用于生产规模比较小、产品品种多或产品种类经常变化的生产。如药物、染料、表面活性剂等类精细化工产品的生产用间歇过程比较多。也有一些由于反应物的物理性质或反应条件的限制，采用连续过程有困难，如悬浮、聚合，则只能用间歇过程。间歇过程的优点是操作简便，但每批生产之间需要加料、出料等辅助操作，劳动强度较大，产品质量不易稳定。

连续过程由于减少了加料、出料等辅助操作，设备利用率较高，操作条件稳定，反应设备内各处物性稳定，产品质量容易保证，便于设计结构合理的反应器和采用先进的工艺流程，方便实现自动控制和提高生产能力，适用于大规模的生产。如合成氨、乙烯、丙烯等化学产品的生产均采用连续过程。

若连续生产过程的操作条件（如温度、压力、物料量及组成等）不随时间而变，则称此过程为稳定操作过程，对于正常的连续化工生产过程，通常都可视为稳定状态操作过程（简称稳定过程）。但在开、停工期间或操作条件变化和出现故障时，则属非稳定状态操作。间歇过程及半连续过程是非稳定状态操作。

（二）物料衡算的分类

通常，物料衡算有以下两种类型：

（1）核算型 对已有的生产设备或装置，利用实际测定的生产数据，计算出另一些不能直接测定的物理量。用此计算结果，对生产情况进行分析、做出判断、提出改进措施。

（2）设计型 根据设计任务，进行物料衡算，计算出所有进出设备的各种物料量，在物料衡算的基础上再进行能量衡算，计算出所有进出设备或过程的热负荷等，从而确定设备尺寸及整个工艺流程。

依据衡算目标的不同，可以将物料衡算分为总体质量衡算、组分质量衡算和元素质量衡算三种。无论选定的衡算体系是否有化学反应发生，总体质量衡算和元素质量衡算均符合质量守恒定律，即过程前后的总质量和元素量不发生变化，但对于组分质量衡算，若选定的衡算组分参与化学反应时，其过程前后的质量是可能发生变化的。

（三）物料衡算方程式

物料平衡的理论依据是质量守恒定律，即在一个独立的体系内，无论物质发生怎样的变化，其总质量保持不变。物料衡算是研究某一个体系内进、出物料量及组成的变化。所谓体系就是物料衡算的范围，它可以根据实际需要选定。体系可以是一个设备或几个设备，也可以是一个单元操作或整个化工过程。

进行物料衡算时，必须首先确定衡算的体系。在选定的衡算体系和一定的衡算基准下，可分为以下关系式。

1. 总体质量衡算

根据质量守恒定律，对某一个体系，输入体系的物料量应该等于输出物料量与体系内积累量之和。物料衡算的基本关系式表示为：

输入体系物料质量＝输出体系物料质量＋体系质量累积＋体系质量损失

$$\sum m_{入} = \sum m_{出} + \sum m_{积累} + \sum m_{损失} \tag{2-1}$$

式中 $m_{入}$——单位时间内输入体系的物料量，kg；

$m_{出}$——单位时间内输出体系的物料量，kg；

$m_{积累}$——单位时间内体系内积累量，kg；

$m_{损失}$——单位时间内体系损失量，kg。

2. 组分质量衡算

在化学反应和非定态操作情况下，衡算体系内每种组分的质量或物质的量将发生变化，对物料的质量或物质的量有：

　　　　输入体系的量±化学反应量＝输出体系的量＋体系累积量＋体系损失量

这里若对反应物衡算，则化学反应量应取"－"；若对生成物衡算，则化学反应量应取"＋"。

3. 元素质量衡算

在不发生裂变的情况下，衡算体系内的任一元素（质量或物质的量）均满足下列关系式

　　　　　　输入体系的量＝输出体系的量＋体系累积量＋体系损失量

对稳态过程，体系内质量的累积为零。

$$\sum m_{入} = \sum m_{出} + \sum m_{损失} \tag{2-2}$$

注意事项：

① 物料平衡是质量衡算，不是体积或物质的量平衡。若有化学反应发生，则衡算式中各项以 mol/h 为单位时，必须考虑反应式中的化学计量系数。

② 对于无化学反应体系，能列出独立物料平衡式中的最多数目等于输入和输出的物流里的组分数。例如，当给定两种组分的输入输出物料时，可以写出两个组分的物料衡算式和一个总组分的总质量衡算式，这三个衡算式中只有两个是独立的，而另一个是派生的。

③ 在写平衡方程式时，要尽量使方程式中所含的未知量最少。

4. 物料平衡的一般分析

一个体系的物料平衡就是通过体系的进料和出料的平衡。流入和流出的物料可以是单组分，也可以是多组分；可以是均相，也可以是非均相。物料衡算的任务就是利用过程中已知的某些物流的流量和组成，通过建立物料及组分的平衡方程式，求解其余未知的物流量及组成。为此，在进行物料衡算时，根据质量守恒定律而建立各种物料的平衡式和约束式。

(1) 物料平衡式　包括总的物料平衡式、各组分的平衡式、元素原子的平衡式。

(2) 物流约束式　归一方程，即构成物流各组分的分率之和等于 1，可写为

$$\sum x_i = 1 \tag{2-3}$$

气液或液液平衡方程式　　　　　$y_i = K_i x_i \tag{2-4}$

除此之外，还有溶解度、恒沸组成等约束式。

(3) 设备约束式　两物流流量比、回流比（蒸馏过程）、相比（萃取过程）等。

以上方程中，总的物料平衡方程式只有一个，与进出物流的数量无关。而组分平衡方程式或元素平衡方程式则取决于组分数或元素数，有几个组分或元素，就可以列出几个组分或元素的平衡方程式。物流约束式中，每一股物流就有一个归一方程。设备约束式与过程和设备有关。不同设备，其约束式也不同。

另外，在有些情况下，也要考虑其他变量对计算的影响。

(四) 物料衡算的基本步骤

物料衡算的内容和方法随工艺流程的变化而变化，常遵循如下步骤。

1. 确定物料衡算的范围，画出衡算示意图

确定衡算的对象、体系与环境，并画出计算对象的草图。绘制物料衡算示意图时，要着重考虑物料的来龙去脉，对设备的形状、尺寸等要求不高，图面表达的主要内容为：物料的

流动和变化情况，物料的名称、数量、组成和流向，与计算有关的工艺条件。

2. 列出化学反应方程式

列出各个过程的主、副反应化学方程式和物理变化的依据，同时标明各反应和变化前后的物料组成之间的定量关系。需要说明的是，当副反应很多时，对于那些次要的，且所占比重很小的副反应，可以略去。而对于那些产生有毒有害物质或明显影响产品质量的副反应，其量虽小，却不能忽略，这是后续进行分离、精制设备设计和"三废"治理设计的重要依据。

3. 确定计算任务

根据衡算示意图和化学反应方程式，分析物料经过每一过程、每一设备在数量、组成及走向所发生的变化，并分析数据资料，进一步明确已知项和待求的未知项，对于未知项，判断哪些是可查到的，哪些是必须经过计算得到的，从而弄清计算任务，并针对过程的特点，选择适当的数学公式，力求计算方法简便，以节省计算时间，减少工作量。

4. 搜集计算数据

要搜集的数据必须是准确可靠的原始数据，这些数据是整个计算的基本依据和基础。如果进行设计计算，则依据设定值；如果对生产过程进行测定性计算，则要严格依据现场实测数据。当某些数据不能精确测定或无法查到时，可在工程设计计算所允许的范围内借用、推算或假定。一般要搜集的数据和资料如下。

(1) 生产规模和生产时间

① 生产规模即生产能力或产量，一般在设计任务中已明确。如年产多少吨的某产品，进行物料衡算时可直接按计算基准折算后代入使用。如果是中间产物，应根据消耗定额确定生产规模，同时考虑该物料在车间的循环利用情况。

② 生产时间即年工作时数，应根据检修、生产过程和设备特性考虑每年有效的生产时数，一般生产过程无特殊现象（如易堵、易波动等），设备能正常运转（没有严重的腐蚀现象）或者已在流程上设有必要的备用设备（运转的泵、风机都设有备用设备），且全厂的公用工程系统又能保障供应的装置，年工作时数可取 8000～8400h。

全厂检修时间较多的生产装置，年工作时间可采用 8000h。目前大型化工生产一般都采用 8000h。对于生产难以控制，波动较大，或需要经常性的设备检修时，或试验性车间，生产时数一般采用 7200h，甚至更少。

(2) 有关的消耗定额　化工过程有关的消耗定额是指生产每吨合格产品需要的原料、辅助原料及试剂等的消耗量。消耗定额低说明原料利用充分，反之，消耗定额高势必增加产品成本，加重"三废"治理的负担，所以说消耗定额是反映生产技术水平的一项重要的经济指标，同时也是进行物料衡算的基础数据之一。

原材料的消耗与两个因素有关。一个因素是化学反应的理论量，即按照化学反应方程式的化学计量关系计算所得的消耗量，称为理论消耗量。理论量只与化学反应有关，如 $3H_2 + N_2 \longrightarrow 2NH_3$，每生产 1000kg 的氨，就要消耗氢气 176kg。另一个因素是在工业上的化学反应过程中，各种反应物的实际用量，极少等于化学反应方程式的理论量。一般为了使所需的化学反应顺利进行，并尽可能提高产物的量，往往将其中较为昂贵的或某些有毒物质的原料消耗完全，而过量一些价廉或易回收的反应物。为此，工业上为评价及计算，常采用一些工业指标，以衡量生产情况。

① 转化率　转化率表示通过化学反应产生化学变化的程度，对某一组分 A 来说，A 的消耗量与 A 的投入量之比，称为 A 组分的转化率。一般以百分率表示。

工业生产中有单程转化率和总转化率。表达式为：

$$单程转化率\, x_A = \frac{输入到反应器的反应组分\, A\, 的量 - 从反应器输出的反应物\, A\, 的量}{输入到反应器的反应物\, A\, 的量} \times 100\%$$

(2-5)

$$总转化率\, x_{A总} = \frac{输入到过程的反应组分\, A\, 的量 - 从过程中输出的反应物\, A\, 的量}{输入到过程的反应物\, A\, 的量} \times 100\%$$

(2-6)

可简写成

$$转化率\, x_A = \frac{反应组分\, A\, 的反应量}{反应物\, A\, 的进料量} \times 100\%$$ 　　(2-7)

② 选择性　伴随化学反应的生产过程中，当同一种原料可以转化为几种产物，即同时存在有主反应和副反应时，选择性表示实际转化为目标产物的量与被转化掉的原料的量的比值。

$$选择性 = \frac{生成目标产物所消耗的反应物量}{原料的反应量} \times 100\%$$ 　　(2-8)

③ 收率　收率表示原料转化为目标产物的量与进入反应系统的初始量的比值。

$$收率 = \frac{生成目标产物所消耗的反应物量}{反应物的进料量} = 转化率 \times 选择性$$ 　　(2-9)

④ 限制反应物　在参与反应的反应物中，其中以最小的化学计量存在的反应物为限制反应物。

⑤ 过量反应物　在参与反应的反应物中，超过化学计量的反应物为过量反应物。反应物的过量程度，通常以过量百分数来表示，即

$$过量程度 = \frac{输入量(mol) - 需要量(mol)}{需要量(mol)} \times 100\%$$ 　　(2-10)

（3）原料、辅助材料、产品、中间产品的规格　进行物料衡算还要有原材料、辅助材料、产品、中间产品的组成、规格，可以通过向厂家咨询或查阅有关质量标准。

（4）与过程计算有关的物理化学常数　计算中用到很多物理化学常数，如密度、蒸气压、平衡常数等，要通过可靠的资料和途径获得，应注意其准确性、可靠性和适用范围。

5. 选择计算基准

在物料衡算过程中，衡算基准选择恰当，可以使计算简便、迅速，避免误差。在一般的工艺计算中，大都是指时间基准、质量基准和体积基准。

（1）时间基准　对于连续生产，通常以 1 天、1h、1s 等的一段时间间隔的投料量或产品量作为计算基准。与这种基准直接关联的就是生产规模和设备的设计计算，如年产 500 万吨的乙烯装置，年操作时间为 8000h，折算成每小时的平均产量为 62.5t。对间歇生产，一般可以完成一釜或一批物料的生产周期作为时间基准。

（2）质量基准　当系统介质为液、固相时，选择一定质量的原料或产品作为计算基准是合适的。如以石油、煤、矿石为原料的化工过程采用一定量的原料，可采用 1kg、1000kg 等作基准。如果所用原料或产品为单一化合物，或者由已知组成百分数和组分分子量的多组分组成，那么用物质的量（mol、kmol）作基准更方便。

（3）体积基准　对气体物料进行衡算时多选用体积基准。这时应将实际情况下的体积换

算为标准状态下的体积，即标准体积，用 m³（STP）表示，这样不仅与温度、压力没有关系，而且可以直接换算成物质的量。

（4）干湿基准 生产中的物料，不论是气态、液态和固态，均含有一定的水分，因而在选用基准时就有是否将水分计算在内的问题。不计算水分在内的称为干基，否则为湿基。如空气组成通常取含氧 21％，含氮 79％（体积），这是以干基计算的。如果把水分（水蒸气）也计算在内，氧气、氮气的百分含量就变了。通常的化工产品，如化肥、农药均是指湿基。例如年产尿素 50 万吨，年产甲醛 5 万吨等均为湿基。而年产硝酸 50 万吨，则指的是干基。

实际计算时，究竟选择哪一种基准，必须根据具体情况恰当选择，不可一概而论。

6. 进行物料平衡计算

列出物料衡算式，然后用数学方法求解，并可在此基础上进一步进行能量衡算及其他计算，如设备尺寸设计等。

7. 整理计算结果，进行校核

将计算结果按照输入、输出列出物料衡算表，并进行校核，如表 2-1 所示。

表 2-1 物料衡算表

序号	物料名称	进料		出料	
		kg/h(或 kmol/h)	w(或 x)/％	kg/h(或 kmol/h)	w(或 x)/％
1					
2					
...					
合计					

8. 绘制物料流程图

根据物料衡算结果绘制物料流程图，并填写正式的物料衡算表。物料流程图（表）一般作为设计成果编入正式设计文件。

9. 结论

由计算结果，说明题意所需求解的问题，有时还要说明计算的误差范围。

下面通过例 2-1 介绍选择不同基准计算时哪种更方便些，以说明选择基准的重要性。

【例 2-1】 C_3H_8 在过量 25％ 的空气中完全燃烧，其反应式为：$C_3H_8 + 5O_2 \longrightarrow 3CO_2 + 4H_2O$。问每产生 100mol 燃烧产物（烟道气），需多少摩尔空气？

解 此题计算基准的选择有三种：①空气的量；②C_3H_8 的量；③烟道气的量。

下面用三种不同的基准进行计算比较。

（1）基准为 1mol C_3H_8

根据化学方程式，燃烧 1mol C_3H_8 所需空气量为：

燃烧需氧量	5mol
实际供氧	$5 \times 1.25 = 6.25$（mol）
需空气量（空气中氧占 21％）	$6.25 \div 21\% = 29.76$（mol）
氮气量	$29.76 - 6.25 = 23.51$（mol）

物料衡算表如表 2-2 所示。

表 2-2　以 C_3H_8 为基准的物料衡算表

进 料			出 料		
组成	物质的量/mol	质量/g	组成	物质的量/mol	质量/g
C_3H_8	1	44	CO_2	3	132
空气	29.76	858.28	H_2O	4	72
	（分子量为 28.84）		O_2	1.25	40
			N_2	23.51	658.3
总计	30.76	902.28	总计	31.76	902.3

每 100mol 烟道气需空气量设为 x mol，则：

$$31.76 : 29.76 = 100 : x$$

$$x = \frac{100 \times 29.76}{31.76} = 93.7 \ (\text{mol})$$

（2）基准为 1mol 空气

按照 C_3H_8 燃烧要过量 25% 空气的要求，1mol 空气可燃烧 C_3H_8 的物质的量为：
$(21\%/125\%) \times 1/5 = 0.0336$ mol

据此，可列出物料衡算表见表 2-3。

每 100mol 烟道气需空气量设为 x mol，则：

$$1.068 : 100 = 1 : x$$

$$x = \frac{100}{1.068} = 93.7 \text{mol}$$

表 2-3　以空气为基准物料衡算表

进 料			出 料		
组成	物质的量/mol	质量/g	组成	物质的量/mol	质量/g
C_3H_8	0.0336	1.48	CO_2	0.101	4.44
空气	1	28.84	H_2O	0.135	2.43
			O_2	0.042	1.36
			N_2	0.79	22.12
总计	1.0336	30.32	总计	1.068	30.35

（3）基准为 100mol 烟道气

设　N——烟道气中 N_2 的量，mol；

　　M——烟道气中 O_2 的量，mol；

　　P——烟道气中 CO_2 的量，mol；

　　Q——烟道气中 H_2O 的量，mol；

　　A——进入空气的量，mol；

　　B——进入 C_3H_8 的量，mol。

共有 6 个未知量，因此求解需 6 个独立方程式。

分别列出物料衡算式：

C 平衡	$3B = P$	(1)
H_2 平衡	$4B = Q$	(2)
O_2 平衡	$0.21A = M + Q/2 + P$	(3)
N_2 平衡	$0.79A = N$	(4)

| 按基准平衡 | $N+M+P+Q=100$ | (5) |

| 过剩空气中的氧 | $0.21\times(0.25/1.25)=M$ | (6) |

按反应中的化学计量关系：

$$0.21A=5B\times1.25 \tag{7}$$

$$4P=3Q \tag{8}$$

| 空气平衡 | $A=N+M+P+Q/2$ | (9) |

以上 9 个线性方程式中，式(7)、式(8)、式(9) 与式(1)～式(6) 相关，故式（1）～式（6) 为独立方程式，并含有 6 个未知数，有确定值，要用矩阵解，比较繁琐，而且存在多个解，此方法不可取。

二、连续过程的物料衡算

连续过程由于减少了加料和出料等辅助生产时间，设备利用率高，操作条件稳定，产品质量容易保证，便于设计结构合理的反应器和采用先进的工艺流程，便于实现过程自动控制和提高生产能力，适用于大规模的生产。

连续过程的物料衡算可以按前述步骤进行，方法有直接求算法、利用节点进行核算和利用联系组分进行物料衡算三种。

1. 直接求算法

化工生产中，对于过程简单，比如只有一个反应而且只有一个未知数，则可以通过化学计量系数直接求算。对于包括多个化学反应的过程，其物料衡算应该依物料流向分步进行，将过程划分为几个计算部分依次进行。计算中的基准应尽量选择一个，如果用多个基准，结果需换算。

2. 利用结点进行衡算

在化工生产过程中，经常会有多股进料，多股出料，这时就要利用节点进行物料衡算。有多股物流的情况，常见的三股物料的交叉点如图 2-1 所示。利用结点进行衡算是一种计算技巧，对任何过程的衡算都适用。

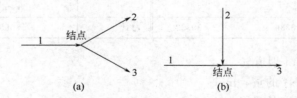

图 2-1　多股物料交叉示意图

3. 利用联系组分进行物料衡算

生产过程中不参加反应的物料称为惰性物料。由于它的量在反应器的进、出物料中不变化，可以利用它和其他物料在组分中的比例关系求取其他物料的量。这种惰性物料就是衡算联系物或衡算联系组分。

利用联系物做物料衡算可以使计算简化。有时在同一系统中可能有多个惰性物质，可联合采用以减少误差。当某些惰性物质数量很少，而且组分分析相对误差较大时，则不宜选用此惰性物质作联系物。

如果发生化学反应时，物料衡算还可以利用反应速率进行物料衡算，利用元素平衡进行衡算，以及利用化学平衡进行衡算。

三、间歇过程的物料衡算

间歇过程的特点是将原料一次性装入反应器内，开始化学反应，一定时间后，达到要求的反应程度时，停止反应卸出全部物料。这时的物料主要是反应产物以及少量未被转化的原料。清洗反应器后，进行下一批原料的装入、反应和卸料。所以间歇过程又称为分批过程。间歇反应过程是一个非定态过程，反应器内物系的组成随时间而变，这是间歇过程的基本特征。间歇过程在反应过程中既没有物料的输入，也没有物料的输出，不存在物料的流动。对间歇过程的物料衡算，搜集数据时要注意整个工作周期的操作顺序和每项操作时间。

间歇过程的物料衡算必须建立时间平衡关系，即设备与设备之间处理物料的台数与操作时间要平衡，才不至于造成设备之间生产能力相差悬殊的不合理状况。建立平衡关系用到的不平衡系数可根据实际情况和经验数据来选取。

【例 2-2】　一种废酸，组成（质量分数）为 HNO_3 23%、H_2SO_4 57%、H_2O 20%，加入 93% 的浓 H_2SO_4 和 90% 的浓 HNO_3，要求混合成 27% 的 HNO_3 和 60% 的浓 H_2SO_4 的混合酸，计算所需废酸及加入浓酸的量。

解　设 W_1 为废酸量，kg；W_2 为浓 HNO_3 量，kg；W_3 为浓 H_2SO_4 量，kg。

（1）画物料流程示意图（见图 2-2）

（2）选择基准　因为四种酸的组成均已知，选任何一种做基准都很方便。选 100kg 混合酸为衡算基准。

（3）列物料衡算式　该系统有 3 种组分，可列出 3 个独立方程，能求出 3 个未知量。

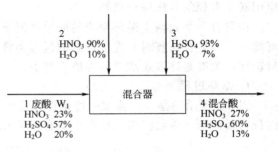

图 2-2　混合过程物料流程示意图

总物料衡算式：$W_1 + W_2 + W_3 = 100$

HNO_3 衡算式：$0.23W_1 + 0.90W_2 = 100 \times 0.27 = 27$

H_2SO_4 衡算式：$0.57W_1 + 0.93W_3 = 100 \times 0.6 = 60$

联立求解方程（1）～（3），得：

$$W_1 = 41.8 \text{kg（废酸）}$$
$$W_2 = 19.2 \text{kg（浓 } HNO_3 \text{）}$$
$$W_3 = 39 \text{kg（浓 } H_2SO_4 \text{）}$$

即由 41.8kg 废酸、19.2kg 浓 HNO_3、39kg 浓 H_2SO_4 可混合成 100kg 混合酸。

为核对以上结果，做系统 H_2O 平衡：

加入系统的 H_2O 量 = $41.8 \times 0.2 + 19.2 \times 0.1 + 39 \times 0.07 = 13$（kg）

混合后的酸，含水 13%，证明计算结果正确。

以上物料衡算式也可选总物料衡算式及 H_2SO_4 与 H_2O 两个组成衡算式或 H_2SO_4、HNO_3 与 H_2O 三个组成衡算式进行计算，均可以求得上述结果。

（4）列出物料平衡表（见表 2-4）

四、带循环和旁路过程的物料衡算

在化工生产中，通常将未反应原料分离后再返回重新参加反应，或将部分产品回流。目的是维持操作稳定性、控制产品质量、降低原料消耗、提高原料利用率。对此类过程物料衡算的常用方法有以下两种。

表 2-4 物料平衡表

组分	1		2		3		4	
	废酸		浓 HNO_3		浓 H_2SO_4		混合酸	
	质量/kg	质量分数/%	质量/kg	质量分数/%	质量/kg	质量分数/%	质量/kg	质量分数/%
H_2SO_4	23.83	57			36.27	93	60	60
HNO_3	9.61	23	17.28	90			27	27
H_2O	8.36	20	1.92	10	2.73	7	13	13
合计	41.8	100	19.2	100	39	100	100	100

（1）试差法　估计循环流量，并继续计算至循环回流的那一点。将估计值与计算值进行比较，并重新假定一个估计值，直至估计值与计算值之差在一定的误差范围内。

（2）代数解法　列出物料平衡方程式，并求解。一般方程式中以循环流量作为未知数，应用联立方程的方法进行求解。

在只有一个或两个循环物流的简单情况下，只要计算基准及系统边界选取适当，计算常可简化。一般在衡算时，先进行总的过程衡算，再对循环系统列出方程式求解。对于这类物料衡算，关键是计算系统选取得恰当与否。

1. 循环过程

图 2-3 所示的是一个典型的稳定循环过程。结合该图可以针对总物料或其中的某种组分进行物料衡算。虚线指明了物料平衡有四种方式。

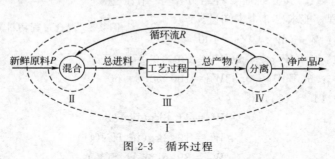

图 2-3　循环过程

Ⅰ 表示将再循环流包含在内的整个过程，即进入系统的新鲜原料量 F 与自系统排出的净产品量 P 互相平衡。由于在计算中不涉及循环流量 R 的值，所以不能利用这个平衡去直接计算 R 的值。

Ⅱ 表示新鲜原料 F 与循环物料 R 混合以后的物料，同进入工艺过程的总进料流之间的物料平衡。

Ⅲ 表示工艺过程的物料平衡，即总进料与总产物流之间的平衡。

Ⅳ 表示总产物流与它被分离后所形成的净产品流 P 和循环流 R 之间的平衡关系。

以上四种平衡中只有三种是独立的。平衡Ⅱ与平衡Ⅲ包含了循环流 R，可以利用它们分别写出包含 R 的一个联合Ⅱ与Ⅲ或联合Ⅳ与Ⅲ的物料平衡式用于平衡计算。当工艺过程中发生化学反应时，应将化学反应方程式、转化率和平衡结合在一起考虑。

具有循环过程的物料衡算方法通常有代数法、试差法和循环系数法等。

当循环物料先经过提纯处理，使组成与新鲜原料基本相同时，则无需按连续过程计算，从总进料中扣除循环量即求得所需的新鲜原料量。当原料、产品和循环流的组成已知时，采用代数法较为简便。当未知数多于所能列出的方程式数时，可用试差法求解。

2. 其他类型循环及旁路过程

图 2-4(a) 所示为净化循环过程；图 2-4(b) 所示为旁路流程过程。其物料衡算均可通过试差和代数方法来解决。

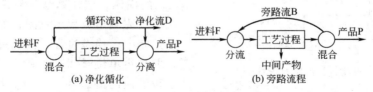

图 2-4　净化循环过程与旁路流程过程

除了上述循环过程外，还有双循环、多循环以及循环圈相套的工艺过程，以及更复杂的循环过程。对于这些复杂的过程进行物料衡算时，要注意以下几点。

(1) 按流程顺序进行计算，这样有利于简化。初始值应设在靠近起始处，因为从进料往往可以得知一部分或全部数据，就有条件按流程从头向尾展开计算。如图 2-5(a)，将初始值设在 S_4 物流就能满足这一要求。

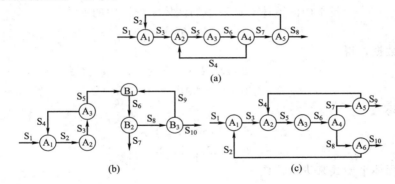

图 2-5　几种复杂的物料循环过程

(2) 鉴别循环圈和组，有针对性地确定计算方法。对于循环圈，则应考虑如何合理假设初始值；若把过程分为若干组，应将这些组分割开来分别计算。如图 2-5(b) 所示，把过程分成 A、B 两组，分别依次计算，然后，判定 A 组和 B 组内各有一股循环流，即各成一个循环圈。此外，先从 A 组 S_4 物流处算起，依次进行，待 A 组计算完毕后，利用输入到 B 组的 S_5 物料，再将 S_9 假定初值进行 B 组计算。依此类推，直至解出所求各值。

(3) 按计算时间最少的原则确定在哪个部位假定初值。以总变量个数最少，分裂物流数最少的原则去设定初值，这样可以减少工作量。如图 2-5(c) 所示，带有两个循环圈的过程，可以在 S_3 物流处设定初值，此时未知量的数目比在 S_4、S_5 两物流处同时设定初值的未知量数目要少。

五、计算举例

1. 无化学反应的物料衡算

在系统中物料没有发生化学反应，这类过程通常又称为化工单元操作，如流体输送、粉碎、换热、混合、分离等简单过程。

简单过程是指仅有一个设备或把整个过程简化为一个设备单元的过程。下面以过滤单元过程为例，进行过程物料衡算。

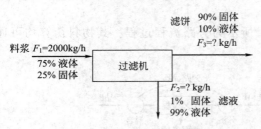

图 2-6　过滤过程的物料衡算

【例 2-3】　在过滤机中将含有 25%（质量）的固体料浆进行过滤，料浆的进料流量为 2000kg/h，滤饼含有 90% 的固体，而滤液含有 1% 的固体，试计算滤液和滤饼的流量。

解　先画出流程示意图，如图 2-6 所示。

这是一个稳态过程，因此过程的累积量为零，并且每单位时间进入和流出的质量相等。

设滤液的流量为 F_2，滤饼的流量为 F_3，因而有两个未知数，必须写出两个独立的方程式。一个是总平衡式，另一个是液体平衡式或固体平衡式。

总平衡式

$$输入的料浆 = 输出的滤液 + 输出的滤饼$$
$$F_1 = F_2 + F_3$$

液体平衡式

$$料浆中的液体 = 滤液中的液体 + 滤饼中的液体$$
$$F_1 \times 0.75 = F_2 \times 0.99 + F_3 \times 0.10$$

代入已知数据，得

$$2000 = F_2 + F_3$$
$$0.75 \times 2000 = 0.99 F_2 + 0.10 F_3$$

解方程式得

$$F_2 = 1460.7 \text{kg/h}$$
$$F_3 = 539.3 \text{kg/h}$$

可以利用固体平衡式来进行校核

$$0.25 \times 2000 = 0.01 \times 1460.7 + 0.9 \times 539.3$$

平衡式两边相等，故答案正确。

2. 反应过程的物料衡算

有化学反应的物料衡算，与无化学反应过程的物料衡算相比要复杂些。由于化学反应，原子与分子重新形成了完全不同的新物质，因此每一化学物质的输入与输出的摩尔流量或质量流量是不平衡的。此外，在反应中，还涉及反应速率、转化率、产物的收率等因素。为了有利于反应的进行，往往使某一反应物过量，这些在反应过程的物料衡算时要加以考虑。

在物料衡算中，根据化学反应方程式，可以运用化学计量系数直接进行计算。

【例 2-4】　甲醇氧化制甲醛，其反应过程为：

$$CH_3OH + \frac{1}{2} O_2 \Longrightarrow HCHO + H_2O$$

反应物及生成物均为气态。甲醇的转化率为 75%，若使用过量 50% 的空气，试计算反应后气体混合物的组成（摩尔分数）。

解　画出流程示意图，如图 2-7 所示

基准：1mol CH_3OH

根据反应方程式

图 2-7 甲醇制甲醛物料衡算

O_2（需要）$=0.5$mol

O_2（输入）$=1.5 \times 0.5 = 0.75$mol

N_2（输入）$= N_2$（输出）$= 0.75 \times (79/21) = 2.82$mol

CH_3OH 为限制反应物

反应的 $CH_3OH = 0.75 \times 1 = 0.75$mol

因此

HCHO（输出）$= 0.75$mol

CH_3OH（输出）$= 1 - 0.75 = 0.25$mol

O_2（输出）$= 0.75 - 0.75 \times 0.5 = 0.375$mol

H_2O（输出）$= 0.75$mol

计算结果如表 2-5 所示。

表 2-5 甲醇氧化制甲醛物料衡算

组分	物质的量/mol	摩尔分数/%
CH_3OH	0.25	5.0
HCHO	0.75	15.2
H_2O	0.75	15.2
O_2	0.375	7.6
N_2	2.820	57.0
总计	4.945	100.0

【例 2-5】 有两个蒸馏塔的分离装置，将含 50%（摩尔分数）苯、30%甲苯和 20%二甲苯的混合物分成较纯的三个馏分，其流程图及各流股组成如图 2-8 所示。计算蒸馏 1000mol/h 原料所得各流股的量及进塔 II 物料的组成。

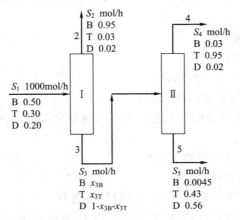

图 2-8 例 2-5 中流程图及各流股组成图

解 设 S_1、S_2、S_3…表示各流股物料量，mol/h，B 表示苯、T 表示甲苯、D 表示二甲苯。

x_{3B}、x_{3T} 表示流股 3 中苯、甲苯的组成。

该蒸馏过程中共可列出三组物料衡算方程，每组选三个独立方程。即

体系 A（塔Ⅰ）：总物料 $1000=S_2+S_3$ (1)

苯 $1000\times0.5=0.95S_2+x_{3B}S_3$ (2)

甲苯 $1000\times0.3=0.03S_2+x_{3T}S_3$ (3)

体系 B（塔Ⅱ）：总物料 $S_3=S_4+S_5$ (4)

苯 $x_{3B}S_3=0.03S_4+0.0045S_5$ (5)

甲苯 $x_{3T}S_3=0.95S_4+0.43S_5$ (6)

体系 C（整个过程）：总物料 $1000=S_2+S_4+S_5$ (7)

苯 $1000\times0.5=0.95S_2+0.03S_4+0.0045S_5$ (8)

甲苯 $1000\times0.3=0.03S_2+0.95S_4+0.43S_5$ (9)

以上 9 个方程，只有 6 个是独立的。

因为 (1)+(4)=(7) 式，同样，(2)+(5)=(8) 式及 (3)+(6)=(9) 式。因此，解题时可以任选两组方程。由题意，应选体系 C（整个过程），因为三个流股 2、4、5 的组成均已知，只有 S_2、S_4、S_5 三个未知量，可以从 (7)、(8)、(9) 三式直接求解。

由 (7)、(8)、(9) 三式解得

$$S_2=520\text{mol/h}$$
$$S_4=150\text{mol/h}$$
$$S_5=330\text{mol/h}$$

再任选一组体系 A 或 B 的衡算方程，可解得：

$$S_3=480\text{mol/h},\ x_{3B}=0.0125,\ x_{3T}=0.5925,\ x_{3D}=0.395$$

【例 2-6】 K_2CrO_4 水溶液重结晶处理工艺是将 4500mol/h 含 33.33%（摩尔分数，下同）的 K_2CrO_4 新鲜溶液和另一股含 36.36% K_2CrO_4 的循环液合并加入一台蒸发器中，蒸发温度为 120℃，用 0.3MPa 的蒸汽加热。从蒸发器放出的浓缩料液含 49.4% K_2CrO_4 进入结晶槽，在结晶槽被冷却，冷至 40℃，用冷却水冷却（冷却水进出口温差为 5℃）。然后过滤，获得含 K_2CrO_4 结晶的滤饼和含 36.36% K_2CrO_4 的滤液（这部分滤液即为循环液），滤饼中的 K_2CrO_4 占滤饼总物质的量的 95%（其他为水分）。K_2CrO_4 的分子量为 195。试计算：

① 蒸发器蒸发出水的量；

② K_2CrO_4 结晶的产率；

③ 循环液和新鲜液的比率（摩尔比）；

④ 蒸发器和结晶槽的投料比（摩尔比）。

解 为了准确理解该重结晶处理工艺，先画出流程框图，如图 2-9 所示。将每一流股编号且分析系统。

系统 1：对整个重结晶过程做物料衡算。

系统 2：对结晶过程做物料衡算。

系统 3：对新鲜进料与循环物料混合过程做物料衡算。

基准：以 4500mol/h 新鲜原料为计算基准，以 K 表示 K_2CrO_4，W 表示 H_2O。

设 F_1——进入蒸发器的新鲜物料量，mol/h；

F_2——进入蒸发器的循环物料量，即滤液量，mol/h；

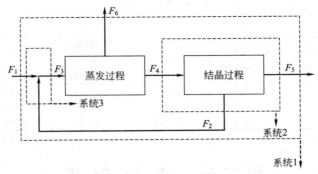

图 2-9　K_2CrO_4 溶液重结晶工艺流程图

F_3——新鲜液和循环液混合后的物料量，mol/h；

F_4——出蒸发器的物料量，mol/h；

F_5——结晶过滤后的滤饼总量，mol/h；

F_6——蒸发器蒸出的水量，mol/h；

P_c——结晶过滤后滤饼中 K 的量，mol/h；

P_s——结晶过滤后滤饼中滤液的量，mol/h；

x_3——新鲜液和循环液混合后的 K_2CrO_4 组成（mol/h）。

已知：$F_1 = 4500$mol/h

从已知条件可看出，滤饼中的水分占总滤饼的 5%（1—95%），可得出：

$$P_s = 0.05 \times (P_c + P_s)$$

$$P_s = 0.05263 P_c$$

对系统 1 物质 K 平衡：

$$0.3333 \times F_1 = P_c + 0.3636 \times P_s$$

联立解得：$P_c = 1472$mol/h，　　$P_s = 77.5$mol/h

H_2O 物料平衡：

$$F_1(1 - 0.3333) = F_6 + F_5 \times 0.05 \times (1 - 0.3636)$$

得：　　　　　　　　$F_6 = 2950.8$mol/h

结晶过滤的总物料平衡：

$$F_4 = P_c + P_s + F_2$$

$$F_4 = F_2 + 1549.5$$

结晶器水的平衡：

$$F_4(1 - 0.494) = (F_2 + 1549.5 \times 0.05) \times (1 - 0.3636)$$

联立求解得：$F_2 = 5634.6$mol/h；$F_4 = 7184$mol/h

则：循环液/新鲜料液 $= 5634.6/7184 = 1.25$

最后，通过混合点系统 3 的物料平衡或蒸发器的物料平衡求出 F_3。

混合点的物料平衡：　　　　　$(F_1 + F_2) = F_3$

得：　　　　　　　　$F_3 = 10134.6$mol/h

由蒸发器的物料平衡可校核 F_3 的计算是否正确：$F_3 = F_4 + F_6$。

因此，设计的蒸发器与结晶槽的投料比为：$F_3/F_4 = 10134.6/7184 = 1.41$

列出物料平衡表（见表 2-6）。

表 2-6 物料平衡表

组分	1	2	3	4	5	6
	新鲜物料 F_1/(mol/h)	循环物料 F_2/(mol/h)	混合后的物料 F_3/(mol/h)	出蒸发器的物料 F_4/(mol/h)	滤饼 F_5/(mol/h)	蒸出的水量 F_6/(mol/h)
K_2CrO_4	1500	2048.7	3548.7	3548.7	1500	0
H_2O	3000	3585.9	6585.9	3635	49.1	2950.8
合计	4500	5634.6	10134.6	7184	1549.4	2950.8

第二节 热 量 衡 算

物料衡算之后便可以进行热量衡算，二者皆是设备计算和其他工艺计算的基础。热量衡算是能量衡算的一种，全面的能量衡算是包括热能、动能、电能等在内的能量衡算。

一、热量衡算的目的和任务

热量衡算以能量守恒定律为基础。当物料经物理或化学变化时，如果其动能、位能或对外界所做之功，对于总能量的变化影响很小甚至可以忽略时，能量守恒定律可以简化为热量衡算。它是建立过程数学模型的一个重要手段，是化工计算的重要组成部分。进行热量衡算，可以确定为达到一定的物理或化学变化须向设备传入或从设备传出的热量；根据热量衡算可确定加热剂或冷却剂的用量以及设备的换热面积，或可建立起进入和离开设备的物料的热状态（包括温度、压力、组成和相态）之间的关系。确定合理利用热量的方案可以提高热量综合利用的效率。

热量衡算有两种情况：一种是对单元设备做热量衡算，当各个单元设备之间没有热量交换时，只需对个别设备做计算；另一种是整个过程的热量衡算，当各工序或单元操作之间有热量交换时，必须做全过程的热量衡算。

热量衡算的基本过程是在物料衡算的基础上进行单元设备的热量衡算（在实际设计中常与设备计算结合进行），然后再进行整个系统的热量衡算，尽可能做到热量的综合利用。

二、单元设备的热量衡算

单元设备的热量衡算就是对一个设备根据能量守恒定律进行热量衡算。内容包括计算传入或传出的热量，以确定有效热负荷；根据热负荷确定加热剂（或冷却剂）的消耗量和设备的传热面积。

1. 方法与步骤

（1）画出单元设备的物料流向及变化示意图。

（2）根据物料流向及变化，列出热量衡算方程式。

$$\sum Q = \sum H_出 - \sum H_进 \tag{2-11}$$

式中 $\sum Q$——设备或系统与外界环境各种换热量之和，其中通常包括热损失，kJ；

$\sum H_进$——进入设备或系统各股物料的焓之和，kJ；

$\sum H_出$——离开设备或系统各股物料的焓之和，kJ。

此外，在解决实际问题时，热平衡方程式还可以用下式表示：

$$Q_1 + Q_2 + Q_3 + \cdots = Q_I + Q_{II} + Q_{III} + \cdots \tag{2-12}$$

式中　Q_1——所处理的各股物料带入设备的热量，kJ；

Q_2——由加热剂（或冷却剂）传给设备和物料的热量，kJ；

Q_3——各种热效应如化学反应热、溶解热等，kJ；

Q_I——离开设备各股物料带走的热量，kJ；

Q_{II}——加热设备消耗的热量，kJ；

Q_{III}——设备的热损失，kJ。

（3）搜集有关数据。主要搜集已知物料量、工艺条件（温度、压力）以及有关物性数据和热力学数据，如比热容、汽化潜热、标准生成热等。

（4）确定计算基准温度。在进行热量衡算时，应确定一个合理的基准温度，一般以273K 或 295K 为基准温度。其次，还要确定基准相态。

（5）各种热量的计算。

① 各种物料带入（出）的热量 Q_1 和 Q_I 的计算。

$$Q = \sum m_i c_{pi} \Delta t_i \tag{2-13}$$

式中　m_i——物料的质量，kg；

c_{pi}——物料的比热容，kJ/(kg·K)；

Δt_i——物料进入或离开设备的温度与基准温度的差值，K。

② 过程热效应 Q_3 的计算。过程的热效应可以分为两类：一类是化学反应热；另一类是状态热。这些数据可以从手册中查取或从实际生产数据中获取，也可按有关公式求得。

③ 加热设备消耗的热量 Q_{II} 的计算。

$$Q_{II} = \sum m_W c_{pW} \Delta t_W \tag{2-14}$$

式中　m_W——设备各部分的质量，kg；

c_{pW}——设备各部分的比热容，kJ/(kg·K)；

Δt_W——设备各部分加热前后的平均温度，K。

计算时，m_W 可估算，c_{pW} 可在手册中查取。对于连续设备，Q_{II} 可忽略，间歇过程必须计算。

④ 设备热损失 Q_{III} 的计算。

$$Q_{III} = \sum A \alpha_T (t_w - t_0) \tau \tag{2-15}$$

式中　A——设备散热表面积，m²；

α_T——散热表面对周围介质的传热系数，kJ/(m²·h·K)；

t_w——设备壁的表面温度，K；

t_0——周围介质的温度，K；

τ——过程的持续时间，h。

当周围介质为空气作自然对流时，而壁面温度 t_w 又在 323～627K 的范围内，可按下列经验公式求取 α_T。

$$\alpha_T = 8 + 0.05 t_w \tag{2-16}$$

有时根据保温层的情况，热损失 Q_{III} 可按所需热量的 10% 左右估算。如果整个过程为低温，则热平衡方程式的 Q_{III} 为负值，表示损失的是冷量。

⑤ 由加热剂（或冷却剂）传给设备和物料的热量 Q_2 的计算。

Q_2 在热量衡算中是待求取的数值。当 Q_2 求出以后，就可以进一步确定传热剂种类、用量及设备的传热面积。若 Q_2 为正值，则表示设备需要加热；若 Q_2 为负值，表示需要从设备内部取出热量。

（6）列出热量平衡表。

（7）传热剂用量的计算。化工生产过程中，传递的热量往往是通过传热剂按一定方式来传递的。因此，对传热剂的选择及用量的计算是热量计算中必不可少的内容。

① 加热剂用量的计算。常用的加热剂有水蒸气、烟道气、电能，有时也用联苯醚等有机载热体。

a. 间接加热时水蒸气消耗量

$$m_D = \frac{Q_2}{I - c_p t} \tag{2-17}$$

式中　I——水蒸气热焓，kJ/kg；

c_p——水的比热容，kJ/(kg·K)；

t——冷凝水温度（常取水蒸气温度），K。

b. 燃料消耗量

$$m_B = \frac{Q_2}{\eta_T Q_T} \tag{2-18}$$

式中　η_T——燃烧炉的热效率；

Q_T——燃料的发热值，kJ/kg。

c. 电能消耗量

$$E = \frac{Q_2}{860\eta} \tag{2-19}$$

式中，η 为电热设备的电功效率（一般取 0.85～0.95）。

② 冷却剂消耗量的计算。常见的冷却剂为水、空气、冷冻盐水等，可按下式计算：

$$m_W = \frac{Q_2}{c_{p0}(t_{in} - t_{out})} \tag{2-20}$$

式中　c_{p0}——冷却剂比热容，kJ/(kg·K)；

t_{in}——冷却剂进口温度，K；

t_{out}——冷却剂出口温度，K。

（8）传热面积的计算。为了及时地控制过程中的物料温度，使整个生产过程在适宜的温度下进行，就必须使所用的换热设备有足够的传热面积，通常由热量衡算式算出所传递的热量 Q_2，先求出传热速率 $q = Q_2/\tau$，再根据传热速率方程求取传热面积。

$$q = KA\Delta t_m \tag{2-21}$$

得：

$$A = \frac{q}{K\Delta t_m} \tag{2-22}$$

式中　K——传热系数，kJ/(m²·h·K)；

Δt_m——传热剂与物料之间的平均温度差，K；

A——传热面积，m²。

间歇过程传热量往往随时间而变化，在计算传热面积时，要考虑到反应过程吸热（或放热）强度不均匀的特点，应以整个过程中单位时间传热量最大的阶段为依据，先计算整个过程多个阶段的热量，通过比较确定热负荷最大的阶段，据此确定传热面积的大小。

2. 注意事项

① 根据物料走向及变化，具体分析热量之间的关系，然后根据能量守恒定律列出热量

关系式。式(2-9)适用于一般情况。由于热效应有吸热和放热，有热量损失和冷量损失，所以式中的热量将有正、负两种情况，故在使用时须根据具体情况进行分析。另外，计算过程中对那些热量值很小的可以忽略不计。

② 弄清过程中存在的热量形式，确定需要收集的数据。化工过程中的热效应数据（包括反应热、溶解热、结晶热等）可以直接从有关资料、手册中查取。

③ 间歇操作设备常用 kJ/台为计算基准。因热负荷随时间而变化，所以可用不均衡系数换算成 kJ/h，不均衡系数则应根据具体情况取经验值。

三、系统的热量衡算

系统热量平衡是对一个换热系统、一个车间（工段）和全厂（或联合企业）的热量平衡。其依据的基本原理仍然是能量守恒定律，即进入系统的热量等于离开系统的热量和损失热量之和。

1. 系统热量平衡的作用

通过对整个系统能量平衡的计算求出能量的综合利用率。由此来检验流程设计时提出的能量回收方案是否合理，按工艺流程图检查重要的能量损失是否都考虑到了回收利用，有无不必要的交叉换热，以及核对原设计的能量回收装置是否符合工艺过程的要求等。

通过各设备加热（冷却）利用量计算，把各设备的水、电、汽、燃料的用量进行汇总。求出每吨产品的动力消耗定额（如表 2-7 所示），每小时、每昼夜的最大用量以及年消耗量等。

表 2-7　动力消耗定额

序号	动力名称	规格	每吨产品消耗定额	每小时消耗量		每昼夜消耗量		每年消耗	备注
				最大	平均	最大	平均		
1	2	3	4	5	6	7	8	9	10
2									
...									
合计									

动力消耗包括自来水（一次水）、循环水（二次水）、冷冻盐水、蒸汽、电、石油气、重油、氯气、压缩空气等。动力规格指蒸汽的压力，冷冻盐水的进、出口温度等。

2. 系统热量平衡计算步骤

系统热量平衡计算步骤与单元设备的计算步骤基本相同。

第三节　典型设备工艺设计与选型

设备计算与选型是在物料衡算和热量衡算的基础上进行的。其目的是决定工艺设备的类型、规格、主要尺寸和台数，为车间布置设计、施工图设计及非工艺设计项目提供足够的设计数据。

由于化工过程的多样性，设备类型也非常多。所以，实现同一工艺要求，不但可以选用不同的操作方式，也可以选用不同类型的设备。当单元操作方式确定之后，应根据物料平衡所确定的物料量以及指定的工艺条件（如操作时间、操作温度、操作压力、反应体系特征和热平衡数据等），选择一种满足工艺要求而且效率高的设备类型。定型产品应选定规格型号，非定型产品要通过计算以确定设备的主要尺寸。

一、设备设计与选型的基本要求

化工设备是化工生产的重要物质基础，对工程项目投产后的生产能力、操作稳定性、可靠性以及产品质量等都将起着重要的作用。因此，对于设备的设计与选型要充分考虑工艺上的要求；要运行可靠，操作安全，便于连续化和自动化生产，要能创造良好的工作环境和无污染；便于购置和容易制造等。总之，要全面贯彻先进、适用、高效、安全、可靠、省材、节资等原则。具体还要从分析技术经济指标与设备结构要求两方面加以考虑。

1. 技术经济指标

化工设备的主要技术经济指标有单位生产能力、消耗系数、设备价格、设备的管理费用和产品总成本。

（1）生产能力　是设备单位体积（或单位质量或单位面积）上单位时间内能完成的生产任务。因此，设备的生产能力要与流程设计的能力相适应，而且，效率要高。通常设备的生产能力越高越好，但其效率却常常与设备大小和结构有关。

（2）消耗系数　是生产单位质量或单位体积产品消耗的原料和能量，其中包括原材料、燃料、蒸汽、水、电等。一般来说，消耗系数越低越好。

（3）设备价格　直接影响工程投资。一般选择价格便宜、制造容易、结构简单及用材不多的设备，但要注意设备质量和生产效率。

（4）设备的管理费用　包括劳动工资、维护和检修费用等。要尽量选用管理费用低的设备，以降低产品成本。

（5）产品总成本　是化工企业经济效益的综合反映。一般要求产品的总成本越低越好。实际上该项指标是上述各项指标的综合反映。

2. 设备结构要求

化工设备除了满足上述要求之外，在结构上还应满足下述各项要求。

① 化工设备及构件应满足强度与刚性的要求，达到规定的标准。

② 设备的耐久性主要取决于设备被腐蚀的情况。一般化工设备的使用年限为 $10 \sim 20$ 年，而高压设备为 $20 \sim 25$ 年。

③ 密封性对化工设备是一个很重要的问题，特别在处理易燃、易爆、有毒介质时尤为重要。要根据有毒物质在车间的允许浓度来确定它的密封性。

④ 在用材和制造上，要尽量减少材料用量，特别是一些贵重材料。同时又要尽量考虑制造方便，减少加工量，力求降低设备的制造成本。

另外，还要考虑方便安装、操作及维修；考虑设备的尺寸和形状与方便运输等问题。

二、设备设计的基本内容

设备设计的基本内容主要是定型（或标准）设备的选择、非定型（非标准）设备的工艺计算等。

（一）定型设备的选择

定型设备的选择除了要符合上述基本要求外，还要注意以下两个问题。

首先，根据设计项目规定的生产能力和生产周期确定设备的台数。运转设备要按其负荷和规定的工艺条件进行选型；静设备则要计算其主要参数，如传热面积、蒸发面积等，再结合工艺条件进行选型。设备选型可参照国家标准图集或有关手册和生产厂家的产品目录、说明书等进行选择。

其次，在选型时要注意被选用设备的备品（件）供应情况，选用的设备在生产能力上，若无完全相适宜的，则选用偏高一级的，并应兼顾生产的发展；在满足工艺条件上考虑，也应从偏高一个等级的设备中选用。

（二）非定型设备的设计计算

对非定型设备的设计先通过化工计算、工艺操作条件要求，提出设备类型、材料、尺寸和其他一些工艺要求，由化工设备专业进行工程机械加工设计，由有关机械或设备加工厂制造。

下面以物料输送设备和换热设备为例介绍常见单元设备的选型和设计计算过程。

（三）物料输送设备

化工厂或化工装置在工艺流程上的各种物料、公用工程（水、气、汽等）都需要输送装置，这些物料输送设备品种多而且复杂。从化工设计角度来看输送设备，可分为以下几种。

① 液体物料输送设备。常规的设备为各种泵。

② 气体物料输送、压缩、制冷设备。常规的设备为风机、压缩机、真空泵、制冷机等。

③ 固体物料输送设备。常规的设备为各种给料机械设备、气流输送设备。

下面着重点介绍一下液体输送设备。

化工厂中液体输送采用较多的是泵，按泵作用于液体的原理可分为叶片式泵和容积式泵两大类。叶片式泵是由泵内的叶片在旋转时产生的离心力作用将液体吸入和压出，容积式泵是由泵的活塞或转子在往复或旋转运动中产生挤压作用将液体吸入和压出。叶片式泵又因泵内叶片结构形式不同分为离心式（屏蔽泵、管道泵、自吸泵等）、轴流式和旋涡式，容积式泵也可具体分为往复式（活塞泵、柱塞泵、隔膜泵、计量泵）和回转式（齿轮泵、螺杆泵、滑片泵、液环泵等）。各种类型泵的基本特点见表 2-8。

表 2-8 各种类型泵的基本特点

指　标	叶片式			容积式	
	离心式	轴流式	旋涡式	往复式	回转式
流体排除状态	流率平均			有脉动	流率平均
液体品质	均一液体(或含固体的液体)	均一液体	均一液体	均一液体	均一液体
汽蚀余量/m	4~8	—	2.5~7	4~5	4~5
扬程(或排出压力)	范围大,低至10m,高大约600m(多级)	2~20m	较高,单级可达100m	范围大,排出压力高,为0.3~600MPa	
体积流量/(m³/h)	范围大,低至5,高至大约3000	较高,大约60000	较小,0.4~20	范围较大,1~600	
流量与扬程关系	流量减小,扬程增大	同离心式	同离心式,但增率和降率较大	流量增减,排出压力不变;压力增减,流量几乎为定值	
结构特点	转速高,体积小,运转平稳,基础小,设备维修较易	与离心式基本相同,叶片较简单,制作成本低		转速低,持液量小,设备外形大	同离心泵
流量与轴功率的关系	流量减小,轴功率减小	流量减小,轴功率增加	流量减小,轴功率减小	当排除压力一定时,流量减小,轴功率减小	同往复式

泵也常按其用途命名，如水泵、油泵、钻井泵、砂泵、耐腐蚀泵、冷凝液泵等；或附以结构特点命名，如悬臂水泵、齿轮油泵、螺杆泵、液下泵、立式泵、卧式泵等。

1. 泵类型的确定

确定泵类型的首要依据是输送物料的基本性质，物料的基本性质包括相态、温度、黏度、密度、挥发性、毒性、与空气形成爆炸性混合物的可能性和化学腐蚀性等。此外，选择泵的类型时还要考虑生产的工艺过程、动力、环境和安全要求等条件，例如，是否长期连续运转，扬程和流量是否变动，动力（电、蒸汽）的类型以及是否防爆车间等情况。

许多场合化工用泵所输送的液体性质和一般清水泵不同，另外化工装置还有要求具有长期连续运行的特点，所以除操作方便、运行可靠、性能良好和维修方便等一般要求外，在不同的情况下还有不同的特殊要求，简单介绍如下。

① 输送剧毒和贵重的介质时，可采用密封性能可靠、完全无泄漏的屏蔽泵和磁力驱动泵。

② 输送腐蚀性介质时，应选用耐腐蚀泵。金属耐腐蚀泵的过流部件的材质有普通铸铁、高硅铸铁、不锈钢、高合金钢、铁及其合金等；非金属耐腐蚀泵过流部件的材质有聚氯乙烯、玻璃钢、聚丙烯、超高分子量聚乙烯、石墨、陶瓷、搪玻璃和玻璃等。可根据介质的特性和温度范围选用材质，一般来说，非金属耐腐蚀泵的耐腐蚀性能优于金属泵，但非金属耐腐蚀泵的耐湿、耐压性能一般比金属泵差，非金属耐腐蚀泵常用于流量不大且温度和使用压力较低的场合。

③ 输送易汽化液体时应选用低温泵。易汽化液体指沸点低的液体，如液态烃、液化天然气、液态氧、液态氢等，这些介质的常压沸点通常为$-160 \sim -30℃$。

易汽化液体在常温常压下通常为气态，只有在一定压力和（或）低温下才是液态，所以泵的入口压力比较高，例如甲烷的液化条件为3MPa、$-100℃$，乙烯的液化条件为2MPa、$-30℃$，并且汽化压力随温度变化非常显著，一般当温度变化$\pm 25\%$时，汽化压力可变化$\pm(100\% \sim 200\%)$，同时介质的密度、比热容、汽化热等物性也发生相应变化。绝大部分的易汽化液体有腐蚀性和危险性，因此不允许泄漏，而且由于其易汽化，若有漏液，液体汽化吸热极易造成密封部位结冰，因此，此类泵对密封要求很严。

④ 输送黏性液体时要根据黏度的大小选泵，黏度大的液体、胶体或膏糊料可用往复泵，最好选用齿轮泵和螺杆泵。表2-9给出了不同类型泵的适用黏度范围。

表 2-9　不同类型泵的适用黏度范围

类　　型		适用黏度范围/(mm²/s)	备　　注
叶片式泵	离心泵	<150	1. 对NPSHr[1]远小于NPSHa[2]的离心泵，可用于黏度$<500 \sim 600 mm^2/s$的场合，当黏度$>650 mm^2/s$以上时，离心泵的性能严重下降，一般不宜再用离心泵，但由于离心泵输液无脉动、无需安全阀且流量调节简单，因此在化工生产中也常见到离心泵用于黏度达$1000 mm^2/s$的场合。 2. 旋涡泵黏度一般不超过$115 mm^2/s$。当黏度大于此值时$(115 mm^2/s)$，可选用特殊设计的高黏度泵，如GN计量泵、螺杆泵等
	旋涡泵	<37.5	
容积式泵	往复泵	<850	
	计量泵	<800	
	旋转活塞泵	$200 \sim 100000$	
	单螺杆泵	$10 \sim 560000$	
	双螺杆泵	$0.6 \sim 100000$	
	三螺杆泵	$21 \sim 600$	
	齿轮泵	<440000	

[1] NPSHr是指必需的净正吸入压头；

[2] NPSHa是指泵吸入管路所能够提供的，保证泵不发生汽蚀，且在叶轮吸入口处单位质量液体所具有的超过汽化压力后还有的富余能量。

⑤ 输送夹带或溶有气体的液体时应选用容积式泵。泵输送液体中的允许含气量（体积分数）为，离心泵小于 5%，旋涡泵为 5%～20%，容积式泵为 5%～20%。选用时不得超越，否则会产生噪声、振动、腐蚀加剧甚至出现断流现象。

⑥ 输送含固体颗粒的悬浮液则宜用钻井泵或隔膜泵，固体颗粒的存在使泵的扬程、效率降低，应按有关规定校核。

⑦ 输送高温介质时可考虑选用热油泵。

⑧ 要求高吸入性能时，选用允许汽蚀余量小的泵，如液态烃泵、双吸式离心泵。

⑨ 要求低流量、高压头且液体又无悬浮物、黏度不高时宜选用旋涡泵或多级离心泵。

⑩ 当持液量精度要求高时，可用计量泵。

⑪ 输送易燃易爆的液体时，选用蒸汽往复泵、水喷射泵或蒸汽喷射泵是很安全的；若采用电动泵输送易燃易爆液体，则必须配用防爆电动机。

实际上，在选择泵的类型时，往往不可能完全满足各个方面的要求，应以满足工艺和安全要求为主要目标，例如输送盐酸，防腐是主要要求；输送氢氰酸时，防毒是主要要求，其他方面的要求（如扬程、流量）都要服从主要要求。

2. 泵扬程和流量的确定

作为选泵的主要参数之一的流量，以物料衡算确定的流量值为基础值。如果给出最大和最小流量，选泵时应按最大流量考虑；如果给出正常流量，考虑到操作中有可能出现的流量波动以及开车、停车的需要，应在正常流量值的基础上乘以 1.1～1.2 的安全系数。

泵的扬程也是由工艺计算确定的，即由泵的布置位置、输送距离和高度以及管路阻力确定。由于管道阻力计算常有误差，而且在运行过程中管道的结垢、积碳也使管道阻力大于计算值，所以扬程也应采用计算值的 1.05～1.1 倍。

3. 泵扬程和流量的校核

制造厂提供的泵的性能曲线或性能表一般是在常温常压下用清水测得的，若输送的液体的物理性质与水有较大差异（例如输送高黏度液体），则应将泵的性能指标流量、扬程用被输送液体的流量和扬程的值替代，然后把工艺条件要求的流量和扬程与换算后的泵的流量和扬程比较，确定所选泵的性能是否符合工艺要求。

扬程和流量的校核方法参考化工手册的有关章节。

4. 泵的轴功率的校核

离心泵的轴功率计算公式为：

$$Ne = QH\rho g \tag{2-23}$$

$$Ne = N\eta \tag{2-24}$$

式中　N ——泵的轴功率，W；

　　Ne ——泵的有效功率，W；

　　Q ——泵的流量，m^3/s；

　　H ——泵的压头，m；

　　ρ ——液体的密度，kg/m^3；

　　g ——重力加速度，m/s^2；

　　η ——泵的效率。

从泵的轴功率的计算公式可以清楚地看出，轴功率受液体密度的影响。液体黏度因能影响泵的扬程、流量及泵的效率，所以间接地影响泵的轴功率。泵样本上给定的功率是用水测得的，当输送密度和黏度与水相差较大的液体时，须使用有关公式进行校正，重新算出泵的轴功率,用校正后的轴功率选择配套电动机。如果泵的生产厂家已有配套电动机,则应根据校正后的轴功率确定是否向生产厂家提出更换电动机的要求。

5. 泵的台数和备用

对于泵的台数,考虑一开一备是合理的,但如为大型泵,一开一备的配置并不经济,这种情况下可设两台较小的泵供正常操作使用,另一台同样大小的泵备用。

一般来说,一些重要岗位、高温操作或其他苛刻条件下使用的泵,均应设置备用泵,备用率一般取 100%,而其他情况下连续操作的泵,可考虑采用 50% 的备用率。在连续操作的大型装置中使用的泵应考虑较大的备用率。

6. 离心泵安装高度的校核

为避免发生汽蚀或打不上液体的情况,泵的安装高度必须低于泵的允许吸上高度。为了安全起见,安装高度应比计算出来的允许吸上高度低 0.5~1m。因此,在泵的型号选定之后,要计算允许吸上高度的值,并核对泵的安装高度是否合乎要求,若不符合安装要求,则应降低泵的安装高度或加大容器的操作压力,使其达到要求。

7. 泵输送系统设计

在选定泵的操作特性、扬程和必需汽蚀余量之后,泵已经选型且准备订购时,应对泵输送系统的管线和设备的配置进行认真的校核设计,不仅使之能在正常操作条件下运行,而且要能适应泵的瞬变条件,如开泵、停泵、维修、更换等。

(1)泵的灌注系统 离心泵操作前,其壳内必须充满液体。吸入口位置低于吸入容器液面时,灌注可以通过液位差实施,而对需往上吸入的泵,则需要设计灌注的装置与管线。最简单的灌注系统是在吸入管的底端安装一个特殊的单向底阀,在泵停止工作时,避免液体从吸入管中放出。底阀并不能长期保持吸入管内的液柱,这样就需要安装一个入口灌注的管线,或设计一套能实施自灌注的系统。

(2)泵的最小流量 泵的功率是按给定的流量和扬程测定的,如流量降低,泵的效率下降,能量将转变成热;如果任凭能量降低,泵内流体可能被加热,以至于汽化,形成汽蚀。因此,必须保持泵的运行中有一个最小流量。

最小流量往往应在泵的样本或说明书中注明。如无此数据,可用简单公式估算,即电动机的功率全部用来产生热量,使最小流量的液体温度升高达到最高允许温升,而最高允许温升在泵的样本或铭牌上应有标注。

许多生产系统中流量可能发生变化,有时不论下游流量要求如何变化,总要求泵连续运转,因此,就必须设计一个泵的回流管线。回流管线设计应力求简单、方便和可靠,通常设计限流孔板、自动阀或电磁阀,根据流量和电压差来控制回流的液量,使泵在正常流量范围内运转,防止温升过高引起汽蚀。

(3)储液池设计 要确定储液槽的位量和尺寸大小。要使泵的性能处于最佳状态,管线安排力求简便,应在储槽和管线安排上考虑留有泵检修、拆卸、安装的空间。

(四)换热设备的设计与选用

在化工厂中传热设备占据着极为重要的地位,物料的加热、冷却、蒸发、冷凝、蒸馏等都要通过传热设备进行热交换。通常在化工厂的建设中,热交换器约占总投资的 11%;约占炼油、化工装置设备总重的 40%。合理的选用和使用热交换器,可节省投资,降低能耗。

1. 传热设备的分类及性能比较

根据工艺用途可将传热设备分为加热器、冷却器、冷凝器、蒸发器、再沸器、空冷器等。根据冷、热流体热量交换的方法,传热设备可分为:间壁式(参与换热的两流体不直接接触）、直接式（参与换热的两种流体不相混溶，或允许两者之间有物质扩散、相互接触的场合）及蓄热式（从高温炉气中回收热量，以使预热气体至高温状态）三类，其中间壁式换热设备是化工生产中使用最多的一类。

间壁式换热器可分为管式换热器（一般承压能力高）及板式换热器（一般承压能力低）。表 2-10 列出了主要类型的换热器性能的比较，设计时可作为选用换热器类型的参考。

表 2-10　主要类型的换热器性能

换热器类型	允许最大操作压力/MPa	允许最高操作温度/℃	单位体积传热面积/(m²/m³)	每平方米表面积的质量/(kg/m²)	传热系数/[kJ/(m²·h·K)]	单位传热量的金属耗量/kg	结构是否可靠
固定管板式列管换热器	84	1000～1500	40～164	35～80	3050～6150	1	○
U形管式列管换热器	100	1000～1500	30～130	—	3050～6150	1	○
浮头式列管换热器	84	1000～1500	35～135	—	3050～6150	1	△
板式换热器	2.8	360	250～1500	小	10500～25000	—	△
螺旋板式换热器	4.0	1000	100	35～50	2500～10450	0.2～0.9	△
板翅式换热器	5.0	269～500	2500～4370	—	125～1250(气-气) 40～6300(油-油)	—	△
套管式换热器	100	800	20	175～200	—	2.5～4.5	○
沉浸管板换热器	100	—	15	90～120	—	1～6	○
喷淋式换热器	100	—	16	45～60	—	0.5～2	△

换热器类型	传热面是否便于调整	是否具有热补偿能力	清洗管内是否容易	清洗管间是否容易	检修是否方便	能否用脆性材料制造
固定管板式列管换热器	×	×	○	×	×	×
U形管式列管换热器	×	○	×	×	×	△
浮头式列管换热器	○	○	○	○	○	△
板式换热器	○	○	○	○	○	×
螺旋板式换热器	×	○	×	×	○	△
板翅式换热器	×	○	△	—	×	×
套管式换热器	○	○	不可拆式× 可拆式○	不可拆式× 可拆式○	○	○
沉浸管板换热器	×	○	×	○	○	○
喷淋式换热器	○	○	×	○	○	○

注：1. 各符号表示的意义是：○—好；△—尚可；×—不好。

2. 单位传热量的金属耗量以列管式换热器等于 1 为基准。

2. 换热器设计的一般原则

换热器设计的基本要求是，满足工艺要求的传热面积，传热效率尽量高；满足工艺操作条件，在长期连续运转下不泄漏，维修清洗方便；流动阻力尽量小，满足工艺布置的安装尺寸等。

（1）流体流速的选择　根据经验，流体的流速范围见表 2-11。

表 2-11　流体的流速范围

流体类型	流体在直管内常用流速/(m/s)	流体类型	流体在壳程内的常用流速/(m/s)
冷却水(淡水)	0.7～3.5	水及水溶液	0.5～1.5
冷却水(海水)	0.7～2.5	低黏度油类	0.4～1.0
低黏度油类	0.8～1.8	高黏度油类	0.3～0.8
高黏度油类	0.5～1.5	油类蒸气	3.0～6.0
油类蒸气	0.5～1.5	气液混合物	0.5～3.0
气液混合物	2.0～6.0		

对易燃易爆液体,设计上要考虑安全允许速度。

(2) 流体的流程选择　在换热中哪一种流体走管内,哪一种流体走管外,这个问题受多方面因素的限制,一般选择的原则如下。

① 不清洁和易结垢的流体宜走管程,以便于清洗。

② 流量小和黏度大的液体宜走管程,因管程易做成多程结构,可以得到较大的流速,提高给热系数。

③ 腐蚀性液体宜走管程,以免管束和壳体同时受腐蚀。

④ 压力高的流体宜走管程,这样可以减小对壳程的机械强度要求。

⑤ 饱和蒸汽宜走壳程,因为流速对饱和蒸汽的冷凝给热系数几乎无影响,饱和蒸汽的冷凝表面又不需要清洗,在壳程流动易于及时排除冷凝水。

⑥ 被冷却的流体宜走壳程,这样可利用外壳向环境散热,增强冷却效果。

⑦ 有毒性的介质走管程,因为管程泄漏的概率小。

(3) 换热器两端冷、热流体温差的取值　换热器两端冷、热流体的温差大,可使换热器的传热面积小,节省设备投资。但要使冷、热流体温差大,冷却剂出口温度就要低,冷却剂的用量大,增大了操作费用。所以,当换热器中有一方流体是冷却剂时,换热器两端冷、热流体温差的取值应考虑其经济合理性,即要选择适宜的换热器两端冷、热流体温差,使投资和操作费用之和最小。一般认为,采用下面所列的数值是比较经济合理的。

① 换热器热端冷、热流体温差应在 20℃ 以上。

② 用水或其他冷却介质时,冷端温差可以小些,但不要低于 5℃。

③ 冷凝含有惰性气体的流体时,冷却剂出口温度至少比冷凝液的露点低 5℃。

④ 空冷器冷、热流体温差应大于 15℃,最好大于 20～25℃。

⑤ 用水为冷却剂时,冷却水进、出口温度差一般取 5～10℃,缺水地区用比较大的温差,而水源丰富地区用比较小的温差。

(4) 压力降的选择　压力降一般随操作压力不同有一个大致的范围。压力降的影响因素较多,但通常希望换热器的压力降在表 2-12 所列的参考范围内。

表 2-12　换热器压力降的大致范围

操作压力 p/MPa	换热器压力降 p/MPa	操作压力 p/MPa	换热器压力降 p/MPa
0～0.1(绝压)	$\Delta p=\dfrac{p}{10}$	0.07～1.0(表压)	0.035
		1.0～3.0(表压)	0.035～0.18
0～0.07(表压)	$\Delta p=\dfrac{p}{2}$	3.0～8.0(表压)	0.07～0.25

(5) 污垢热阻的选择 换热器使用中会在壁面产生污垢,在设计换热器时应充分考虑。由于目前对污垢造成的热阻尚无可靠的公式,不能进行定量计算,一般参考经验值,管壳式换热器总污垢热阻推荐值见表 2-13。在设计时应慎重考虑流速和壁温的影响。选择过于大的安全系数,有时会适得其反,传热面积的安全系数过大,便会出现流速下降,自然的"去垢"作用减弱,污垢反会增加。

表 2-13 管壳式换热器总污垢热阻推荐值

物　料	污垢热阻 /[(m² · ℃)/W]	物　料	污垢热阻 /[(m² · ℃)/W]
冷冻盐水	0.0002	海水	0.0001
有机热载体	0.0002	蒸馏水	0.0001
工业水(温度小于50℃,流速小于1m/s)	0.0002	轻质柴油	0.0004
		沥青和残渣油	0.002
水蒸气	0.0001	塔顶工艺物料蒸气	0.0002
空气	0.0004	无水原油(温度小于90℃,流速小于0.6m/s)	0.0005
燃料油	0.001		
重油	0.001	有机溶剂	0.0002
汽油	0.0002	残碱溶液	0.0004

3. 管壳式换热器的设计和系列选用

(1) 汇总设计数据、分析设计任务 根据工艺衡算的要求和工艺物料的特性,掌握物料流量、温度和压力以及介质的化学性质、物性参数等数据 (这些数据可以从手册中查到),还要掌握物料衡算和热量衡算得出的有关设备的负荷、在流程中的地位、与流程中其他设备的关系等数据。这样,换热设备的负荷和它在流程中的作用就清楚了,即设计任务就明确了。

(2) 设计换热流程 换热器的位置在工艺流程设计中已得到确定,在具体设计换热器时应将换热的工艺流程仔细探讨,以利于充分利用热量,充分利用热源。

① 设计换热流程时,应考虑到换热和发生蒸汽的关系,有时应采用余热锅炉,充分利用流程中的热量。

② 换热中把冷却和预热相结合。有的物料要预热,有的物料要冷却,将二者巧妙结合,可以节省热量。

③ 安排换热顺序。有些换热情况,可以采用二次换热或多次换热,即不是将物料一次换热,而是先将物料与一种介质换热至一定的温度,再与另一介质换热,以充分利用能量。

④ 合理使用冷介质。化工厂常使用的冷介质一般是水、冷冻盐水和要求预热的冷物料,一般应尽量减少冷冻盐水的使用场合,或减少冷冻盐水的换热负荷。

⑤ 合理安排管程和壳程的介质。以有利于传热、减少压力损失、节约材料、安全运行及方便维修为原则,力求达到最佳选择。

(3) 选择换热器的材质 根据介质的腐蚀性能和其他有关性能,按照操作压力、温度、材料规格和制造价格综合选择。除了碳钢 (低合金钢) 材料外,常见的换热材料还有不锈钢、低温用钢 (低于-20℃)、有色金属如铜和铅等。非金属作换热器的材质具有很强的耐腐蚀性能,常见的耐腐蚀换热器材料有玻璃、搪瓷、聚四氟乙烯、陶瓷和石墨,其中应用最多的是石墨换热器。近年来聚四氟乙烯换热器也得到重视。此外,一些稀有金属如钛、钽、锆等在换热器材质选择上也被人们重视，虽然价格昂贵，但其性能特殊，能耐除氢氟酸和发烟硫酸外的一切酸和碱，钛的资源丰富，强度好，质轻，对海水、氨水、氯水、金属氯化物等都有很高的耐蚀性能，是不锈钢无法比拟的，虽然价格高，但用材少，造价也未必高。

（4）选择换热器类型　根据热负荷和选用的换热器材质，选定某一种类型换热器，见表2-9。

（5）确定换热器中介质的流向　根据热载体的性质、换热任务和换热器的结构，决定换热器中介质的流向，有并流、逆流或错流、折流几种流动方式。

（6）确定和计算平均温差　根据有关计算公式，确定平均温差。

（7）计算热负荷、流体对流传热系数　可用粗略估计的方法，估算管内和管间流体的对流传热系数。热负荷可用热量衡算方法求出。

（8）估计污垢热阻并初算出总传热系数 K　现在有各种工艺算图，将公式和经验汇集在一起，可以方便地求取传热系数 K。在许多设计中，K 常取经验值。作为粗算或试算的依据，许多手册、书籍中都罗列出各种条件下的经验值，但经验值所列的数据范围较宽，作为试算，还可与 K 值的计算公式结果参照比较。

（9）计算总传热面积 A　利用传热速率公式

$$A = \frac{Q}{K\Delta t_m}$$

很方便就能算出总传热面积 A。

（10）调整温度差再算一次传热面积　在工艺的允许范围内，调整介质的进出口温度，或者考虑生产的特殊情况，重新计算 Δt_m，并重新计算 A 值。

（11）选用系列换热器型号　根据两次或三次改变温度算出的传热面积 A，并考虑有 10%～25% 的安全系数裕度，确定换热器的选用传热面积 A。根据国家标准系列换热器型号，选择符合工艺要求和车间布置（立式或卧式、长度）的换热器，并确定设备的台件数。

（12）验算换热器的压力降　换热器的压力降一般利用工艺算图或由摩擦系数通过化学工程的公式计算。如果核算的压力降不在工艺的允许范围之内，应重选设备。

如果不是选用系列换热器，则在计算出总传热面积时，按下列顺序反复试算。

① 根据上述程序计算传热面积 A，或者简化计算，取一个 K 的经验值，计算出热负荷 Q 和平均温差 Δt_m 之后，算出一个试算的传热面积 A。

② 确定换热器基本尺寸、管长和管数。根据上条试算出的传热面积 A，确定换热管的规格和每根管的管长（有通用标准和手册可查），再由 A 算出管数。

根据需要的管子数目，确定排列方法，可以确定实际的管数，按照实际管数可以计算出有效传热面积和管程、壳程的流体流速。

③ 计算设备的管程、壳程流体的对流传热系数。

④ 根据经验选取污垢热阻，见表2-13。

⑤ 计算该设备的传热系数。此时不再使用经验数据，总传热系数按下式计算：

$$K = \frac{1}{\dfrac{1}{\alpha_2} + R_{S1} + \dfrac{b}{\lambda_w}\dfrac{A_1}{A_m} + R_{S2}\dfrac{A_1}{A_2} + \dfrac{1}{\alpha_1}\dfrac{A_1}{A_2}} \tag{2-25}$$

式中　R_{S1}，R_{S2}——管外、管内污垢热阻系数，$(m^2 \cdot ℃)/W$；

　　　　b——管壁厚度，m；

　　　　α_1，α_2——管内、管间流体的对流传热系数，$W/(m^2 \cdot ℃)$；

λ_w——管壁热导率，W/(m·℃)；

A_1，A_2，A_m——管外、管内传热面积和管壁平均传热面积，m^2。

⑥ 求实际所需传热面积。用计算出的 K 和热负荷 Q、平均温差 Δt_m，计算出传热面积 $A_计$，并且在工艺设计允许范围内改变温度重新算出 Δt_m，重新计算 $A_计$。

⑦ 核对传热面积。将初步确定的换热器的实际传热面积与 $A_计$ 相比，一般认为实际传热面积比计算值大 10%～25% 比较可靠。如若不然，则要重新确定换热器尺寸、管数，直到计算结果满意为止。

⑧ 确定换热器各部分尺寸，验算压力降。如果压力降不符合工艺允许条件，也应重新试算确定，反复选择计算，直到完全合适时为止。

三、编制设备及装配图一览表

对于非定型设备最后还要进行强度计算。有关压力容器的强度计算的详细内容可参阅有关压力容器设计、化工设备及容器等方面的资料。

当设备选型和设计计算结束后，将结果汇编成设备一览表，如表 2-14 所示。对主要设备绘制总装配图。图上主要有视图、尺寸、明细栏（装配一览表）、管口符号和管口表、技术特性表、技术要求、标题栏等。

表 2-14 设备一览表

序号	流程及布置图上的位号	设备名称和技术规格	型号或图号	计量单位	数量	材料	净重/kg 单重	总重	隔热及隔声 型号	主要层厚度/mm	内壁防腐	管口方位图	备注
1													
2													
…													

	编制		设备一览表（例表）	工程名称：
	校核			项目名称：
	审核			专业　　　第 页 共 页

思 考 题

1. 热量衡算的依据和步骤是什么？

2. 物料衡算的依据和步骤是什么？

3. 有一湿纸浆含水量为 75%，但出售要求纸浆含水量在 12% 以下。试计算，每千克湿纸浆需移去的水分的质量。以上含量均为质量分数。

4. 在离子膜法烧碱生产过程中，电解出来的碱液中碱的质量分数为 30%。为生产固碱，需在蒸发器中将碱液中碱的质量分数提高到 45% 以上。问每生产 1 吨 45% 的烧碱需多少 30% 的烧碱。在蒸发器中需蒸出多少水？

5. 用纯水吸收丙酮混合气中的丙酮。如果吸收塔混合气进料为 200kg/h（其中丙酮质量分数为 20%），纯水进料为 1000kg/h，吸收丙酮后得到丙酮水溶液，吸收过程中丙酮的回收率为 90%，设其余气体不溶于水，计算吸收液出口浓度为多少。

6. 精馏塔进料速率为 3000mol/h，其组成（质量分数，下同）为：苯 50%、甲苯

30%、二甲苯 20%，精馏后其精馏产物的组成为：苯 95%、甲苯 3%、二甲苯 2%，釜液中二甲苯占进料的二甲苯 96%，求釜液组成及各物流量为多少？

7. 储槽内有 10000kg NaCl 饱和溶液（温度为 70℃），将此溶液冷却到 25℃，问将有多少结晶析出？

8. 一种废酸，组成为 23%（质量分数，下同）的 HNO_3，57% 的 H_2SO_4 和 20% 的 H_2O，加入 93% 的浓 H_2SO_4 及 90% 的浓 HNO_3，要求混合成 27% 的 HNO_3 及 60% 的 H_2SO_4 的混合酸，计算所需废酸及加入浓酸的量。

9. 有一种湿物料 A 含水 50%，干燥后原有水分的 65% 被除去，试计算：

(1) 干燥后物料的组成；

(2) 每 1000kg 混物料 A 移去的水分的质量。

10. 计算反应 $C_2H_6 \longrightarrow CH_4 + H_2$ 的标准生成焓。

11. 某连续等温反应器在 400℃ 进行下列反应：

$$CO(g) + H_2O(g) \longrightarrow CO_2(g) + H_2(g)$$

假定原料在温度为 400℃ 时按照化学反应计量比送入反应器，要求 CO 的转化率为 90%，试计算使反应器内温度稳定在 400℃ 时所需传递的热量。

第三章
厂址选择和总平面设计

【学习目标】

通过本单元的学习，学生可以了解化工厂厂址选择的程序与原则，掌握化工厂总平面设计的基本原则、内容和方法，并能根据实际情况进行厂址选择报告的编写。

第一节　厂　址　选　择

厂址选择是化工厂建设过程中非常重要的一个环节。厂址的选择是否正确和合理，将对以后工厂的建设速度、运转成本、环境保护、发展潜力甚至安全生产等方面都会产生直接的影响。

厂址选择的政策性很强，工厂的建设必须要符合当地的长期发展规划和环保要求，并且需要取得主管部门、地方政府及当地民众的理解和支持。

厂址选择的经济性很强，在满足工厂正常生产及长远发展的前提下，尽可能降低建厂投资及运行成本，因此，厂址区域的自然地理特征，运输的方式、条件、成本，水源和动力的提供方式、成本，工厂未来的发展空间等都需要考虑。

厂址选择的技术性很强，工厂建设是一项综合性、团队性的工作，涉及工艺、土建、给排水、电气、技术经济等多个领域和专业，需要密切配合，互相协作，在厂址选择过程中，必须要满足各专业、各环节的建设和生产要求。

一、厂址选择的注意事项

化工厂建设投资大、周期长，在一定程度上具有不可更改性，因此，厂址选择必须是在长远规划的前提下，严格按照有关的政策、法规及厂址选择的基本要求进行选址。选址过程中的注意事项有以下几点。

(1) 遵守国家法律、法规，符合国家工业布局，满足城市或地区的规划要求　厂址选择时应严格遵守国家对耕地、森林、文物、环境及劳动、安全等方面的法律、法规。不得违背国家和各级政府关于该地区的近期和远景规划。

(2) 节约投资，利于生产、便于发展　厂址宜选择在原料、燃料、动力、水源供应充足的地域，尽可能靠近交通线，降低运输成本；充分节约土地资源，尽量少占或不占耕地；对厂址附近的劳动力市场进行调查，掌握劳动力的类别、数量及工资水平；厂址选择时还要考虑工厂未来的发展空间。

（3）气候适宜，并与环境和谐共处　选择厂址时应考虑气候条件，天气过冷或过热对生产过程都会有一定的影响，有可能会增加生产成本；选择厂址时还应注意当地的自然环境条件，对以后工厂投产后造成的污染进行预评估，并设计相应的处理办法，确保与环境和谐共处。

（4）生活方便　厂址选择时应考虑职工的生活问题，如城镇交通、农副牧产品供应、学校、医院等基础设施，应将生活和生产兼顾。

厂址不宜选择在以下区域：

① 低于洪水位或采取措施后仍不能确保不受水淹的区域；

② 地震、洪水、泥石流等自然灾害易发生地区；

③ 厚度较大的三级自重湿陷性黄土地区；

④ 国家风景区、名胜保护区、古建筑、古迹及自然保护区、矿藏区；

⑤ 卫生防护地带、流行病及传染病区；

⑥ 重要军事基地和国防军事区域。

二、厂址选择的影响因素

对于厂址选择的影响因素，可根据它们与建设和生产成本的关系分为两大类。与成本有直接关系的因素称为直接因素，可以用货币单位来直接衡量，如运输、原料、动力与能源、水源、劳动力、建筑、土地、税费等。与成本无直接关系，但能间接影响产品成本和未来企业发展的因素称为间接因素，如气候和地理环境、环境保护、当地文化习俗、政府政策、发展空间，当地居民对工厂的态度等。

在厂址选择时，不能仅考虑直接因素，要将直接因素和间接因素进行统筹，寻找最佳的结合点，这对工厂长远的发展影响重大。

三、厂址选择的程序

厂址选择的具体工作程序可以分为前期准备、现场踏勘和编制报告三个阶段。

1. 前期准备

选厂工作组成员在对设计任务及地方政策有一个深入认识之后，就开始了厂址选择的前期工作，本阶段主要任务是拟定选厂指标和设计基础资料的搜集提纲。

所拟定的选厂指标主要有以下几个方面：

① 所建工厂的产品方案和规模（产量、职工人数等）；

② 工厂生产所需原料、燃料、水源的来源、年消耗量等；

③ 产品的品种、数量及销售去向，合适的运输方式等；

④ 生产过程中所产生"三废"的量、性质、可能造成的污染及防治措施；

⑤ 工厂建设的预算面积，厂区内主、辅建筑物的初步配置、要求及工厂未来的发展规划纲要等。

设计基础资料的收集提纲：主要包括厂区自然条件（如地形资料、气相资料、工程地质、水文、地震等）和技术经济条件（如原料、动力能源、水源、交通运输、环境概况及保护、通讯、施工条件等）等方面的资料提纲。

2. 现场踏勘

本阶段的主要工作是通过现场踏勘获得第一手资料，并进行设计基础资料的搜集。

对于每一个踏勘现场，首先是按照前期拟定的基础资料收集提纲进行资料搜集，在此基础上进行实地调查和核实，以确定如果选用，该区是否要进行重新测量以及厂区自然地形利用方法。现场踏勘时，应注意核对所汇集的原始资料，并随时作出详细记录。一般应踏勘两个以上厂址，经比较后择优建厂。现场踏勘应包括如下内容：

① 厂区周围的工厂分布、生产状况，附近居民的分布及协作的具体要求；

② 厂区附近水源地、排水口、供电及附近各种管线的可能走向；

③ 厂区附近可利用的交通线及其等级、运输量等；

④ 厂区附近历史上洪灾及地质情况；

⑤ 厂区附近目前的污染状况及相应的处理措施。

通过所搜集到的资料对工厂进行初步规划，并形成工厂区域的初步规划方案，包括厂区内及附近自然地形的改造利用、原有设施加以保留和利用的可能性；原料、货物运输方式及线路设计等。

3. 编制报告

在现场踏勘的基础上，遴选出几个相对成熟的方案，通过对各方面的条件进行评估，进行全方位、科学的比较，作出结论性的意见，确定最合理的方案，编制选厂报告，将选厂报告及厂址方案图交主管部门审查，并作为可行性研究报告的一部分。厂址选择报告基本内容应包括如下几个方面。

（1）总述 包括选厂的目的与依据，选厂工作组成员及其工作过程，厂址选择的方案及推荐方案的优势等。

（2）主要技术经济指标 拟建工厂的产品方案、生产规模、工艺流程与特点、设备构成；全厂占地面积及建筑面积、职工人数；生产原料、能源、水源的需求量及其要求；运输量；"三废"产生量、治理措施等。

（3）厂址条件 主要说明所选地域的自然条件、周边配套设施等。包括以下内容：

① 厂址的地理位置、地形、地势、地质、气象数据、面积及环境；

② 厂区附近的交通运输情况（运输方式、运输量及运输成本等）；

③ 厂区基建材料及生产过程中原料、能源的供给方案等；

④ 厂区给排水措施；

⑤ 厂区土地征用及居民搬迁情况；

⑥ 职工生活设施的基本概况。

（4）厂址方案比较 根据选择厂址的各项自然、技术经济条件，对几个拟选定的厂址进行综合性、全方位的比较，并确定最终选定厂址的推荐意见及其中有关问题的解决方案。详细比较项目可参考表 3-1 和表 3-2（以拟定三个预选厂址进行比较）。

表 3-1 厂址技术方案比较

序号	项目名称	技术等级 1# A	B	C	2# A	B	C	3# A	B	C
1	厂址位置(是否靠近城镇)									
2	周边环境(居民区、企业分布)									
3	面积及形状(大小、形状)									
4	气候和地质条件(气温、地耐力、地下水位)									
5	地势(海拔、坡度)									
6	土方量(挖填是否平衡)									
7	建筑材料(可否就地取材)									
8	施工条件(是否方便)									

续表

序号	项目名称	技术等级	1#			2#			3#		
			A	B	C	A	B	C	A	B	C
9	原料供应(是否方便、充足)										
10	能源供应(种类、充足否)										
11	通信条件(是否方便)										
12	交通条件(铁路、水路)										
13	给水条件(水质、来源、成本)										
14	排水条件(排放系统、污水站)										
15	环境条件(临近污染源、"三废"处理)										
16	生活条件(生活基础设施)										
17	优惠政策(地方政策、税收)										
18	当地民众态度(是否支持)										
19	未来规划及发展空间(远景规划)										
小计	以上单项累计数										
总计	技术性比较级差										
结论	厂址性方案优、中、差										

注：技术等级中 A 表示优；B 表示中；C 表示差。

表 3-2　厂址经济方案比较

序号	项目名称	费用等级	1#			2#			3#		
			A	B	C	A	B	C	A	B	C
一	基建费用										
1	土地购置费用										
2	拆迁赔偿费用										
3	铁路专线费用										
4	码头建筑费用										
5	公路建筑费用										
6	土方工程费用										
7	建筑材料费用										
8	施工费用										
9	设备购置费用										
10	职工住宅、文化、医疗、娱乐等生活设施费用										
11	给、排水设施费用										
12	供电、汽、热设施费用										
13	临时建筑物费用										
小计	以上单项累计数										
二	经营运转费用										
1	生产原料费用										
2	水、电、汽费用										
3	交通运输费用										
4	"三废"处理费用										
5	工人工资费用(参考当地工资水平)										
小计	以上单项累计数										
总计											
结论	厂址性方案优、中、差										

注：费用等级中 A 表示低费用；B 表示中等费用；C 表示高费用。

四、厂址选择的发展趋势

厂址选择的评价方法很多，需要考虑的因素也很多，单凭直观的计算和表观数据的比较，已不能满足厂址选择的需要。目前厂址的选择有以下发展趋势。

（1）计算机技术的应用 随着计算机技术的发展，计算机模拟技术，多维准则的计算机检索技术得到了广泛的应用，利用复杂的函数关系同时对多个考虑目标进行优化和分析，使厂址的选择更加科学与客观。

（2）厂址选择向动态、长期、均衡决策发展 传统的厂址选择指标是建立在当前以及对未来的预测基础之上的。而现代的选址技术则适应了动态发展的要求，将企业的生产能力、分配方案、市场需求、成本变化、竞争局面均衡地加以考虑，不断进行修正，使得选址这一长期决策与生产业务的中、短期决策有机地结合起来，以达到尽可能低的技术经济指标。

五、厂址选择示例分析

某尿素加工厂设计年产量为 100000 万吨；另外还生产甲醇、稀硝酸、硝铵等产品。初步拟定的厂址草图如图 3-1 所示。

该厂属于中型企业，原材料的消耗量、产品量都比较大，需要有便利的交通条件。

从图中可以看出，厂址选在铁路线附近，且有通往城镇的公路，交通便利，原料煤炭可由铁路直接运输到厂区堆场；产品尿素可

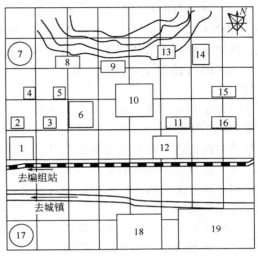

图 3-1 某尿素厂平面布置草图

1—煤堆场；2—造气工段；3—除尘工段；4—脱硫工段；5—变换工段；6—氨合成车间；7—液氨储罐；8—压缩工段；9—甲醇塔；10—尿素合成车间；11—造粒塔；12—成品库；13—变电室；14—变电站；15—稀硝酸工段；16—硝铵工段；17—废水处理；18—办公区；19—生活区

由铁路输出。另外，厂区内地形平坦，建厂时，土石方量不大，厂区附近水系发达，可满足工厂所需的水量和水质，污水经处理后，可作为生产用水循环使用。电力由国家电网供应，比较充裕。厂区地质条件好，主导风向为东南风，处于居民生活区的下风向。综上所述，该厂址的选择是合理的。

第二节 化工厂总平面设计

厂址选择后，需要对厂区进行整体的规划设计，即化工厂的总平面设计，其基本任务是把全厂具有不同使用功能的主、辅建筑物，交通运输线，管线等按整个生产工艺流程，结合厂区的各种自然条件和外部条件，同时兼顾安全生产和工厂发展的需要，进行合理的布局，化工厂的总平面设计具有全局性和长远性。

一、总平面图的内容

化工厂总平面图设计的内容包括平面布置和竖向布置两大部分。

平面布置就是按照工艺流程的特点合理地对用地范围内的主、辅建筑物及其他工程设施

在水平方向进行统一而协调的布置。平面布置主要内容如下。

（1）厂房布置　按照各主、辅建筑的使用功能，在厂区内进行合理规划，使其既满足生产工艺、安全和环保的要求，又在整体上和谐与美观。

（2）运输设计　合理进行用地范围内的交通运输线路的布置。即：使人流和货流分开，避免往返交叉。

（3）管线综合设计　工程管线网（即厂内外的给排水管道、电线、电话线及蒸汽管道等）。

（4）绿化布置和环保设计　绿化布置对化工厂来说，可以美化厂区，净化空气、降低噪声、保护环境等，给工人一个清新的工作环境，有利于工人的身心健康，并提高其工作积极性。环境保护是关系到国计民生的大事。工业"三废"和噪声，会使环境受到污染，直接危害到人民的身体健康，所以，在化工厂总平面设计时，在布局上要充分考虑环境保护的问题。

竖向布置是对建筑物、道路、管网、沟渠等的标高结合厂区自然地形进行设计，使之满足生产的需要并相互协调。在进行竖向设计时，应尽量利用自然地形，在保证运输和地面排水需要的前提下，减少土石方挖填量，节省投资。竖向布置的主要内容如下。

（1）选择竖向布置的形式（平坡式、阶梯式、混合式）和平土方式。

（2）确定主（辅）建筑物、铁路、道路、排水沟和露天堆场等的设计标高，并与厂外运输线路相互衔接。

（3）计算土石方工程量，拟订土石方调配方案。

（4）确定排水方式及排水措施。

（5）注明建筑物设计地坪标高、站台、挡土墙护坡、台阶等顶面和底角的设计标高，注明桥涵编号和出入口的沟底标高。

综上所述，所谓总平面设计，就是一切从生产工艺出发，研究并处理主、辅建筑物、道路、堆场、各种管线和绿化诸方面的相互关系，并在一张或几张图纸上用设计语言表示出来。

二、总平面图的原则

为了使化工厂在运转过程中既高效、安全，又节能、环保，在化工厂总平面设计过程中，除了要综合利用厂区的各种有利因素外，还必须严格按照设计的基本原则并结合具体情况进行。

化工厂总平面图在设计过程中应遵循以下原则。

（1）保证安全　化工生产具有易燃、易爆、有毒、有害等特点，在设计时需考虑。

① 厂区布置应严格遵守防火、防爆等安全规范和标准。

② 产生明火的车间如锅炉、变电、机修等与散发可燃性气体的车间应尽量远离，并应处于下风向。

③ 有腐蚀性介质散发、粉尘飘散及污水排放的车间应设计有防护措施，并布置在下风向，河流下游。

④ 存有危险性、易爆性和腐蚀性物品的库房应布置在人员少、无火源的地方，并树立警示牌。

⑤ 生产过程中具有一定危险性的车间、装置应尽量采用露天或半敞开的布置形式。

另外，厂区在布置过程中要有适当的坡度，保证雨水能顺利排除，但又不受雨水的冲刷。

（2）满足生产　化工厂的设计必须满足生产的需要，这是前提。主要从以下几个方面体现。

①最大限度地满足生产工艺要求，避免生产流程的交叉往复，使物料的输送距离尽可能最短，并使厂内外运输相适应，避免往返运输和作业线交叉，避免人货交叉。

②将公用系统耗量大的车间，如大量使用蒸汽、压缩空气、水、电能的车间，尽量集中布置，以形成负荷中心并与供应来源靠近，使公用工程介质的输送距离最小。

③厂区道路应按运输量及运输工具的情况决定其宽度，运输货物道路应与车间保持一定的距离，一般道路末端应为环形道路，以免在倒车时造成堵塞现象。同时还应从实际出发考虑是否需有铁路专用线和码头等设施。

（3）适合发展　随着化学工业的发展，环保、绿色、节能、清洁的生产工艺会不断被开发，化工产品的加工程度也会不断提高，人们对化工产品需求的质量、数量及品种也会变化，这些在化工厂设计过程中必须要考虑，这就要求化工厂的设计要对以后的发展有较大的适应能力，即化工厂的建设要使近期规划与远期规划相结合。

在设计过程中要充分考虑市场需求和工厂未来发展的可能性，留有一定的余地。工厂分期建设时，应一次布置。

（4）注重环保　化工生产中"三废"产生量多，处理过程复杂，能否满足环保的要求是化工企业正常生产的关键。在设计过程中要充分体现循环经济的理念，正确设计处理方法、合理安排"三废"处理设备，使生产过程满足环保的要求。

（5）节约土地　节约土地不但是我们的基本国策，也是降低成本的有效手段，在设计过程中应尽量采用联合厂房或联合装置，能露天布置的尽可能露天布置，尽可能多地采用多层建筑等。

（6）符合规划　要注意厂区周围环境的协调以及厂区绿化，应与城市或区域总体规划相协调。

最后，在化工厂总平面设计时，厂内道路的路面结构及载荷标准应满足施工和安装（特别是大型设备吊装）的要求。

三、主要和辅助建筑物的配置

化工厂的主要和辅助建筑物根据它们的使用功能可分为以下几类。

（1）生产车间　指从原料加工到成品产出的若干个车间，是主要的部分。如控制室、原料处理车间、净化车间、合成车间、产品包装车间、综合利用车间等。

（2）辅助车间　机修车间、动力车间、中心试验室、化验室等。

（3）仓库　成品库、原料库、包装材料库、酸碱库、溶剂库、杂品库、五金库、备品备件库、危险品库等。

（4）供水设施　水泵房、水处理间、水井、水塔、水池等。

（5）排水系统　废水处理设施等。

（6）办公和生活设施　办公室、食堂、医务室、浴室、卫生间、传达室、汽车房、自行车棚、围墙、厂大门等。

化工厂主要由上述功能的主要和辅助建筑物组成，化工厂总平面设计应围绕生产车间进行排布，即生产车间（即主车间）应在工厂的中心，根据生产工艺的需要，其他车间、部门及公共设施可围绕主车间进行排布。

化工厂各主要和辅助建筑物在布置过程中一般应遵循如下规律。

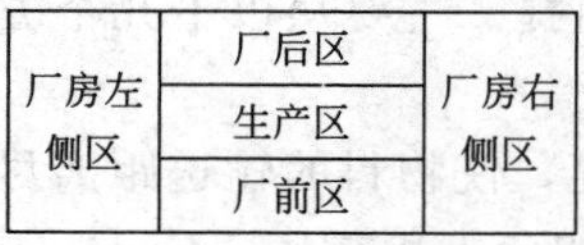

厂房左侧区	厂后区	厂房右侧区
	生产区	
	厂前区	

图 3-2　厂区划分图

（1）统筹安排厂区，满足使用要求，留有发展余地　在进行厂区内建筑物布置前，通常先对厂区进行划分，如图 3-2 所示，可分为厂前区、厂后区、生产区及左右两侧区。各区功能分明，运输、联系快捷，生产、管理方便。

厂区内的主要和辅助建筑物，可根据自身的生产性质，结合安全、卫生、运输等的需要，划分为若干紧密而性质相近的单元，布置在各个区内，既满足生产和管理的需要，又便于保持协调并且互相联系。

各个厂区在布置过程中，除了满足目前生产的要求外，还应合理地保留余地，为今后发展留有空间。

（2）合理布置厂房，节约建设用地

① 生产车间布置时要满足生产和运输的需要，并使各车间之间的直线距离最短，辅助车间布置时应以主车间为服务对象，并满足生产、运输和安全的要求，不宜使管道、运输和人行路线交叉。

比如原料进入的车间应靠近原料仓库和运输线；生产车间应靠近成品库和运输线；锅炉房应与燃料堆场靠近；水泵房应设在靠近水源和消费水量较大的车间附近；总变电所应设置在大量用电的车间附近；仓库应靠近运输主干线附近；消防车库宜布置在厂内，并与主干道相连等。

② 在满足防火、防爆等安全条件下，应合理缩小各建筑物的间距，可节约大量建设用地。

③ 在不影响生产的前提下，可以将性质相同或类似的车间及厂房合并，也可节约大量建设用地。比如机械、装配、检修等车间可以合并，五金库、总仓库、工具库等也可以合并。

根据厂房合并程度的不同，一般有下列几种合并方式：水平方向合并（将几个生产性质相近的车间并成联合车间）；垂直方向合并（由单层改为多层）；混合方向合并（单层、多层合并相结合）。

（3）确保安全、注重环保　化工生产涉及的易燃易爆、有毒有害的物质和设备比较多，安全要求高，各建筑物布置的相对位置初步确定后，需进一步确定建筑物的间距，为保证安全，应满足以下要求。

① 防火要求。建筑物在布置过程中，其防火间距应符合防火的有关规定《石油化工企业设计防火规范》（GB 50160—2008）及《建筑设计防火规范》（GB 50016—2014）。对于易燃材料的堆场、仓库及易发生火灾危险的车间，应布置在散发火花和明火火源的上风向，并保证有一定的防火距离。此外，在厂区内还要设置消防通道、消防站及消防车库等设施。厂区内的消防站及消防车库应设于主干道旁，一旦有事故则便于出动，也便于很快地通往厂外干道，消防车库前应有一定的开阔地。

② 防爆要求。建筑物在布置时，要考虑相近建筑物的性质以及它们之间的相对位置关系，以防止相互影响而引起爆炸。一般情况下，易爆车间均应布置在容易散发火花的车间的上风向，且距其他车间的距离 30m（或参考有关安全防火防爆的标准和规范）。对于贮存防爆物的仓库，不仅要有一定的防护间距，而且要有可靠的防护设施。

③ 卫生与环保要求。建筑物的布置要满足车间的通风、

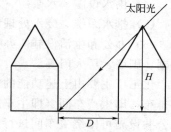

图 3-3　建筑物间距

采光等卫生要求。

a. 建筑间距与日照的关系。冬季需要日照的区域，可根据冬至日太阳方位角和建筑物高度求得前幢建筑的投影长度，作为建筑日照间距的依据。不同朝向的日照间距 D 约为 $1.1\sim1.5H$（D 为两建筑物外墙面的距离；H 为布置在前面的建筑遮挡阳光的高度，见图 3-3）。

b. 建筑间距与通风的关系。若要保证自然通风，建筑间距 D 与 H 的关系见表 3-3。

表 3-3　建筑间距 D 与 H 的关系

风向入射角 $\theta/(°)$	建筑间距 D
0	$4\sim5H$
30	$1.3H$
60	$1.0H$

一般建筑选用较大风向入射角时，用 $1.3H$ 或 $1.5H$ 就可达到通风要求，在地震区采用 $1.6H$ 或 $2.0H$。

建筑物配置过程中也要考虑厂区的排水、绿化、"三废"治理等要求。在具体操作时可将卫生条件要求相似的车间靠近布置，而将产生大量烟尘、粉尘、有害气体的车间和设备相对集中地布置在下风向，并设置相应的"三废"治理装置，以便于集中处理。

④ 防振、抗震要求。建筑物在布置时，对于有特殊防振要求的车间，应让其远离振源；在地层区，应充分探明地质结构，建筑物除要采取抗震结构措施外，还应注意避免将建筑物一部分放在河滨和低洼处，而另一部分放在高处。

此外，还要防止有辐射、噪声及粉尘污染的建筑物对居住区及有防护要求的生产区的影响，应布置有一定的防护间距及防护措施。

（4）充分利用厂区自然条件，节约建设投资。建筑物在布置过程中要充分考虑厂区自然地形，在满足正常生产和安全的前提下，尽可能减少土石方工程量。比如厂区内地势差较大时，可充分利用地形条件，按工艺流程从高处到低处布置，减少能源投入，另外也可利用地势差，设置高位槽、爬山烟囱等，如图 3-4 所示。

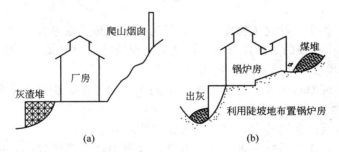

图 3-4　地形高度差利用图

在山区建设时，必须考虑地质灾害条件，建筑物不能布置在岩溶、滑坡、断层的地质带上，以免发生塌方、滑坡等灾害，给生产造成重大损失。

（5）美观大方、提高形象　建筑物在设计时，除了要满足工艺、卫生、安全等要求外，还应在整体上美观大方、和谐，给工厂以生机盎然的形象，使厂区与周边环境能很好地融为一体。

化工厂内各主要和辅助建筑物布置示例见图 3-5。此图为某化工厂主、辅建筑物平面布置示意简图，已知该厂地处一个交通和供电便利的沙滩荒地上，年产烧碱 5000t，采用电解

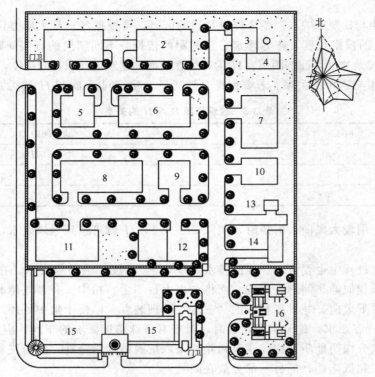

图 3-5 某化工厂主、辅建筑物平面布置简图

1—盐库；2—盐水工段；3—锅炉房；4—冷冻机房；5—修槽工段；6—电解工段；
7—氯氢处理工段；8—蒸发工段；9—变电所；10—液氯工段；11—盐酸工段；
12—材备库；13—漂液工段；14—化验室；15—办公楼；16—综合服务楼

法进行生产，主要原料是食盐，经过化盐后用泵输入电解槽进行电解，最终产品是盐酸、液氯及工业烧碱，生产工艺先进，原料综合利用率高，无废液、废气产生，实现了无公害生产。

① 工艺流程。各主、辅建筑物充分利用厂区的自然和运输条件，并结合了生产的工艺特性，保证了生产作业线的短捷及方便，避免了流程的迂回与交叉，比如为了减少人流和货流交叉，厂区分别设立货运入口及人员入口。

② 负荷中心靠近原料来源。负荷较大的车间也集中布置，满足了节能的要求。比如变电所靠近耗电量最大的电解工段。

③ 运输。厂区周围交通便利，方便原料和产品的运输。

④ 安全、卫生。该厂易燃易爆、有毒有害、强腐蚀性介质比较多，但在设计过程中都采取了相应的安全措施。比如，建筑物的间距满足防火、卫生要求；将产生有害气体的工段布置在厂区的边缘及下风向；办公区在上风向，以减少有毒物对职工的影响。

⑤ 满足发展。厂区地处交通、供电便利的沙滩荒地，土地资源相对丰富，为以后工厂的发展预留了充足的发展空间，符合发展的要求。

四、厂区内交通线布置

厂区内交通线的布置一般是沿厂区周围及中心地域设置主干线，由主干线将工厂区分为几个布置区域，安排布置车间和辅助设施，布置时应遵循"先主干，后分区"的原则。

厂区内的交通线根据其性质和用途，可分为以下三类：运输线路、消防车道和人行道。

运输线路担负着厂区内原料、成品、设备等输送任务，运输线路的布置，应符合下列要求。

① 满足生产要求，物流顺畅，线路短捷，人流、货流组织合理。

② 有利于提高运输效率，改善劳动条件，运行安全可靠，并使厂区内、外的运输、装卸及贮存形成一个完整和连续的运输系统。

③ 运输繁忙的线路，应避免平面交叉。

④ 维护方便。

另外，化工厂分期建设时，运输线路的布置应和远期预留线路统一规划，并适应工厂远期生产发展和运输能力的需要。

厂区内运输线路根据运输方式的不同又可分为铁路运输、水路运输和公路（道路）运输。运输方式应根据技术经济计算确定，应优先选择每吨物料运输成本最低的方案，同时要考虑实际情况的可行性。

1. 铁路交通线

铁路运输主要用于原料和成品运输量大或有重大件运输的厂区，并经与其他运输方式作技术经济比较后，有明显优势，才可考虑铁路运输。如果厂区内需要设铁路专线时，应符合下列要求。

① 应满足生产和运输作业要求。

② 应满足货流方向和近、远期运输量的要求。

③ 对运输量大、有多台机车作业的厂区内线路布置，宜考虑机车分区作业的需要。

④ 道岔宜集中布置。

⑤ 车间、仓库、堆场的线路，宜合并集中并用联络线或连接线连接，力求扇形面积最小。

⑥ 在满足生产要求的条件下，应结合地形、工程地质及水文地质等自然条件，选取距离短、干扰少和工程量小的路线。

2. 水路交通线

水路运输适用于沿江、河建设的厂区，水路运输最大的优势是运输量大、投资少、运输费用低。但水路运输受地理环境及某些地区季节性限制，使用效率较低。

如果自然条件许可，采用水路运输时，厂区水运码头设计应根据工厂总体布置、水路运输发展规划和码头运行工艺要求，结合自然条件统筹安排。

3. 公路（道路）交通线

公路（道路）运输是厂区内一种非常重要的运输方式，厂区内公路（道路）的布置，应符合下列要求。

① 满足生产、运输、安装、检修、消防及环境卫生的要求。

② 划分功能分区，并与区内主要建筑物轴线平行或垂直，宜呈环形布置。

③ 与厂区总体设计相协调，有利于场地及道路的雨水排除。

④ 与厂外道路连接方便、宜短捷。

⑤ 建筑工程施工道路应与永久性道路相结合。

另外，公路（道路）尽头设置回车场时，回车场面积应根据汽车最小转弯半径和路面宽度确定。表3-4列出了厂区内道路技术标准。

表 3-4 厂区内道路技术标准

路面宽度/m	大型厂主干道		7.0~9.0
	大型厂次干道、中型厂主干道		6.0~7.0
	中型厂次干道,小型厂主、次干道		3.5~6.0
	辅助道		3.0~4.5
路肩宽度/m	主、次干道,辅助道		1.0~1.5
最小转弯半径/m	行驶单辆汽车		9.0
	汽车带一辆拖车		12.0
	15~25t 平板挂车		15.0
	40~60t 平板挂车		18.0
最大纵坡/%	主干道	平原微丘区	6.00
		山岭重叠区	8.00
	次干道、辅助道、车间引道		8.00
视距/m	会车视距		30.0
	停车视距		15.0
	交叉口视距		20.0

消防车道的布置,应符合下列要求。

① 与厂区主干道连接,且距离短捷。

② 避免与铁路交叉。当必须交叉时,应设备用车道;两车道之间的距离,不应小于进入厂内最长列车的长度。

③ 车道的宽度,不应小于 3.5m。

4. 人行道的布置

是职工上下班的通道,要满足安全条件和行走方便,应符合下列要求。

① 人行道的宽度,不宜小于 0.75m;沿主干道布置时,可采用 1.5m。当人行道的宽度超过 1.5m 时,宜按 0.5m 的倍数递增。

② 人行道边缘至建筑物外墙的净距,当屋面为无组织排水时,可采用 1.5m;当屋面为有组织排水时,应根据具体情况确定。

③ 当人行道的边缘至标准轨铁路中心线的距离小于 3.75m 时,处于危险地段的人行道,应设置防护栏杆。

如果厂区内道路互相交叉,宜采用平面交叉。平面交叉应设置在直线路段,并宜正交。当需要斜交时,交叉角不宜小于 45°。

五、厂区内工程管线布置

化工生产中,原料、半成品、成品及公用工程物系（给排水、供气等）多采用管道输送,如上、下水管道,蒸汽管线,压缩空气及仪表空气管线,原料及成品管线,燃料管线,电力电缆及通讯电线等,厂区内有一个庞大、复杂的工程管线网。

工程管线的布置、敷设方式等对工厂的总平面布置、建筑群体及交通线设计会产生影响,因此,合理地进行管线布置至关重要。为了使厂区内各种管线布置规范、合理,常需各专业技术人员配合设计,并遵循一定的原则。

管线布置的基本原则如下。

① 管线布置应满足生产工艺的要求，力求短捷、方便施工和维修。

② 管线宜直线敷设，并与道路、建筑物的轴线以及相邻管线平行。

③ 主管应靠近主要使用设备单元，并应尽量布置在连接支管最多的一边。

④ 易燃、可燃液体或气体管线不得穿过可燃材料的结构物或堆场。

⑤ 地上管线应尽量集中共架（共杆）布置，并不应妨碍运输及行人通行，不影响建筑物采光，不影响厂容整齐美观。管线跨越道路、铁路时，应满足公路、铁路运输和消防的净空要求。

⑥ 地下管线一般布置在道路两侧，如确实困难，可将检修较少的管线如雨水管、污水管布置在道路下面，地下管线布置时应满足一定的埋深要求，一般不宜重叠敷设。

地下管线一般按照管线的埋设深度，自建筑基础开始向道路由浅至深排列，其顺序一般为：弱电电缆；电力电缆；氧气管、压缩空气管；煤气管、可燃油管；给水管；排水管。

地下管线之间以及管线与建筑物、道路应保持一定的水平和垂直距离，可参考表 3-5、表 3-6 和表 3-7。

表 3-5　地下管线之间的最小水平距离/m

管线名称		给水管	排水管	热力管管沟	煤气管			压缩空气管	氧气管乙炔管	直埋电力电缆	通信电缆	
					低压（<5kPa）	中压（5kPa～0.15MPa）	高压（0.15～0.3MPa）				直埋	电缆管
给水管		1.0	1.5	1.5	1.0	1.0	1.5	1.0	1.5	1.0	1.0	1.0
排水管		1.5	1.5	1.5	1.0	1.0	1.5	1.0	1.5	1.0	1.0	1.0
热力管和管沟		1.5	1.5	—	1.0	1.0	1.5	1.0	1.5	2.0	1.0	1.0
煤气管	低压（<5kPa）	1.0	1.0	1.0	0.5	0.5	0.5	1.0	1.0	1.0	1.0	1.0
	中压（5kPa～0.15MPa）	1.0	1.0	1.0	0.5	0.5	0.5	1.0	1.0	1.0	1.0	1.0
	高压（0.15～0.3MPa）	1.5	1.5	1.5	0.5	0.5	0.5	1.5	1.5	1.0	1.0	1.0
压缩空气管		1.0	1.0	1.0	1.0	1.0	1.5	—	1.0	1.0	1.0	1.0
氧气管、乙炔管		1.5	1.5	1.5	1.0	1.0	1.5	1.0	1.0	1.0	1.0	1.0
直埋电力电缆（≤35kV）		1.0	1.0	2.0	1.0	1.0	1.0	1.0	1.0	—	0.5	1.0
通信电缆	直埋	1.0	1.0	1.0	1.0	1.0	1.0	1.0	1.0	0.5	—	—
	电缆管	1.0	1.0	1.0	1.0	1.0	1.0	1.0	1.0	1.0	—	—

表 3-6　地下管线与建筑设施之间最小水平距离/m

管线名称		建筑物（基础边缘）	架空管线（基础边缘）	照明通信电杆（<10kV）	围墙（基础边缘）	标准轨距铁路（钢轨外侧边缘）	道路（路面边缘）	铁路、道路的排水沟
给水管		3.0	2.0	1.0	1.5	3.0	1.5	1.0
排水管		2.5	2.0	1.0	1.5	3.5	1.5	1.0
热力管和管沟		1.5	1.5	1.0	1.0	3.0	1.0	1.0
煤气管	低压（<5kPa）	2.0	1.0	1.0	1.0	3.0	1.0	1.0
	中压（5kPa～0.15MPa）	3.0	1.0	1.0	1.0	3.0	1.0	1.0
	高压（0.15～0.3MPa）	4.0	1.0	1.0	1.0	3.0	1.0	1.0
压缩空气管		1.5	1.5	1.0	1.0	3.0	1.0	1.0
氧气管		1.5	1.5	1.0	1.0	3.0	1.0	1.0
乙炔管		2.0	1.5	1.0	1.0	3.0	1.0	1.0
直埋电力电缆（≤35kV）		0.5	0.5	0.5	0.5	3.0	—	1.0
通信电缆	直埋	—	—	0.5	0.5	3.0	1.0	1.0
	电缆管	1.5	—	0.5	1.0	3.0	1.0	1.0

表 3-7　地下管线与路面交叉的最小垂直距离/m

管 线 名 称	铁路轨面	道路路面
热力管、压缩空气管、氧气管、乙炔管、通信电缆	1.20	0.7
给水管、排水管、煤气管	1.35	0.8
电力电缆	1.15	1.0

⑦ 管线不允许布置在铁路路基下面，并应尽量减少管线与铁路及道路以及管线与管线的交叉，当交叉时一般宜成直角交叉；管线交叉时的避让原则是小管让大管，易弯曲的让难弯曲的，压力管让重力管，新管让旧管等。

⑧ 考虑企业的发展，预留必要的管线位置。

此外，管线敷设还应该满足各有关规范、规程和规定的要求。

思 考 题

1. 厂址选择的原则是什么？
2. 厂址选择的基本过程有哪些？
3. 化工厂总平面设计的的内容和原则有哪些？

第四章
化工车间布置的设计

【学习目标】

　　通过本章的学习，学生可以了解化工厂厂房建筑基本知识，理解化工布置的基本依据和原则，掌握化工车间布置的基本方法，学会车间布置及典型设备的布置要素，并且能够绘制出设备布置图，从而对化工车间的布置有个全面的学习和把握。

第一节　化工厂厂房建筑基本知识

一、建筑物构件

　　组成建筑物的构件有地基、基础、墙、柱、梁、楼板、屋顶、隔墙、楼梯、门、窗及天窗等。

1. 地基

　　建筑物的下面，支承建筑物重量的全部土壤称为地基。地基必须具有必要的强度（地耐力）和稳定性，才能保证建筑物的正常使用和耐久性。否则，将会使建筑物产生过大的沉陷（包括均匀的）、倾斜、开裂甚至毁坏。所以必须慎重地选择和处理建筑物的地基。

2. 基础

　　基础是建筑物的下部结构，埋在地面以下，它的作用是支承建筑物，并将它的载荷传递到地基上去。建筑物的可靠性与耐久性，往往取决于基础的可靠性与耐久性。因此，必须慎重处理建筑物的基础。

3. 墙

　　墙一般分为承重墙、填充墙、防火防爆墙等。

　　承重墙是承受屋顶楼板等上部载荷，并传递给基础的墙，常用砖砌体作材料，墙的厚度取决于强度和保温的要求，一般有一砖厚（240mm）、一砖半厚（370mm）、二砖厚（490mm）三种。

　　填充墙不承重，仅起围护、保温、隔音等作用，常用空心砖或轻质混凝土等轻质材料制成。

　　防火防爆墙是把危险区同一般生产部分隔开的墙，它应有独立的基础，常采用370mm砖墙或200mm的钢筋混凝土墙，这类墙上不准随意开设门窗等孔洞。

4. 柱

　　柱是建筑物中垂直受力的构件，靠柱将载荷传递到基础上去。按材料可分为木柱、砖柱、钢柱和钢筋混凝土柱等。

5. 梁

梁是建筑物中水平受力构件，它与承重墙、柱等垂直受力构件组合成建筑结构的空间体系。

6. 楼板

楼板是将建筑物分层的水平间隔，它的上表面为楼面，底面为下层的顶棚（天花板）。

7. 屋顶

屋顶的作用主要是保护建筑物的内部，防止雨雪及太阳辐射的侵入，使雪水汇集并排出，保持建筑物内部的温度等。

8. 地面

地面是厂房建筑中的一个重要组成部分，由于车间生产及操作的特殊性，要求地面防爆、耐酸碱腐蚀、耐高温等，同时还有卫生及安全方面的要求。

9. 门

为了组织车间运输及人流、设备的进出，车间发生事故时安全疏散等，设计中应合理地布置门。按开关的方式分类，有开关门、推拉门、弹簧门、升降门和折叠门等。按用途分类，有普通门、车间大门、防火门及疏散用门等。单扇门的规格为 1000mm×2100mm，厂房大门的规格为：3000mm×3000mm，3300mm×3600mm，防火门向外开，其他门一般向内开。

10. 窗

为了保证建筑物采光和通风的要求，通常都设置侧窗，只有在特殊情况下才采用人工采光和机械通风。

11. 楼梯

楼梯是多层房屋中垂直方向的通道，因此，设计车间时应合理地安排楼梯的位置。按使用性质可分为主要楼梯、辅助楼梯和消防楼梯。考虑到人的上下及物件通过的要求，楼梯的宽度一般不小于 1.2m 和不大于 2.2m。楼梯的坡度一般为 30°，楼梯踏步高度为 150～180mm，踏步宽度为 270～320mm，在同一楼梯上踏步的高度及宽度应相同，否则容易使人摔倒。

二、建筑物的结构

建筑物的结构有钢筋混凝土结构、钢结构、混合结构、砖木结构等。现分别简述如下。

1. 钢筋混凝土结构

由于使用上的要求，需要有较大的跨度和高度时，最常用的就是钢筋混凝土结构形式，一般跨度为 12～24m。钢筋混凝土结构的优点是强度高，耐火性好，不必经常进行维护和修理，与钢结构比较可以节约钢材，化工厂经常采用钢筋混凝土结构。缺点是自重大，施工比较复杂。

2. 钢结构

钢结构房屋的主要承重构件如屋架梁柱等都是用钢材制成的。优点是制作简单，施工较快；缺点是金属用量多，造价高并需经常进行维修保养。

3. 混合结构

混合结构一般是指用砖砌的承重墙，而屋架和楼盖则是用钢筋混凝土制成的建筑物。这种结构造价比较经济，能节约钢材、水泥和木材，适用于一般没有很大荷载的车间，它是化工厂经常采用的一种结构形式。

4. 砖木结构

砖木结构是用砖砌的承重墙，而屋架和楼盖用木材制成的建筑物。这种结构消耗木材较多，对易燃易爆有腐蚀的车间不适合，化工厂很少采用。

三、建筑物的形式

化工厂的建筑形式有封闭式厂房、敞开式厂房和露天框架三种。发展的趋势是敞开式厂房和露天框架两种建筑形式。

四、化工建筑的特殊要求

根据化工生产的特点，对化工建筑提出的特殊要求是耐火、抗爆、泄压与防腐蚀。在化工生产建筑设计中，要按照生产的火灾危险性不同，选择合适的建筑物耐火等级、厂房的防爆距离和防爆措施等，应严格执行国家制定的建筑设计防火规范。

根据《建筑设计防火规范》的规定，生产的火灾危险分为甲、乙、丙、丁、戊五类，一般石油化工厂均属于甲、乙类生产，应采用一、二级耐火建筑，即由钢筋混凝土楼盖、屋盖和砌体墙等组成。对腐蚀性介质要采取防腐措施，如在有气体介质腐蚀的情况下，对门、窗、梁、柱要涂刷防腐涂料；配电室、仪表室、生活室、办公室等均不得设在有腐蚀性设备的底层。

第二节 化工车间布置

车间布置是设计工作中很重要的一环。布置的好坏直接关系到车间建成后是否符合工艺要求，能否有良好的操作条件，使生产正常、安全地运行；关系到设备的维护检修是否方便可行，同时在很大程度上影响到建设投资、经济效益等方面。所以在进行车间布置前必须充分掌握有关生产、安全、卫生等资料，在布置时应严格执行有关标准、规范，根据当地地形及气象条件，深思熟虑、仔细推敲、多方案反复比较，以取得最佳布置。

车间布置设计是以工艺（基础设计阶段）、配管（详细设计阶段）为主导专业，在管道机械、总图、土建、自控、电力、设备、冷冻、暖风等有关专业的密切配合下，并征求建设单位的意见，最后由工艺综合各方面意见完成此工作。

一、化工车间布置的依据

1. 常用设计的标准、规范和规定

GB 50016—2014　建筑设计防火规范

GB 50160—2008　石油化工企业设计防火规范

GBZ 1—2010　工业企业设计卫生标准

GB/T 50087—2013　工业企业噪声控制设计规范

GB 50058—2014　爆炸和火灾危险环境电力装置设计规范

2. 基础资料

① 对初步设计需要带控制点的工艺流程图，对施工图设计需要管道仪表流程图。

② 物料衡算数据及物料性质（包括原料、中间体、副产品、成品的数量及性质，三废的数据及处理方法）。

③ 设备一览表（包括设备外形尺寸、重量、支承形式及保温情况）。

④ 公用系统耗用量（包括供排水、供电、供热、冷冻、压缩空气和外管资料）。

⑤ 车间定员表（除技术人员、管理人员、车间化验人员、岗位操作人员外，还包括最大班人数和男女比例的资料）。

⑥ 厂区总平面布置图（包括本车间同其他生产车间、辅助车间、生活设施的相互联系，厂内人流物流的情况与数量）。

⑦ 建厂地形及气象资料。

二、车间布置的原则

1. 要满足生产工艺要求

（1）在布置设备时，设备的平面位置和高低位置，应符合工艺流程和工艺条件的要求。可以根据实际地形和厂房建筑结构的特点，因地制宜，合理布置。一般来说，凡计量设备宜布置在最高层，主要设备（如反应釜等）应布置在中层，储槽、传动设备（如压缩机、冷冻机、泵、离心机、破碎机等）布置在底层。这样可减少厂房的荷载和振动，降低造价。

（2）同类型的设备或操作性质相似的有关设备，尽可能布置在一起，有效地利用车间建筑面积，便于管理、操作和维修。如塔体集中布置在塔架上，热交换器、泵成组布置在一处等。

2. 要符合经济原则

（1）要考虑设备及附属设备所占的位置、设备与设备之间或设备与建筑物间的安全距离，还应适当留有余地，以适应今后的发展。

（2）要充分利用高位差，节省动力。

（3）中小型化工厂的设备布置，除了气温较低的地区采用室内布置外，一般都可采用室内露天联合布置方案。

3. 要符合安全生产要求

（1）化工生产中，易燃、易爆及有毒的物品较多，布置设备时，应将加热炉、明火设备、产生有毒气体的设备布置在下风处，并使加热炉、明火设备与易燃、易爆设备按规范保持一定的间距。传动设备要有安装防护装置的位置。对于噪声大的设备宜采用封闭式隔间。

设备之间或设备与墙之间的净距离大小，虽无统一规定，但设计者应结合设备布置原则、设备大小、设备上连接管线的多少、管径的粗细、检修的频繁程度等因素，根据生产经验，决定安全间距。

（2）对于生产腐蚀性介质的设备，除设备基础防护外，还需考虑设备附近的墙、柱等的防腐蚀措施及工人操作安全。例如氮肥厂的合成、精炼、变换等车间（内装有压缩机、鼓风机、水泵等）与控制室是隔离的，其目的是保证安全，防止有毒及爆炸性气体泄漏，损害人身安全。

4. 便于安装和检修

（1）设备要排列整齐，避免过挤过松，要充分考虑工人的操作和交通便利。原料、成品及排出物要有适当的位置和必要的运输通道。

（2）塔和立式设备的人孔，应对着空场地或检修通道而布置在同一方向。卧式容器的人孔则应布置在一条线上。

（3）必须考虑设备如何运入或搬出车间，若运入或搬出次数较多，宜设大门（大门宽度比最大设备宽 0.5m）。对于外形尺寸特大的设备，可设安装洞，即在外墙预留洞口，待设备运入之后，再行砌封。

5. 要有良好的操作条件

设备布置时，要考虑采光条件，工人应背光操作，另外还要考虑通风。通风措施应根据生产过程中有害物质，易燃、易爆气体的浓度和爆炸极限及厂房的温度而决定。此外，还应考虑厂房的卫生条件和劳动保护方面的措施。

三、车间布置的内容

车间包括生产部门、辅助部门、生活部门三部分，设计时应根据生产流程，原料、中间体、产品的物化性质，以及它们之间的关系，确定应该设几个生产工段，需要哪些辅助部门和生活部门。生产部门、辅助部门、生活部门三部分的划分如下。

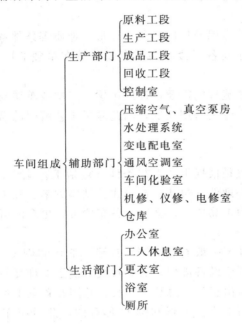

四、车间布置的步骤和方法

① 根据工艺的要求与土建专业人员共同拟订各车间的结构形式、柱距、跨度、层高、间隔等初步方案，并画成比例为 1：50 或 1：100 的车间建筑平面图。

② 认真考虑设备布置的原则，应满足各方面的要求。

③ 将确定的设备按其数量的多少及最大的外形尺寸剪成相同比例的硬纸块（一般为 1：50 或 1：100），并标明设备的名称。

④ 将这些设备的硬纸块按工艺流程布置在相同比例的车间建筑平面图上，布置形式多种多样，一般做 2～3 个方案，以便加以比较。经过多方面的比较，选择一个最佳方案，绘成平面和立面草图。

⑤ 根据设备布置草图，考虑总管排列的位置，做到管路短而顺。

⑥ 检查各设备基础大小，设备安装、起重和检修的可能性；考虑设备支架的外形、结构与常用设备的安全距离；考虑外管及上下水管进出车间的位置；考虑操作平台、局部平台的位置大小等。设备草图经修改后，要广泛征求各有关专业部门的意见，集思广益，做必要的调整，提交建筑人员设计建筑图。

　⑦ 工艺设计人员在取得建筑设计图后，根据布置草图绘制成正式的设备平面和立面布置图。

第三节　车间布置的技术要素

车间布置的内容可分为车间厂房布置和车间设备布置。

一、车间布置技术要素

车间厂房布置是对整个车间各工段、各设施在车间场地范围内，按照它们在生产中和生活中所起的作用进行合理的整体、平面和立面布置。

1. 厂房的整体布置

根据生产规模和生产特点以及厂区面积、地形、地质等条件考虑厂房的整体布置，采用分离式或集中式，亦即将车间各工段及辅助车间分散在单独的厂房内或集中合并在一个厂房内。

化工厂厂房可根据工艺流程的需要设计成单层、多层或单层与多层相结合的形式。一般来说单层厂房利用率较高，建设费用也低，因此除了工艺流程的需要必须设计为多层外，工程设计中尽量采用单层。

2. 厂房的平面布置

化工厂厂房的平面布置是根据生产工艺条件（包括工艺流程、生产特点、生产规模等）以及建筑本身的可能性与合理性（包括建筑形式、结构方案、施工条件和经济条件等）来考虑的。厂房的平面设计应力求简单，这会给设备布置带来更多的可变性和灵活性，同时给建筑的定型化创造有利条件。

厂房平面布置，按其外形一般有长方形、L形、T形和倒U形等。长方形便于总平面图的布置，节约用地，有利于设备排列，缩短管线，易于安排交通出入口，有较多可供自然采光和通风的墙面。但有时由于厂房总长度较长，总图布置有困难时，为了适应地形的要求或者生产的需要，也有采用L形、T形和倒U形等的，此时应充分考虑采光、通风、通道和立面等各方面的因素，如图4-1和图4-2所示。

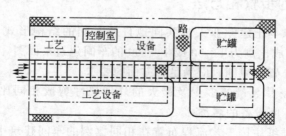

图 4-1　长方形平面布置形式

厂房的柱网布置，要根据厂房结构而定。生产类别为甲、乙类生产，宜采用框架结构，采用的柱网间距一般为 6m，也有采用 7.5m 的。丙、丁、戊类生产可采用混合结构或框架结构，间距采用 4m、5m 或 6m，但不论框架结构还是混合结构，在一幢厂房中不宜采用多种柱距。柱距要尽可能符合建筑模数的要求，这样可以充分利用建筑结构上的标准预制构件，节约设计和施工力量，加速基建进度。多层厂房的柱网布置如图4-3所示。

厂房的宽度确定，生产厂房为了尽可能利用自然采光和通风以及建筑经济上的要求，一

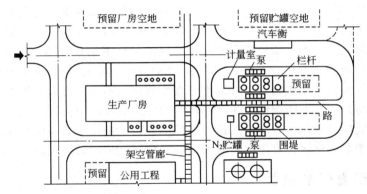

图 4-2 化工车间平面布置（L形、T形管廊）

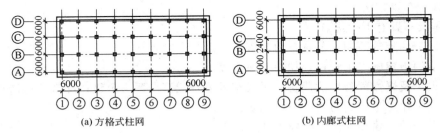

图 4-3 多层厂房柱网布置示意图

般单层厂房宽度不宜超过 30m，多层厂房宽度不宜超过 24m，厂房常用宽度有 9m、12m、14.4m、15m、18m、21m、24m，厂房中柱子还要便于设备排列和工人操作，即跨度等于厂房宽度，厂房内没有柱子。多层厂房若跨度为 9m，厂房中间如不设立柱子，所用的横梁就要很大，因而不经济。一般较经济厂房的常用跨度控制在 6m 左右，例如 12m、14.4m、15m、18m 等宽度的厂房，常分别布置成 6-6、6-2.4-6、6-3-6、6-6-6 等形式。中间的 2.4、3 表示内走廊的宽度。一般车间的短边（即宽度）常为 2～3 跨，其长边（即长度）则根据生产规模及工艺要求决定。

在进行车间布置时，要考虑厂房安全出入口，一般不应少于两个。如车间面积小，生产人数少，可设一个。但应慎重考虑防火安全等问题（具体数量详见建筑设计防火规范）。

3. 厂房的立体布置

厂房立面也同平面一样，应力求简单，要充分利用建筑物的空间，符合经济合理及便于施工的原则。

化工厂厂房的立面有单层、多层或单层与多层相结合的形式，主要由生产工艺特点决定，另外也要满足建筑上采光、通风等各方面的要求。对于为新产品工业化生产而设计的厂房，一般生产过程中对于工艺路线还需不断地改进和完善，所以一般都设计成一个高单层厂房，利用便于移动、拆装和改建的钢操作台代替钢筋混凝土操作台或多层房的楼板，以适应工艺流程变化的需要。

化工厂厂房的高度，主要由工艺设备布置要求所决定。厂房的垂直布置要充分利用空间，每层高度取决于设备的高低、安装的位置、检修要求及安全卫生等条件。一般框架或混合结构的多层厂房，层高多采用 5m 或 6m，最低不得低于 4.5m；每层高度尽量相同，不宜变化过多。装配式厂房层高采用 300mm 的模数。在有高温及有毒害性气体的厂房中，要适当加高建筑物的层高或设置拔风式气楼（即天窗），以利于自然通风和采光散热。

　　有爆炸危险的车间宜采用单层，厂房内设置多层操作台以满足工艺设备位差的要求。若必须设在多层厂房内，则应布置在厂房顶层。若整个厂房均有爆炸危险，则在每层楼板上设置一定面积的泄爆孔。这类厂房还应设置必要的轻质屋面或增加外墙以及门窗的泄压面积。泄压面积与厂房体积的比值一般采用 $0.05\sim0.22m^2/m^3$（详见 GB 50016—2014《建筑设计防火规范》）。泄压面积应布置合理，并应靠近爆炸部位，不应面对人员集中的地方和主要交通道路。车间内防爆区与非防爆区（生活、辅助及控制室等）间应设防火墙分隔。如两个区域要互通时，中间应设双门斗，即设二道弹簧门隔开。上下层防火墙应设在同一轴线处，防爆区上层不应布置非防爆区。有爆炸危险车间的楼梯间宜采用封闭式的。

二、设备布置技术要素

　　小型化工厂的设备布置，一般常采用室内布置，尤其是气温较低的地区，除此也可采用室内露天联合布置方法。

　　设备露天布置有下列优点。

　　① 可以节约建筑面积，节省基建投资。

　　② 可节约土建施工工程量，加快基建进度。

　　③ 有火灾及爆炸危险性的设备，露天布置可降低厂房耐火等级，降低厂房造价。

　　④ 有利于化工生产的防火、防爆和防毒。

　　⑤ 对厂房的扩建和改建具有较大的灵活性。

1. 生产工艺对设备布置的要求

　　① 在布置设备时一定要满足工艺流程顺序，要保证水平方向和垂直方向的连续性。对于有压差的设备，应充分利用高位差布置，以节省动力设备及费用。在不影响流程顺序的原则下，将较高设备尽量集中布置，充分利用空间，简化厂房体形。通常把计量槽、高位槽布置在最高层，主要设备（如反应器等）布置在中层，储槽等布置在底层。这样既可利用位差进出物料，又可减少楼面的荷重，降低造价。但在保证垂直方向连续性的同时，应注意在多层厂房中要避免操作人员在生产过程中过多地往返于楼层之间。

　　② 凡属相同的几套设备或同类型的设备或操作性质相似的有关设备，应尽可能布置在一起，这样可以统一管理，集中操作，还可减少备用设备或互为备用。譬如塔体集中布置在塔架上，热交换器、泵成组布置在一处等。

　　③ 设备布置时除了要考虑设备本身所占的位置外必须有足够的操作、通行及检修需要的位置。

　　④ 要考虑相同设备或相似设备互换使用的可能性，设备排列要整齐，避免过松过紧。

　　⑤ 要尽可能地缩短设备间管线。

　　⑥ 车间内要留有堆放原料、成品和包装材料的空地（能堆放一批或一天的量），以及必要的运输通道且尽可能地避免固体物料的交叉运输。

　　⑦ 传动设备要有安装安全防护装置的位置。

　　⑧ 要考虑物料特性对防火、防毒及控制噪声的要求，譬如对噪声大的设备宜采用封闭式隔间等。

　　⑨ 根据生产发展的需要与可能，适当预留扩建余地。

　　⑩ 设备之间或设备与墙之间的净间距大小，虽无统一规定，但设计者应结合上述布置要求，及设备的大小、设备上连接管线的多少、管径的粗细、检修的频繁程度等因素，再根据生产经验，决定安全间距。表 4-1 介绍的一些数据是针对中小型生产而考虑的，供一般设

备布置时参考。图 4-4 所示的工人操作设备时所需要的最小间距的范例，是根据建工部建筑科学研究院对人体尺度的研究，按照化工车间工人操作的具体情况确定的。

表 4-1 设备的安全距离

项 目	净安全距离/m
泵与泵的间距	不小于 0.7
泵与墙的距离	至少 1.2
泵列与泵列间的距离(双排泵间)	不小于 2.0
计量罐与计量罐间的距离	0.4~0.6
储槽与储槽间的距离(指车间中的一般小容器)	0.4~0.6
换热器与换热器间的距离	至少 1.0
塔与塔的间距	1.0~2.0
离心机周围通道	不小于 1.5
过滤机周围通道	1.0~1.8
反应罐盖上传动装置离天花板的距离(如搅拌轴拆装有困难时,距离还需加大)	不小于 0.8
反应罐底部与人行通道的距离	不小于 1.8~2.0
反应罐卸料口至离心机的距离	不小于 1.0~1.5
起吊物品与设备最高点的距离	不小于 0.4
往复运动机械的运动部件离墙的距离	不小于 1.5
回转机械离墙的距离	不小于 0.8~1.0
回转机械相互间的距离	不小于 0.8~1.2
通廊、操作台通行部分的最小净空高度	不小于 2.0~2.5
不常通行地方的净高	不小于 1.9
操作台梯子的斜度	45°~60°
控制室、开关室与炉子间的距离	15
产生可燃性气体的设备和炉子的间距	不小于 8.0
工艺设备和道路间的距离	不小于 1.0

2. 设备安装专业对布置的要求

① 要根据设备大小及结构，考虑设备安装、检修及拆卸所需要的空间和面积。

② 要考虑设备能顺利进出车间。经常搬动的设备应在设备附近设置大门或安装孔，大门宽度比最大设备宽 0.5m，不经常检修的设备，可在墙上设置安装孔。

③ 通过楼层的设备，楼面上要设置吊装孔。厂房比较短时，吊装孔设在靠山墙的一端 [见图 4-5(a)]，厂房长度超过 36m 时，则吊装孔应设在厂房中央 [见图 4-5(b)]。

多层楼面的吊装孔应在同一平面位置。在底层吊装孔附近要有大门，使需要吊装的设备由此进出。吊装孔不宜开得过大（一般控制在 2.7m 以内，对于外形尺寸特别大的设备的吊装，可采用安装墙或安装门）。

④ 必须考虑设备检修、拆卸以及运送物料所需要的起重运输设备。起重设备的形式可根据使用要求确定。如不设永久性起重运输设备，则应考虑有安装临时起重运输设备的场地

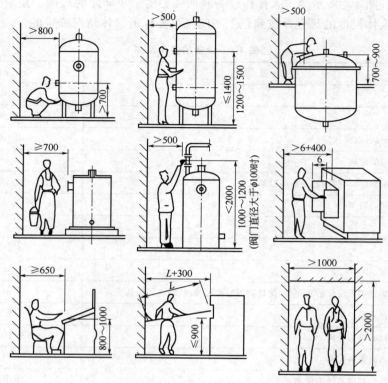

图 4-4 操作设备所需的最小间距

表示墙壁或邻近设备的最外缘表面（下同）

及预埋吊钩，以便悬挂起重物。如在厂房内设置永久性的起重运输设备，则要考虑起重运输设备本身的高度，并使设备起吊运输高度大于运输途中最高设备的高度。

3. 厂房建筑对设备布置的要求

① 凡是笨重设备或在运转时会产生很大振动的设备，如压缩机、离心机、真空泵、粉碎机等应该尽可能地布置在厂房的底层，以减少厂房楼面的荷载和振动。如由于工艺要求或者其他原因不能布置在底层时，应由土建专业在结构设计上采取有效的防震措施。

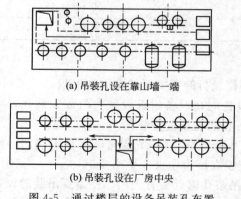

(a) 吊装孔设在靠山墙一端

(b) 吊装孔设在厂房中央

图 4-5 通过楼层的设备吊装孔布置

② 有剧烈振动的设备，其操作台和基础不得与建筑物的柱、墙连在一起，以免影响建筑物的安全。

③ 布置设备时，要避开建筑物的柱子及主梁，如设备吊装在柱子或主梁上，其荷重及吊装方式需事先告知土建专业人员并与其商议。

④ 厂房中操作台必须统一，防止平台支柱林立重复，既有碍于整齐美观又影响生产操作及检修。

⑤ 设备不应布置在建筑物的沉降缝或伸缩缝处。

⑥ 在厂房的大门或楼梯旁布置设备时，要求不影响开门和妨碍人行，出入通畅。

⑦ 设备应尽可能避免布置在窗前，以免影响采光和开窗，如必须布置在窗前时，设备

与墙间的净距离应大于 600mm。

⑧ 设备布置时应考虑设备的运输线路，安装及检修方式，以决定安装孔、吊钩及设备间距等。

4. 装置布置发展趋势

装置布置发展趋势可以归结为"四个化"，即露天化、流程化、集中化和定型化。

（1）露天化　从近年来的实际设计中可以看出，除大型压缩机布置在半敞开的厂房内以外，其他设备绝大多数都布置在露天。其优点是节省占地，减少建筑物，有利于防爆，便于消防。

（2）流程化　以管廊为纽带，按工艺流程顺序将设备布置在管廊的上下和两侧，成为三条线，一个装置形成一个长条形区。

（3）集中化　将上述长条形装置合理地集中在一个大型街区内，组成合理化的集中装置（或称联合装置）。按防火设计规范用通道将各装置分开，此通道可作为两侧装置设备的检修通道，也可作为消防通道。控制室集中在一幢建筑物内，由于控制室周围的 2 面甚至是 3 面全是装置，所以控制室对着设备的墙一般不开门窗，甚至采用全密封式，用电子计算机控制操作，通过电视屏幕了解主要设备的操作实况。办公室和生活间也应集中在一幢建筑物内。

（4）定型化　装置的设备采用定型布置。如泵、汽轮机、压缩机及其辅助设备采用定型布置，配管也可以采用定型布置。

典型的装置布置见图 4-6 和图 4-7。

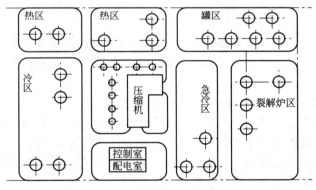

图 4-6　乙烯装置布置图

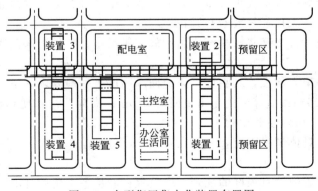

图 4-7　大型街区集中化装置布置图

三、各辅助要素布置的注意事项

1. 外管架的设置

当一个车间分别布置在多幢厂房，来往管线又密切，或车间与车间之间输送物料的管线相互往来，且间距又较大时，则应设置外管架。

（1）外管架的布置要力求经济合理，管线长度要尽可能短，走向合理，避免造成不必要的浪费。

（2）外管架布置应尽量避免对车间形成环状布置。

（3）布置外管架时应考虑扩建区的运输，预留出足够空间及通道，留有余地以利发展。在管架宽度上也应考虑扩建需要留有一定余量。

（4）外管架的形式，一般分为单柱（T形）和双柱（Ⅱ形）式。

（5）管架净空高度如下。

高管架：净空高度不小于 4.5m；

中管架：净空高度 2.5～3.5m；

低管架：净空高度 1.5m；

管墩或管枕等：净空高度 300～500mm。

（6）管架断面宽度如下。

小型管架：管架宽度小于 3m；

大型管架：管架宽度大于 3m。

（7）小型管架与建、构筑物之间的最小水平净距，应符合 GB 50489—2009《化工企业总图运输设计规范》中有关规定。

（8）多种物性管道在同一管架多层敷设时，宜将介质温度高者布置在上层，腐蚀性介质及液化烃管道布置在下层。在同一层敷设时。热管道及需经常检修的管道布置在外侧，但液化烃管道应避开热管道。

2. 主管廊的布置

大型装置的管道往返较多，为了便于安装及装置的整洁美观，通常都设集中管廊。

（1）管廊的布置首先要考虑工艺流程，来去管道要做到最短最省，尽量减少交叉重复。

（2）管廊宽度根据管道数量、管径大小和弱电仪表配管配线的数量确定。管道断面要精心布置，尽可能避免交叉换位，管廊上要预留一定余量，一般可留 20% 的余量。

（3）管廊上的管道可布置为一层、二层或多层。多层管廊要考虑管道安装和维修人员通道。

（4）多层管廊最好按管道类别安排。一般输送有腐蚀性介质的管道布置在下层，小口径气、液管布置在中层，大口径气液管布置在上层。

（5）管廊上必须考虑热膨胀，凝液排出和放空等设施。如果有阀门需要操作，还要设置操作平台。

（6）管廊一般均架空敷设，其高度（离地面净高度）一般要求如下。

横穿铁路时为 6.7m；横穿厂内主干道时为 6.0m；横穿厂内次要道路时为 4.5m；装置内管廊时为 3.5m；厂房内主管廊时为 2.5m。

（7）管廊柱距视具体情况而定，一般在 4～15m 之间。

3. 现场控制室

（1）控制室的布置应该有很好的视野，应设置在能从各个角度都能看到装置的地方。

（2）控制室应布置在装置的上风向，且距离生产装置各个部分都不太远的适宜地方。大型石油化工装置的控制室与装置内生产设备管廊、各种管架之间最好保持1.5m的距离。

（3）仪表盘和控制箱通常都是成排布置，仪表盘后要有安装及维修用的通道，通道宽度不小于1m。仪表盘前应有2~3m的空间。

（4）所有进出口管道及电缆最好暗敷，使室内布置整齐美观。

（5）仪表盘上的仪表一般可分成三个区段布置。上区段距地面1650mm以上，这一部分可放置比较醒目的供扫视的仪表（如指示仪表、信号灯、闪光报警器等）；中区段距地面1000~1650mm，可放置需要经常监视的仪表（如控制仪表、记录仪表等）；地下区段距地面800~1000mm，可放置操纵器类（如操纵板、切换器、开关、按钮等）。

（6）控制室内仪表盘应避免阳光直射，以免反射光影响操作。

（7）大型控制室因为装有大量仪表，为减少灰尘，最好采用机械通排风，以保持空气的清洁。墙面及地面也要便于清洗，以防止灰尘聚集。室内采光通常都采用天然采光与人工照明相结合。室内有时还设有辅助用室及生活用室。

4. 车间辅助室和生活室的布置

生产规模较小的车间，多数是将辅助室、生活室集中布置在车间中的一个区域内，如图4-8所示。

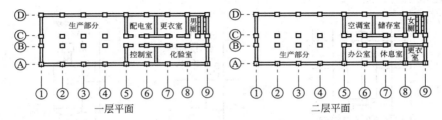

图4-8 辅助室、生活室布置

有时辅助室也有布置在厂房中间的，譬如配电室安排在用电负荷中心，空调室布置在需要空调的设备附近，但这些房间一般都布置在厂房北面房间。

生活室中的办公室、化验室、休息室等宜布置在南面，以充分利用太阳能采暖，更衣室、卫生间、浴室等可布置在厂房北面房间。

生产规模较大时，辅助室和生活室可根据需要布置在有关的单体建筑物内。

有毒的或者对卫生方面有特殊要求的工段必须设置专用的浴室。

5. 安全、卫生和防腐蚀问题

（1）要为工人操作创造良好的采光条件。布置设备时尽可能做到工人背光操作，高大设备避免靠窗布置，以免影响采光。

（2）要最有效地利用自然对流通风，车间南北向不宜隔断。放热量大、有毒害性气体或粉尘的工段，如不能露天布置时需要有机械送排风装置或采取其他措施，以满足卫生标准的要求。

（3）凡火灾危险性为甲、乙类生产的厂房，除上面已提到的一些注意事项外，还须考虑以下因素。

① 在通风上必须保证厂房中易燃气体或粉尘的浓度不超过允许极限。送排风设备不应布置在同一个通风机室内，且排风设备不应和其他房间的送排风设备布置在一起。

② 必须采取必要的措施，防止产生静电、放电以及着火的现象。

③ 凡产生腐蚀性介质的设备，其基础、设备周围地面、墙等都需要采取防护措施。

④ 任何烟囱或连续排放的放空管的高度及周围设置物的高度要求详见HG/T 20546—

2009《化工装置设备布置设计规定》中的要求。

第四节　车间典型设备的布置

一、反应器的布置

1. 釜式反应器的布置

（1）釜式反应器通常是间歇操作。布置时要考虑便于加料和出料。液体物料通常是经高位槽计量后依靠位差加入釜中。固体物料大多是用吊车从人孔加入釜内，因此人孔离地或操作平台的高度以 800mm 为宜。

（2）釜式反应器一般用吊耳支承在建（构）筑物上或操作台的梁上。对体积大、重量大或振动大的设备，要用支脚直接支承在地面或楼板上。大型搅拌釜的三种安装方式如图 4-9 所示。图 4-9(a) 为装在室内或框架内，反应器的基础与建筑的基础，以及所有楼板、建筑结构与反应器（或减速机等）分开，互不接触，以避免将噪声与振动传给建筑物。图 4-9(b)、图 4-9(c) 为置于室外的反应器，图 4-9(b) 将反应器吊在钢架上，图 4-9(c) 用支脚直接支承在基础上，图 4-9(c) 比图 4-9(b) 要经济得多。

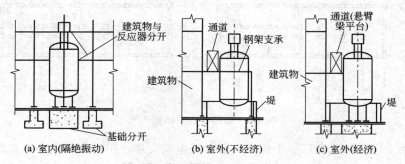

图 4-9　大型搅拌釜的安装布置

反应器周围的空间、操作平台宽度和离开建筑物的距离取决于：操作、维修的通道要求；反应器周围设备（如换热器、冷凝器、泵和管道）的大小和布置；反应器基础的大小及其与建筑物基础的距离；内件、减速机、电动机检修时的移动和放置空间。

（3）两台以上相同的反应器应尽可能排成一条直线。反应器之间的距离，根据设备大小、附属设备和管道具体情况而定。管道阀门应尽可能集中布置在反应器一侧，以便于操作，如图 4-10 所示。

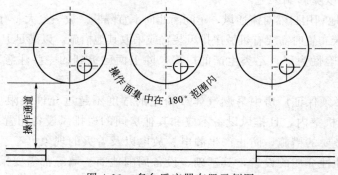

图 4-10　多台反应器布置示例图

（4）带有搅拌器的反应器，其上部应设置安装及检修用的起吊设备，如图 4-11 所示。小型反应器如不设起吊设备，则必须设置吊钩，以便临时设置起吊设备。设备顶端与建筑物间必须留出足够的高度，以便抽出搅拌器，如图 4-12 所示。

（5）跨楼板布置的反应器，要设置出料操作台；反应物黏度大或含有固体物料的反应器要考虑疏通堵塞和管道清洗的问题。

（6）反应器底部出口离地面高度：物料从底部出料口自流进入离心机要有 $1 \sim 1.5 \mathrm{m}$ 的距离；底部不设出料口，有人通过时，底部离基准面最小距离为 $1.8 \mathrm{m}$，搅拌器安装在设备底部时设备底部应留出抽取搅拌器的空间，净空高度不小于搅拌轴的长度。

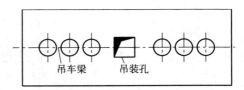

(a) 单排布置

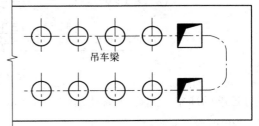

(b) 双排布置

图 4-11　釜式反应器单排、双排
布置时吊装孔的布置

（7）易燃易爆的反应器，特别是反应激烈、易出事故的反应器，布置时要考虑足够的安全措施。

2. 连续反应器

（1）连续反应器有单台式和多台串联式。其布置注意事项除釜式反应器所列要求外，由于进料出料都是连续的，因此在多台串联时必须注意物料进出口间的压差和流体流动的阻力损失，如图 4-13 所示。

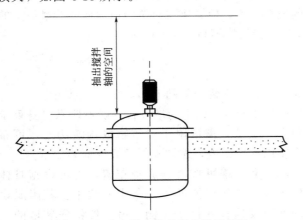

图 4-12　反应器安装高度布置示例图

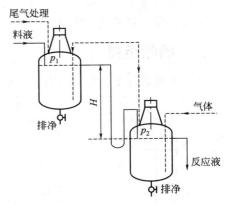

图 4-13　多台连续反应器串联布置示意图

（2）如果出料用加压泵循环时，除反应器为加压操作外，反应器必须有足够的位差，以满足加压泵净正吸入压头的需要。

（3）多台串联反应器可并排排列或排成一圈。

3. 固定床反应器

（1）固定床反应器一般成组布置在框架内。框架顶部设有装催化剂和检修用的平台和吊装机具。框架下部应有卸催化剂的空间，如图 4-14 所示。

（2）反应器上部要留出足够净空。

（3）催化剂如从反应器底部（或侧面出料口）卸料时，应根据催化剂接受设备的高度，

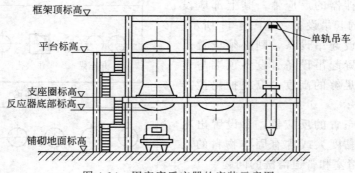

图 4-14　固定床反应器的安装示意图

留有足够的净空。当底部离地面大于 1.5m 时，应设置操作平台，底部离地面距离不得小于 500mm。

（4）多台反应器应布置在一条中心线上，周围留有放置催化剂容器与必要的检修场地。其中的一侧应有堆放和运输催化剂所需的场地和通道。

（5）操作阀门与取样口应尽量集中在一侧，并与加料口不在同一侧，以免相互干扰。

4. 流化床反应器

（1）布置要求基本与固定床反应器相同，此外，应同时考虑与其相配的流体输送设备和附属设备的布置位置。设备间的距离在满足管线连接安装要求下，应尽可能缩短。

（2）催化剂进出反应器的角度，应能使得固体物料流动通畅，有时还应保持足够的料封。

（3）对于体积大、反应压力较高的反应器，应该采用坚固的结构支承。

（4）反应器支座（或裙座）应有足够的散热长度，使支座与建筑物或地面的接触面上的温度不致过高。要求钢筋混凝土不高于 100℃，钢结构不高于 150℃。

二、塔的布置

（1）大型塔设备多数露天布置，用裙式支座直接安装于基础上，如图 4-15 所示。

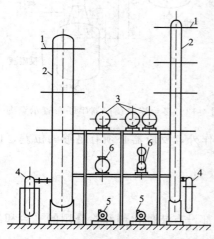

图 4-15　塔及辅助设备布置示意图
1—平台；2—塔；3—换热器；
4—再沸器；5—泵；6—储罐

（2）直径 1m 以下的塔设备一般不能靠自身重量单独直立安装，需依附于建筑物或构筑物上，可布置在室内或框架内，靠楼板支承或用框架支承。

（3）多个塔可按流程成排布置，也可根据具体条件布置，并尽可能处于一条中心线上。其附属设备的框架及接管安排于一侧，另一侧供安装塔的空间用（见图 4-16）。

（4）塔与塔的净距离一般为 2m 左右。塔群与管廊或塔群与框架的净距离约为 1.5m 左右，如果希望布置紧凑，则以塔的基础与管廊或框架的地下基础不相碰为原则。

（5）塔上设置公用平台，互相连接，既便于操作又起到结构上互相加强的作用。平台应与框架相通，平台宽度原则上不小于 1.2m，最下层平台应高出地面 2.1m 以上，以确保通行。最上层平台最好围

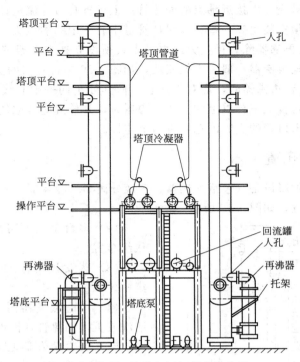

图 4-16 成组的塔与框架的联合布置

绕整个塔设置，这样比较安全。上下层平台距离最大为 8m，超过 8m 应设中间平台；二层平台间设直爬梯，直爬梯距地面 2.5m 以上的梯子应设保护围栏。

（6）塔身上每个人孔处需设置操作平台，以便检修塔板用。塔的四周要有巡回通道。

（7）塔的四周应分几个区进行布置。配管区也称操作区，专门布置各种管道、阀门和仪表。通道区布置走廊、楼梯、人孔等，也可布置安全阀或吊装设备。

（8）塔的安装高度必须考虑塔釜泵的净正吸入压头，热虹吸式再沸器的吸入压头，自然流出的压头及管道阀门、控制仪表等的压头损失。

（9）塔底与再沸器连接的气相管中心与再沸器管板的距离不应太大，以免造成热虹吸不好而影响再沸器效率。再沸器应尽量靠近塔，使管道最短，减少管道阻力降。

（10）塔的人孔应尽可能朝同一方向，人孔的中心高度一般距平台面不高于 1.5m。

（11）塔顶冷凝器回流罐，中小型生产都置于塔顶靠重力回流，这样蒸气上升管管线较短。对于大型塔如安装在塔顶，会增加结构设计的困难，宜布置于低处用泵打回流。对于强腐蚀性的物料及特别贵重的物料，为了解决泵的腐蚀问题和泄漏，不得已采用将冷凝器架高的办法而省去回流泵，这是特例。

（12）大塔塔顶需设置吊柱，以吊起或悬挂人孔盖。

（13）确定塔的管口方位时，首先要确定人孔的方位及位置，然后根据塔盘位置，明确奇数板和偶数板的降液管位置，再从上到下依次确定各管口的位置和方位。回流管口应设在距离降液板最远的位置。

（14）塔采用塔压或重力出料，应由塔内压力和被连接设备的压力来定。同时应结合接受容器的高度、液体的重量和管道的阻力进行必要的水力计算。用泵出料时，塔底标高由泵的净正吸入压头和吸入管道压力降来决定，应考虑泵的吸入压头和釜液在输送条件下的蒸气压以免发生汽蚀。从塔底抽出接近沸点的液体管道上设置孔板等流量计时，为了防止流量计前液体的闪蒸，塔必须安装得高一些，以保持管道中有一定的静压头。

（15）立式热虹吸再沸器除直径过大或重量太大须设立独立支架安装外，一般从塔上直接接出托架支承。釜式再沸器一般设支架安装，如图 4-16 中再沸器的安装。

（16）一个塔有两台再沸器时，应对称安装，使其处于同一中心线上，并留出切换操作的余地。一个塔需要两台或三台以上的立式再沸器时，其位置应考虑便于操作和配管，可将再沸器入口管和蒸气出口管的支管汇总后再与塔连接。

三、蒸发器的布置

（1）蒸发器及其附属设备（包括加热器、气液分离器、冷凝器、盐析器、真空泵及料液输送泵等）应成组布置，如图 4-17 所示。

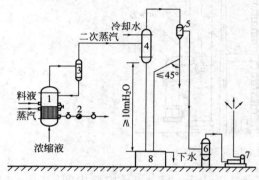

图 4-17　蒸发器成组布置示意图
1—蒸发器；2—蒸汽包；3,5—分离器；
4—混合冷凝器；6—缓冲罐；
7—真空泵；8—水箱

（2）多台蒸发器可成一条直线布置也可成组布置。

（3）蒸发器视镜、仪表和取样点应相对集中。

（4）考虑蒸发器内（外）加热器的检修清洗或更换加热管，需设置起吊设施。

（5）通常蒸发器之间蒸汽管线的管径较大，在满足管道安装、检修工作要求下，应尽量缩小蒸发器之间的距离。

（6）蒸发器的最小安装高度决定于料液输送泵的净正吸入高度。

（7）冷凝器的布置高度应保持气压柱大于 10m（水柱），气压柱应垂直，若需倾斜，其角度不得大于 45°。

（8）容易溅漏的蒸发器，在设备周围地面上要砌设围堰，便于料液集中处理，地面需铺砌瓷砖或作适当处理。

（9）蒸发器布置在室内时，散热量较大，应加强自然通风或设置通风设施。

（10）有固体结晶析出的蒸发器还需考虑固体的出料及输送。

四、结晶器的布置

（1）结晶通常在搅拌下进行，因此布置结晶器时要考虑搅拌器的安装、检修及操作所需要的空间和场地。

（2）结晶器进料是浆状液，出料是固体状，布置时要很好地考虑设备间的位差及距离。所有管道必须有足够的坡度。

（3）所有设备及管道需有排净的功能。

（4）结晶器通常都布置在室内，人孔高度最好不超过 1～1.2m，如果超过必须设置操作台。

五、容器的布置

车间内布置的容器容量不宜过大。根据 GB 50160—2008《石油化工企业设计防火规范》

中的规定，可燃气体或可燃液体中间储罐的总容积不宜大于 1000m³。从装置布置设计角度出发，中间储罐应尽可能设在装置外，单独布置成中间储罐区，这样可以减小装置的占地面积，对安全生产和装置布置都有利。

大型容器和容器组应布置在专设的容器区内。一般容器按流程顺序与其他设备一起布置。布置在管廊一侧的容器，如果不与其他设备中心线或边缘对齐的话，与管廊立柱的净距离可保持为 1.5m。

1. 立式储罐布置

为了操作方便，立式容器可以安装在地面、楼板或平台上，也可以穿越楼板或平台用支耳支撑在楼板或平台上，如图 4-18、图 4-19 和图 4-20 所示。立式容器穿越楼板或平台安装时，应尽可能避免容器上的液面指示、控制仪表也穿越楼板或平台。

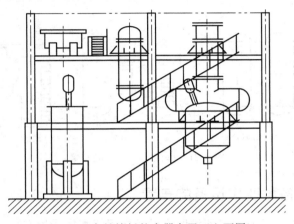

图 4-18 穿越楼板的容器布置（立面图）

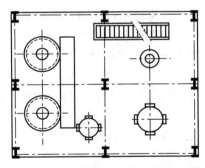

图 4-19 穿越楼板的容器布置（二层）

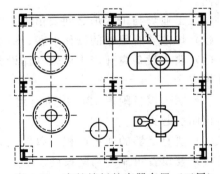

图 4-20 穿越楼板的容器布置（三层）

为防止黏稠物料的凝固或固体物料的沉降而在立式容器内部设置大负荷的搅拌器时，为了避免振动影响，应尽可能在地面设置支承结构。对于顶部开口的立式容器，需要人工加料时，加料点的高度不宜高出楼板或操作平台 1m，如高出 1m，应考虑设加料平台或台阶。

2. 卧式容器的布置

卧式容器宜成组布置。成组布置的卧式容器宜按支座基础中心线对齐或按封头切线对齐，卧式容器之间的净空可按 0.7m 考虑。确定卧式容器的安装高度时，除应满足物料重力流或泵吸入高度等要求外，还应满足下列要求。

① 容器下有集液包时，应有集液包的操作和检测仪表所需的足够高度。

② 容器下方需设通道时，容器底部配管与地面之间的净空不应小于 2.2m。

③ 不同直径的卧式容器成组布置在地面、同一层楼板或平台上时，直径较小的卧式容器中心线标高需适当提高，使之与直径较大的卧式容器筒体底部标高一致，以便于设置联合平台。

④ 卧式容器在地下坑内布置时，应妥善处理坑内的积水和有毒、易爆、易燃介质的积聚，坑内尺寸应满足容器的操作和检修要求。

⑤ 卧式容器平台的设置要考虑人孔和液面计等操作因素。对于集中布置的卧式容器，可设联合平台。当液面计上部接口高度距地面或操作平台超过 3m 时，液面计要装在直梯附近。

卧式容器平台的典型布置见图 4-21。

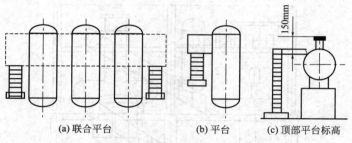

(a)联合平台　　　　　　(b)平台　　　　　(c)顶部平台标高

图 4-21　卧式容器平台的布置

六、工业炉和各种明火设备的布置

（1）在生产装置内，工业炉与各种明火设备之间应集中布置在一端，并位于主导风向的上风侧。

（2）工业炉与工业炉之间要留出足够的间距，并应尽可能地布置在同一直线上。

（3）炉前要有足够的操作面积，渣场、燃料堆场都要合理布置。

（4）明火设备离开产生可燃气体设备的距离至少为 15m，并尽可能置于设备的上风向，以确保安全。

（5）明火设备附近 12m 内所有地下水沟、水井、管沟都必须密封，以防可燃气体在沟内聚积而引起火灾。

（6）要有足够的通道面积，以保证火灾时人员的疏散和消防车的进入。

（7）要设置可靠的消防设施。

（8）工业炉要有适当的防爆措施。

（9）工业炉的烟囱设置除了要满足工业炉的要求外还要符合国家环保的要求。

七、换热器的布置

（1）换热器的布置原则是顺应流程和缩短管道长度，故其位置取决于与它密切联系的设备的位置。

（2）布置空间受限制时，在不影响工艺的前提下更换其他种类的换热器。如原来设计的换热器显得太长，可以换成一个短粗的换热器以适应布置空间的要求。一般地，从传热的角度考虑，细而长的换热器较有利。卧式换热器换成立式的以节约面积；而立式的也可换成卧式的以降低高度，可根据具体情况各取其长。

（3）换热器常采用成组布置。水平的换热器可以重叠布置，串联的、非串联的相同的或大小不同的换热器都可重叠。换热器重叠布置除节约面积外尚可合用上下水管。为便于抽取管束，上层换热器不能太高，一般管壳的顶部高度不能大于 3.6m，将进出口管改成弯管可降低安装高度，见图 4-22。

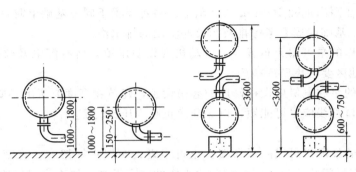

图 4-22　换热器的安装高度

（4）换热器与换热器，换热器与其他设备之间至少要留出 1m 的水平距离，位置受限制时，最少也不得小于 0.6m。

（5）固定管板换热器周围要留有清除管内污垢的空地，浮头换热器要考虑抽出管束的位置。

八、流体输送设备

1. 泵

① 小型车间生产用泵多数安装在抽吸设备附近。大中型车间用泵，由于数量较多，有可能集中布置的，应该尽量集中布置，如图 4-23 所示。

② 集中布置的泵应排列成一条直线，泵的头部集中于一侧，也可背靠背地排成两排，

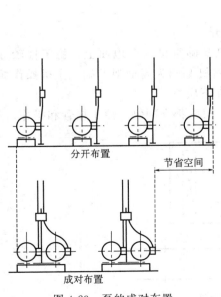

图 4-23　泵的成对布置

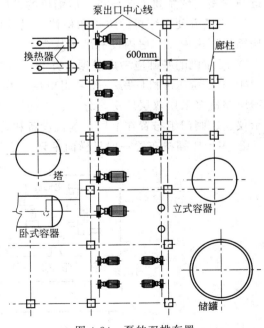

图 4-24　泵的双排布置

驱动设备面向通道，如图 4-24 所示。

③ 泵与泵的间距视泵的大小而定，一般不宜小于 0.7m，双排泵之间的间距不宜少于 2m，泵与墙间的间距至少为 1.2m，以利通行。

④ 成排布置的泵，其配管与阀门应排成一条直线，避免管道跨越泵和电动机。

⑤ 泵应布置在高出地面 150mm 的基础上。多台泵置于同一基础上时，基础必须有坡度以便泄漏物流出。基础四周要考虑排液沟及冲洗用的排水沟。

⑥ 不经常操作的泵可露天布置，但电动机要设防雨罩，所有配电及仪表设施均应采用户外式的，天冷地区要考虑防冻措施。

⑦ 重量较大的泵和电机应设检修用的起吊设备，建筑物高度要留出必要的净空。

⑧ 泵的吸入口管线应尽可能短，以保证净正吸入压头的需要。

2. 风机

① 大型装置的鼓风机可以露天布置，也可半露天布置在框架旁、管廊下或其他构筑物下面。风机布置在封闭式厂房内时，应配置必要的消音设施。如不能有效地控制噪声，通常将其安装在隔断的鼓风机房内，以减少对周围的影响。

② 风机的安装位置要考虑操作和维修的方便，并使进出口接管简捷，要避免风管弯曲和交叉，在转弯处应留有较大的回转半径。

③ 风机的基础要考虑隔震，并与建筑物的基础完全脱开，还要防止风管将振动传递到建筑物上。

④ 鼓风机组的监控仪表宜设在单独的或集中的控制室内，控制室要有隔音设施和必要的通风设备。

⑤ 为了便于安装检修，鼓风机房需设置适当的吊车装备。

3. 压缩机

① 压缩机常是装置中功率消耗最大的关键设备，所以在平面布置时应尽可能使压缩机靠近与它相连的主要工艺设备。压缩机的进出口管线应尽可能短和直。

② 为了方便压缩机的维护和检修，以及操作人员的巡回检测，压缩机通常布置在专用的压缩机厂房中，厂房内设有吊车装置。

③ 压缩机的基础应考虑隔振，并与厂房的基础脱开。

④ 中小型压缩机厂房一般采用单层厂房，压缩机基础直接放在地面上，稳定性较好。大型压缩机多采用双层厂房，分上、下两层布置，压缩机基础为高框架基础，主机操作面、指示仪表、阀门组布置在上层，辅机设备和管线布置在下层。

⑤ 多台压缩机布置一般是横向平列（见图 4-25），机头都在同侧，便于接管和操作。布

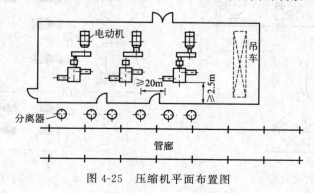

图 4-25 压缩机平面布置图

置的间距要满足主机和电动机的拆卸检修和其他要求，如主机卸除机壳、取出叶轮、活塞抽芯等工作。压缩机和电动机的上部不允许布置管道。主要通道的宽度应根据最大部件的尺寸决定，宽度不小于 2.5m 的压缩机，其通道宽度不小于 2.0m。

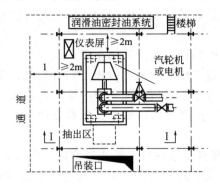

图 4-26　室内离心式压缩机的布置

注：1. 为了维修方便，压缩机房应靠近室外通道，并要求通道能通到吊装区。

2. 为了操作方便，压缩机周围应有不小于 2m 的操作通道。

3. 楼梯应靠近操作通道，并应设置第二楼梯或直梯，以便安全疏散。

4. 压缩机和驱动机的全部仪表盘，应布置在靠近驱动机的端部。

5. Ⅰ—Ⅰ剖视图见图 4-27。

⑥ 压缩机组散热量大，应有良好的自然通风条件，压缩机厂房的正面最好迎向夏季的主导风向。空气压缩机厂房为使空气压缩机吸入较清洁的空气，必须布置在散发有害气体的设备或散发灰尘场所的主导风向位置，并与其保持一定的距离。处理易燃易爆气体压缩机的厂房，应有防爆的安全措施，如事故通风、事故照明、安全出入口等，见图 4-26、图 4-27。

⑦ 大型压缩机厂房由于供电负荷大，通常都附设专用的变配电室，布置时必须统一考虑。

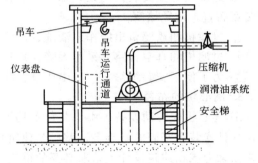

图 4-27　室内离心式压缩机的
布置的Ⅰ—Ⅰ剖视图

九、过滤机的布置

1. 间歇式过滤机的布置

间歇式过滤机通常在一定压力下或真空下操作，有板框压滤机、叶滤机、床层式过滤器及真空吸滤器等几种类型。

① 间歇式过滤机通常布置在室内，多台过滤机采用并列布置，以便过滤、清洗、出料等操作能交替进行。

② 设备布置所占用的面积，因出料方式而异。必须将过滤机拆开后才能取出滤饼的，应主要考虑操作方便；用压缩空气或其他方法可把滤饼取出的，则应考虑维修方便而决定占用面积，一般在过滤机周围至少要留出一个过滤机宽度的位置。

用小车运送滤布、滤饼或滤板时，至少在其一侧留出 1.8m 的净空位置。

③ 过滤机安装高度。一般是将过滤机安装在楼面上或操作平台上，而将滤饼卸在下一层楼面上或接受器里，也有直接卸在小推车中，装满后即运走。下料用的溜槽尺寸要大些，并且尽可能垂直以便下料通畅。

④ 滤液如果是有毒的或易燃的，要设专门的通风装置（如排气罩、抽风机等），通风装置不应妨碍卸出滤饼的操作。

⑤ 大型压滤机（有较重的内件）要设置吊车梁。

⑥ 在布置过滤机的同时应考虑其他辅助设施，如真空泵、空气压缩机、水泵等的布置。

⑦ 地面设计应考虑冲洗排净，使用腐蚀介质的地方，地面应考虑防腐蚀措施。

⑧ 要设置滤布的清洗槽，并考虑清洗液的排放和处理。

2. 连续式过滤机的布置

连续式过滤机一般有回转真空过滤机、带式过滤机、链板式过滤机等。

① 连续式过滤机可露天或半露天布置。若天气对浆液或滤饼有不利影响，也可布置在室内。

② 由于固体物料输送比液体输送困难，一般将过滤机布置在靠近固体物料的最终卸出处。

③ 过滤机布置在进料槽的上部为宜，这样便于过滤机的排净，溢流物可以靠重力回流到进料槽。溢流管的管径要大，管道要考虑能够进行清洗。

④ 过滤机尽量安装在高处，如在二楼或操作平台上，便于固体物料的卸出。卸料溜槽也应宽而直，避免堵塞。

⑤ 过滤机四周要留出操作、清洗、检修的位置，其通道宽度不得小于 1m。

⑥ 过滤机的真空管路要采用大管径短管线，以减少阻力。

⑦ 为了便于安装维修，厂房中要设置起吊设备。

3. 离心机的布置

① 离心机为转动设备。由于载荷不均匀会引起较大振动，所以一般均布置在厂房的底层，并且安装在坚固的基础上，基础与建筑物应完全脱开。小型离心机布置在楼板上时，需布置在梁上或在建筑设计上采取必要的措施。大型离心机需考虑减震措施。

② 离心机周围要有足够的操作和检修场地，通道宽度不得小于 1.5m，例如三足式离心机的布置（见图 4-28）。

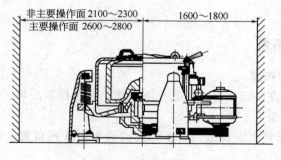

图 4-28　三足式离心机的布置

③ 离心机的安装高度根据出料方式确定。底部卸料的离心机，要按照固体物料的输送方式确定所需要的空间。

④ 要设置供检修用的起吊梁。多台离心机可排列成一行，以减少梁的数量，离心机周

围的配管应不妨碍取出电动机和转鼓。

⑤ 离心机不应布置在有腐蚀的区域或管道下面。离心机的泄漏物应收集在有围堤的区域内，且有一定的坡度，使漏出物流向地沟，排入废液处理装置。

⑥ 离心机操作时，排出大量空气，当其含有有害气体或易燃易爆的蒸汽时，在离心机上方要加装排气罩，必要时对排出的有害气体作处理。

十、干燥器的布置

1. 喷雾干燥器、流化床干燥器的布置

这类设备通常是用鼓风机将加热空气送入器内，与湿物料接触后，水分被蒸发并随热空气带走，因此鼓风机和加料器的布置是非常重要的。

① 鼓风机与加热器通常布置在单独的房间内，以免鼓风机噪声及加热器高温影响车间环境。

② 喷雾干燥器与其附属设备（包括进料设备、成品出料包装设备、旋风分离器、布袋除尘器、加热器、风机等）成组布置，所有进出口风管，由于管径大，布置时要统一考虑。

③ 喷雾干燥器一般可半露天布置，若布置在室内，需考虑防尘和防高温的措施。

④ 物料进出便利。减少固体物料堵塞。

2. 回转干燥器的布置

回转干燥器包括内回转式、转鼓式和回转窑炉等，它们的附属设备有加热器、进出料装置、旋风分离器。

① 回转干燥器应单独布置，以减少对其他生产装置的影响。

② 要合理安排进出固体物料输送设备，以便防尘、防热和操作维护检修。

③ 回转干燥器通常布置在建筑物底层，设备基础应与建筑物基础分开。

第五节 设备布置图的绘制

一、设备布置图的视图内容

设备布置图是设备布置设计中的主要图样，在初步设计阶段和施工图设计阶段都要进行绘制。它是在简化了的厂房建筑图上加上设备布置的内容，是进行管道布置设计和绘制管道布置图的依据。设备布置图是按正投影原理绘制的，其视图包括以下内容。

（1）一组视图 表示厂房建筑的结构和设备在厂房内外的布置情况。平面图、立面图和剖面图的数量以表示清楚为原则。

（2）尺寸及标注 在图形中注写与设备布置有关的尺寸和建筑轴线的编号、设备的位号、名称等。

（3）安装方位标 指示安装方位基准的图标。

（4）说明与附注 对设备安装布置有特殊要求的说明。

（5）设备一览表 列表填写设备位号、名称等。

（6）标题栏 注写图名、图号、比例、设计阶段等。

二、设备布置图的表示方法

1. 分区原则

对于联合布置的装置（或小装置）或独立的主项，若管道平面布置图按所选定的比例不

能在一张图纸上绘制完成时，需将装置进行分区。为了了解分区情况，方便查找，应编制分区索引图，分区索引图可利用设备布置图复制成底图后再进行分区，如图4-29所示。

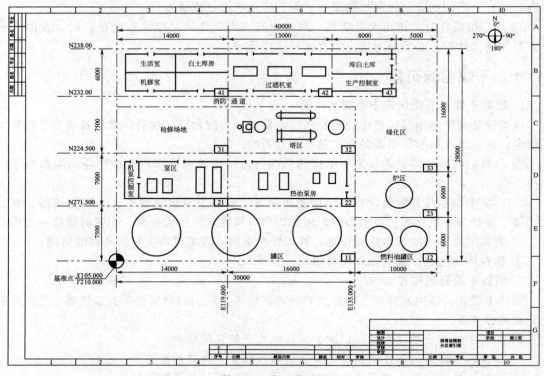

图 4-29 分区索引图

（1）分区的原则 以小区为基本单位，将装置划分为若干小区。小区范围的确定，以使该小区的管道平面布置图在一张图纸上绘制完成为原则。小区数不得超过9个。若超过9个应采用大区和小区结合的分区方法，即先分为若干大区，其大区数不得超过9个，再将每一大区划分为若干小区，小区数也不得超过9个。

（2）分区编号

① 无大区只有小区的分区，采用1位数编号即可，如1区、2区、3区等。

② 大区和小区相结合的分区，大区采用1位数编号，如1区、2区、3区等；小区采用2位数编号，其中第一位是大区号，第二位是该大区内的小区号，如11区、12区、13区等，31区、32区、33区等，33区表示第3大区中的第3小区。

③ 分区编号应写在分区界限的右下角16mm×6mm的矩形框内，字高为4mm。

2. 比例与图幅

绘图比例通常采用1：50或1：100，个别情况下，如设备或仓库太大时，可考虑采用1：200或1：500。首页图可采用1：400或1：500的比例。必要时，可以将一张图纸上的各视图采用不同的比例，此时可将主要采用的比例注明在标题栏内，个别视图的不同比例则在视图名称的下方或右方予以注明。

图幅一般采用一号幅面，如需绘制在几张图纸上，各张图纸的幅面规格尽量相同。图幅需要加长时，可按国家标准《机械制图》的规定加以确定。

3. 视图的配置

（1）平面图 设备布置图一般以平面图为主，表明各设备在平面内的布置状况。当厂房

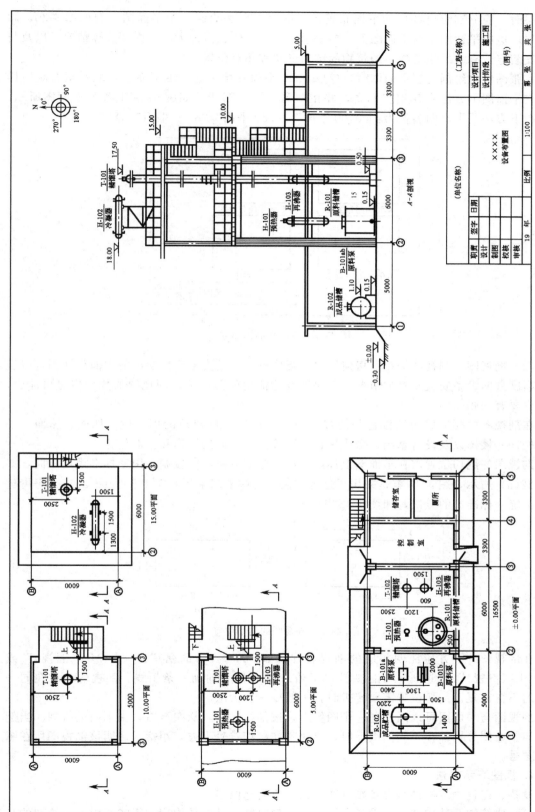

图 4-30　设备布置图

为多层时，应分别绘出各层的平面布置图，即每层厂房绘制一个平面图，例如图 4-30，画出每层厂房的平面图。在平面图上，要表示厂房的方位、占地大小、内部分隔情况，以及与设备安装定位有关的建筑物、构筑物的结构形状和相对位置。

一张图纸内绘制几层平面图时，应以 0.00 平面开始画起，由下而上，从左至右顺序排列。在平面图下方注明其相应标高，并在图名下画为粗线。如图 4-31 中各个平面图所示，各视图下方注明平面图名称为："0.00 平面""4.50 平面""8.50 平面"等。

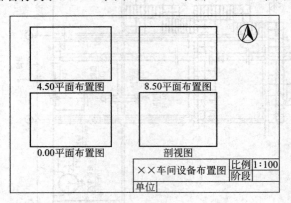

图 4-31　各层平面图布置

（2）剖视图　剖视图是在厂房建筑的适当位置上，垂直剖切后绘出的立面剖视图，以表达在高度方向设备安装布置的情况。在保证表达清楚的前提下，剖视图的数量应尽可能少，但最少要有一张。

在剖视图中要根据剖切位置和剖视方向，表达出厂房建筑的墙、柱、地面、屋面、平台、栏杆、楼梯以及设备基础、操作平台支架等高度方向的结构和相对位置。

剖视图的剖切位置需在平面图上加以标记。标记方法与机械制图国家标准规定相同，如图 4-32（a）所示，图 4-33 就是采用了这种方法。有些部门采用 GB/T 50001—2017《房屋建筑制图统一标准》的方法，如图 4-32（b）所示。

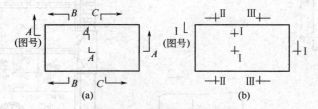

图 4-32　剖视图的剖切位置

在剖视图的下方应注明相应的剖视名称，如"A—A（剖视）"、"B—B（剖视）"或"Ⅰ—Ⅰ（剖视）"、"Ⅱ—Ⅱ（剖视）"等，在剖视名称下加画一条粗线。剖视的名称在同一套图内不得重复。剖切位置需要转折时，一般以一次为限。

剖视图与平面图可以画在同一张图纸上，按剖视顺序，从左至右，由下而上排列。当剖视图与平面图分别画在不同图纸上时，有时就在剖切符号下方，用括号注明该剖视图所在图纸的图号。

4. 视图表示方法

设备、建筑物及构件是设备布置图中的主要表达内容。

（1）建筑物及其构件　在设备布置图中，建筑物及其构件均用中粗实线画出。绘图的一些具体要求如下。

① 厂房建筑的空间大小、内部分隔，以及与设备安装定位有关的基本结构，如墙、柱、地面、楼板、平台、栏杆、楼梯、安装孔洞、地沟、地坑、吊车梁及设备基础等，在平面图和剖面图上，均应按比例采用规定的图例。

② 与设备安装定位关系不大的门窗等构件，一般只在平面图上画出它们的位置、门的开启方向等，在剖视图上则一概不予表示。

③ 在设备布置图中，对于承重墙、柱子等结构，要按建筑图要求用细点划线画出其建筑定位轴线。

（2）设备　设备布置情况是图样的主要表达内容，因此图上的设备、设备的金属支架、电机及其传动装置等，都应用粗实线或粗虚线画出。

图样绘有两个以上剖视图时，设备在各剖视图上一般只应出现一次，无特殊必要不予重复画出。位于室外而又与厂房不连接的设备及其支架等，一般只在底层平面图上加以表示。

剖视图中设备的钢筋混凝土基础与设备外形轮廓组合在一起时，往往将其与设备一起画成粗线，如图 4-33 主视图所示。

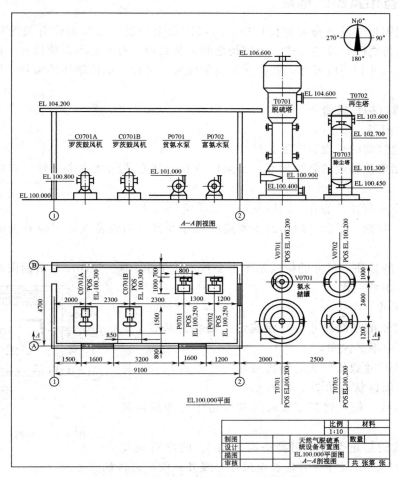

图 4-33　剖视图剖切位置的标记方法示例

穿过楼层的设备，在相应的平面图上，可按图 4-34 所示的剖视图表示。图中楼板孔洞不必画出阴影部分。

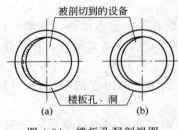

被剖切到的设备

楼板孔、洞

(a)　　(b)

图 4-34　楼板孔洞剖视图

定型设备和非定型设备的规定画法如下。

① 定型设备。一般用粗实线按比例画出其外形轮廓。对于小型通用设备，如泵、压缩机、风机等，若有多台，且其位号、管口方位与支承方位完全相同时，可只画出一台，其余只用粗实线画出其基础的矩形轮廓。也可在矩形中相应部位上，用交叉粗实线示意地表达电机的安装位置，如图 4-30 底层平面（±0.00 平面）图中 B-101a 所示。车间中的起重运输设备，如吊车等，也需按规定图例示意画出。

② 非定型设备。用粗实线按比例画出能表示设备外形特征的轮廓。被遮盖的设备轮廓一般不予画出，如需表示可用粗虚线（或虚线）表示。在施工图设计中，应在图上画出足以表示设备安装方位特征的管口，管口可用单线表示，以中粗实线绘制，如图 4-33 所示。另绘管口方位图的设备，管口方位在设备外形图上可省略不画。

三、设备布置图的标注

设备布置图是供设备布置定位用的，所以图面上与设备布置定位有关的建筑物、构筑物，设备与设备之间，设备与建、构筑物之间，都必须具有充分的定位尺寸，即具有水平面内的纵横双向尺寸和高度尺寸，并标注设备的位号、名称、定位轴线的编号，以及注写必要的说明。

1. 厂房建（构）筑物

（1）尺寸内容

① 厂房建筑物的长度、宽度总尺寸。

② 柱、墙定位轴线的间距尺寸，必须注意和土建专业图纸完全一致，以免给施工安装造成困难。

③ 为设备安装预留的孔、洞以及沟、坑等定位尺寸。

④ 地面、楼板、平台、屋面的主要高度尺寸及其他与设备安装定位有关的建筑结构构件的高度尺寸。

（2）尺寸的标注　尺寸的标注基本上要按 GB/T 50104—2010《建筑制图标准》规定的方法，与建筑图纸一致。

① 平面尺寸

a. 厂房建筑的平面尺寸应以建筑定位轴线为基准，单位用 mm，图中不必注明。

b. 因总体尺寸数值较大，精度要求并不很高，可以将尺寸标注成封闭链状，如图 4-35 所示。

c. 尺寸界线一般是建筑定位轴线和设备中心线的延长部分。

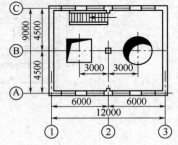

图 4-35　平面尺寸的注法

d. 尺寸线的起止点可不用箭头而采用 45°的细斜短线表示，此时最外侧的尺寸线需延长至尺寸界线外一段距离，如图 4-36 所示。

e. 尺寸数字应尽量标注在尺寸线上方的中间，当尺寸界线距离较近没有位置注写数字时，可按图 4-36 所示的形式进行标注。

② 标高尺寸

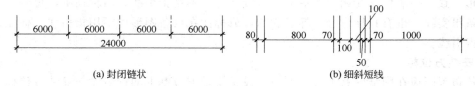

图 4-36 尺寸标注

a. 一般以主厂房室内地面为基准，作为零点进行标注，单位用 m，数值一般取小数点后两位，单位在图中不必注明。

b. 标高符号一般采用图 4-37(a) 所示的形式，符号以细实线绘制。如标注部位狭窄，则可采用图 4-37(b) 的形式，高度 h 根据实际要求决定，水平线长度 L 应以注写数字所占地位的长度为准。如进行一连串的标高时可采用图 4-37(c) 的形式。

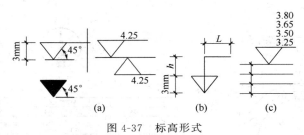

图 4-37 标高形式

c. 零点标高标成"±0.00"，高于零点的标高，其数字前一般不加注"＋"号；低于零的标高，其数字前必须加注"－"号。

d. 平面图上出现不同于图形下方所注标高的平面时，如地沟、地坑、操作台等，应在相应部位上分别注明其标高。

(3) 建筑定位轴线的标注 设备布置图中的建筑定位轴线，编号时应与建筑图中的定位轴线编号一致，如图 4-35 所示。标注方法是在图形与尺寸线之外的明显地位，于各轴线的端部画出直径为 8~10mm 的细线圆，使成水平或垂直方向排列。在水平方向则以自左至右的顺序注以 1、2、3 等相应编号，在垂直方向则以自下而上的顺序注以 A、B、C 等相应编号，字母不够用时，可增加 A_A、A_B、B_A、B_B 等。两轴线间需附加轴线时，编号可用分数表示。分母表示前一轴线的编号，分子表示附加轴线，用阿拉伯数字顺序编写。如"1/3"表示 3 号轴线以后附加的第一根钢线，"1/B"表示 B 号轴线以后附加的第一根轴线。

2. 设备

(1) 尺寸标注 图上一般不注出设备定形尺寸而只标注其安装定位尺寸。

① 平面定位尺寸。应标注设备与建（构）筑物、设备与设备之间的定位尺寸。设备在平面图上的定位尺寸一般以建筑定位轴线为基准，注出其与设备中心线或设备支座中心线的距离。悬挂于墙上或柱子上的设备，应以墙的内壁或外壁、柱子的边为基准标注定位尺寸。

当某一设备已采用建筑定位轴线为基准标注定位尺寸后，邻近设备可依次用已标出定位尺寸的设备中心线为基准来标注定位尺寸。

② 高度方向定位尺寸。设备在高度方向的位置，一般是以标注设备的基础面或设备中心线（卧式设备）的标高来确定。必要时也可标注设备的支架、挂架、吊架、法兰面或主要管口中心线、设备最高点（塔器）等的标高。

(2) 名称与位号的标注 设备名称和位号在平面图和剖视图上都需标注，而且应与工艺流程图相一致。一般标注在相应图形的上方或下方，不用指引线，名称在下，位号在上，中间画一条粗实线。也有只标位号不标名称的，或标注在设备图形内不用指引线，标注在图形之外用指引线。

3. 安装方位标

设备布置图应在图纸的右上方绘制一个设备安装方位基准的符号——安装方位标。符号以粗实线画出直径分别为 14mm 的圆圈和 20mm 长的水平、垂直两条直线，并分别注以 0°、90°、180°、270°等字样。安装方位标可由各主项（车间或工段）设计自行规定一个方位基准，一般均采用北向或接近北向的建筑轴线为零度方位基准（即所谓建筑北向）。该方位基准一经确定，设计项目中所有必须表示方位的图样（如管口方位图、管段图等）均应统一，如图 4-38 中右上角所示。

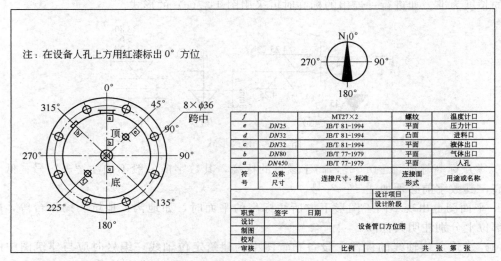

图 4-38　安装方位标

4. 设备一览表

设备布置图可以将设备的位号、名称、规格、设备图号或标准号等在图纸上列表注明，如表 4-2 所示。也可不在图上列表，而在设计文件中附设备一览表。

表 4-2　设备一览表

流程号	设备名称	规格	设备荷重/kg		装卸方法	支承形式	备注
			设备重量	物料重量			
1							
2							
...							

四、不同设计阶段的设备布置图

在初步设计和施工图设计阶段中，都要绘制设备布置图。但两者的设计深度和表达要求有所不同。

1. 初步设计设备布置图

初步设计阶段的设备布置图，主要是反映车间布置的总体情况，供有关部门讨论审查用，并作为进一步设计的依据。它与施工图设计设备布置图的主要区别是设备外形表达可以较简单，设备的安装方位不表示（未确定），设备管口等一律不予画出。因此，不能用作施工安装指导。它一般以平面图和立面图表示设备的大致布置情况，说明设备布置对厂房建筑的要求。图面上的表达方式也可以在一定程度上从简。例如厂房建筑一般只表示对基本结构的要求，设备安装孔洞、操作平台等有待进一步设计，因此可以不画，或者简单地表示。

2. 施工设计设备布置图

施工设计设备布置图是设备安装就位的依据，要求准确表达全部设备、构筑物的平面和空间定位尺寸。它与初步设计设备布置图的主要区别是，清楚表达设备的安装方位和管口方位。图纸内容更详细、完善和准确，能完全用于指导车间设备的施工安装。因此，需要采用一组平面和立面剖视图来表达施工图设计时所确定的设备，构筑物的施工安装位置。对所有设备和构筑物，都要清楚准确地绘出其外形及特征。有些设备的主要管口需要画出，再配合必要的管口方位图，从而就完全确定了设备的安装方位。厂房建筑图则进一步画出了与设备安装定位有关的孔、洞、操作平台等建筑物、构筑物以及厂房建筑的基本结构。平面图上需绘制安装方位标。

五、设备布置图的绘制步骤

（1）考虑设备布置图的视图配置。

（2）选定绘图比例。施工图设计阶段的设备布置图采用的比例一般都大于初步设计阶段的设备布置图。

（3）确定图纸幅面。

（4）绘制平面图。在设备布置图中，平面图是主要的，因此要先绘制平面图，再从底层平面起逐个绘制。由于设备定位的参照系主要取自建筑物，所以在平面图上，首先画建筑物。具体步骤如下。

① 画建筑定位轴线。

② 画与设备安装布置有关的厂房建筑基本结构。

③ 按照定位尺寸，画设备中心线。

④ 画设备、支架、基础、操作平台等的轮廓形状。

⑤ 标注尺寸。

⑥ 标注定位轴线编号及设备位号、名称。

⑦ 图上如果分区，还需要画分区界限线并作标注。

（5）绘制剖视图。步骤与绘制平面图大致相同，逐个画出各剖视图。

（6）绘制方位标。

（7）编制设备一览表，注写有关说明，填写标题栏。

（8）检查、校核、完成图样。

思 考 题

1. 简述建筑物的组成构件及各构件的作用。

2. 简述车间布置的原则。

3. 简述设备布置的各安全距离，并总结其规律。
4. 叙述车间设备布置的发展趋势。
5. 简单总结塔的布置要求。
6. 简单总结泵的布置要求。
7. 简述绘制设备布置图的分区原则。
8. 试绘制安装方位标。
9. 简述设备布置图的绘制步骤。

第五章
管道设计与布置

【学习目标】

通过本章学习，使学生了解管道设计与布置的内容和要求，管道材质的选取、管道的防腐及典型设备的布置等内容。掌握管路基础知识，掌握管道直径、管道压降和管道热补偿的计算，管路布置图的绘制要求、绘制步骤和读图方法。

管道是化工生产中不可缺少的组成部分，用来输送各种流体连接各种设备。在化工厂中，输送各种流体的管道有的总长可达几千米，甚至几百千米以上，管路性能的好坏直接影响化工生产的安全和效率。所以化工管路设计是一项非常重要的工作。正确而合理的管路设计，对减少工程投资、节约钢材，方便安装、操作和维修，保证安全生产以及车间的整体美观都起着十分重要的作用。据有关资料统计，管道布置设计工作量约占化工工艺设计工作总量的 40％，由此可见管道设计在总设计中的地位，做好管道设计对化工工艺设计具有十分重要的意义。

第一节　管道设计与布置的内容

管道设计与布置的内容主要包括管道的设计计算和管道的布置设计两部分内容。管道的设计计算包括管径计算、管道保温层计算、管道应力分析与计算、热补偿计算等内容，管道布置设计主要内容包括设计绘制表示管道在空间位置的连接、阀件及控制仪表安装情况的图样。具体内容如下。

(1) 确定管径　根据输送介质的化学性质、流动状态、温度、压力等因素选择管道的材料，并根据输送介质的流量和流速，确定合适的管径。

(2) 确定管壁厚度　根据输送介质的压力及所选择的管道材料，确定管壁厚度。

(3) 确定管道连接方式　管道与管道间，管道与设备间，管道与阀门间，设备与阀门间都存在着连接的方法问题。可根据管材、管径，介质的压力、性质、用途、设备或管道的使用检修状态，确定连接方式。

(4) 选择阀门和管件　介质在管内输送过程中，有分支、汇合、转弯、变速等情况，为了保证工艺的要求和安全，还需要各种类型的管件和阀门。根据设备布置情况及工艺、安全的要求，选择合适的管件和阀门。

(5) 选择管道的热补偿器　管道在安装和使用时往往存在温差，为了消除热应力，需要选择合适的热补偿器。

（6）绝热形式、绝热层厚度及保温材料的选择　根据管道输送介质的特性及工艺要求，选定绝热的方式，然后根据介质温度及周围环境状况，确定管壁的绝热层厚度。

（7）管道布置　首先根据生产流程，介质的性质和流向，相关设备的位置、环境、操作、安装、检修等情况，确定管道的敷设方式、管件距离、管与墙的距离等内容。

（8）计算管道的阻力损失　校核检查泵的选择、管道的选择等前述步骤是否正确合理。

（9）选择管架及固定方式　根据管道本身的长度、介质温度、工作压力、线膨胀系数、投入运行后的工作状态以及管道的根数、车间的梁柱、墙壁、楼板等土木建筑结构，选择合适的管架及固定方式。

（10）确定管架跨度　根据管道材质、输送的介质、管道的固定情况及所配管件等因素，计算管道的垂直荷重和所受的水平推力，然后根据强度条件或刚度条件确定管架的跨度。

（11）选定管道固定用具　根据管架类型，管道固定方式，选择管架附件。

（12）绘制管道布置图　包括平、剖面配管图，管道轴测图、管架图和管件图等。

（13）绘制管材、管件、阀门、管架及绝热材料的材料表及综合汇总表。

（14）选择管道的防腐蚀措施　选择合适的表面处理方法、涂料及涂层顺序，编制材料及工程量表。

（15）编写施工说明书　施工说明书包括施工中应注意的问题，各种介质的管子、附件的材料，各种管道的坡度、保温、油漆等要求，安装时采用的不同种类的管件、管架的标准，以及施工中所必须遵循的规范。

第二节　管路基础知识

一、管道材质的分类和用途

管道的材质有两大类，一类是金属类，另一类是非金属类。

1. 金属类管道材质的分类和用途

（1）铸铁管　铸铁管是化工管路中常用的管道之一。由于脆性和紧密性较差，只适用于输送低压介质，不宜用于输送高温高压、有毒性或有爆炸性的物料和蒸汽。在化工生产中一般用作地下给水管、煤气总管和下水管道以及污水管道。

（2）钢管　钢管可分为有缝钢管和无缝钢管两种。

① 有缝钢管。有缝钢管由碳钢板卷焊制成，它们强度低，可靠性差，使用压力小于1.0MPa（表压），只能用于输送压力较低和危险性小的介质。如上下水管、采暖系统、输送水、蒸汽、煤气、压缩空气和腐蚀性流体。

② 无缝钢管。无缝钢管由普通碳钢、优质碳素钢、普通低合金结构钢和合金结构钢等的管坯热轧和冷轧而成，其优点是质量均匀、强度高。常用于高压、高温或易燃、易爆和有毒物料的输送。它们在化学工业中应用最广泛。

（3）有色金属管　最常用的是铜、铝和铝合金管，它们都是无缝管。

① 铜管与黄铜管。铜管与黄铜管的传热效果好，因此，大部分用于换热设备和深冷装置的管路、仪表的测压管，以及传送有压力的流体。但当温度大于250℃时，不宜在压力下使用。

② 铝管。铝管常用于输送浓硝酸、醋酸、硫化氢及二氧化碳等介质，也常用于换热器。但铝管不耐碱，不能用于输送碱液，特别是含氯离子的物料。由于铝管的机械强度较低，而且随着温度升高而显著降低，所以，铝管的最高使用温度不能超过200℃。对于受压的管

路，使用温度不能超过 160℃。

③ 铅管。铅管常用作输送酸性介质的管路，能输送 0.5%～15% 的硫酸、60% 的氢氟酸、浓度低于 80% 的醋酸等介质。但不宜输送硝酸、次氯酸等介质。铅管的最高使用温度为 200℃，但当使用温度大于 140℃ 时，不宜在压力下使用。

2. 非金属类管道材质的分类和用途

非金属管包括陶瓷管、玻璃管、不透性石墨管、硬（软）PVC、聚四氟乙烯、耐酸酚醛等塑料管和橡胶管。

（1）塑料管　塑料管在化工生产中被广泛使用。塑料管的品种较多，其优点是抗腐蚀性能好、重量轻、成型方便、加工容易；缺点是强度低、耐热性差。但随着性能上的不断改进，在很多方面将取代金属管。目前最常用的塑料管有聚氯乙烯管、聚乙烯管，以及在金属表面喷涂聚丙烯、聚三氟氯乙烯的管等。

（2）玻璃管　玻璃管具有耐腐蚀、透明、易于清洗、阻力小、价格低等优点；其缺点是性脆、耐压低。因此，在化工生产中主要用作输送常压介质的管道，以及在一些检测或实验性的工作中使用。

二、管道材料的选择

常用管道材质的选择主要是根据工艺要求，如输送介质的温度、压力、性质（酸性、碱性、毒性、腐蚀性和可燃性等）、货源和价格等因素综合考虑决定。常用管子材料如表 5-1 所示。

（1）温度　每种材料都有一定的耐温范围。合金钢可在高于 350℃ 下使用，如 1Cr18Ni9Ti 可用于 650℃；当使用温度在 -40～350℃ 范围时可用碳钢，当使用温度在 -196～-40℃ 范围时可用耐低温的合金钢、铜、铝及铝镁合金。

（2）压力　每种材料不仅有一定的耐温范围，也有一定的耐压范围。当压力低于 9.8MPa（表压）时可用碳钢，压力在 9.8～31.4MPa（表压）范围时可用碳钢或低合金钢，当压力大于 31.4MPa（表压）可用高强度合金钢。不同规格无缝碳钢管与允许工作压力的关系列于表 5-2。

（3）介质性质　对强腐蚀物料，常用耐酸不锈钢，如 1Cr18Ni9Ti 等，但它们价格较贵，应尽量用其他钢种。特别要注意的是不锈钢并不能耐任何介质的腐蚀，1Cr18Ni9Ti 对盐酸就完全不耐腐蚀，而许多非金属材料却有很强的耐腐蚀性。

三、公称直径与公称压力

1. 公称直径

为了简化管道直径规格和统一管道器材元件连接尺寸，对管道直径分级进行了标准化，引入了公称直径的概念。凡是能够实现连接的管子与法兰、管子与管件或管子与阀门就规定这两个连接件具有相同的公称直径，并以 DN 表示。公称直径的单位为 mm。

公称直径既不是管子的内径也不是管子的外径，而是管子的名义直径。它与管子的实际内径相近，但不一定相等。凡是同一公称直径的管子，外径必定相同，而内径则因壁厚不同而异。对于同一标准，且公称压力和公称直径相同的管子、法兰具有相同的连接尺寸。

对于法兰和阀门，其公称直径是指与它们相配的管子的公称直径。

2. 公称压力

管道及管件的公称压力是指与其机械强度有关的设计给定压力，它一般表示管道及管件

表 5-1　常用管子材料表

管子名称	标准号	管子规格/mm	常用材料	温度范围/℃	主要用途
铸铁管	GB/T 9439—2010	DN50～250	HT150,HT200,HT250	≤250	低压输送酸碱液体
中、低压用无缝钢管	GB/T 8163—2008	DN10～500	20、10	−20～475	输送各种流体
			16Mn	−20～475	
			09MnV	−70～200	
裂化用钢管	GB 9948—2013	DN10～500	12CrMo	≤540	用于炉管、热交换器管、管道
			15CrMo	≤560	
			1Cr2Mo	≤580	
			1Cr5Mo	≤600	
中、低压锅炉用无缝钢管	GB 3087—2008	外径 22～108	20、10	≤450	锅炉用过热蒸汽管、沸水管
高压无缝钢管	GB 6479—2013	外径 15～273	20G	−20～200	化肥生产用于输送合成氨原料气、氨、甲醇、尿素等
			16Mn	−40～200	
			10MoWVNb	−20～400	
			15CrMo	≤560	
			12Cr2Mo	≤580	
			1Cr5Mo	≤600	
不锈钢无缝钢管	GB/T 14976—2012	外径 6～159	0Cr13,1Cr13	0～400	输送强腐蚀性介质
			1Cr18Ni9Ti	−196～700	
			0Cr18Ni12Mo2Ti	−196～700	
低压流体输送用焊接钢管	GB/T 3091—2015	DN10～65	Q215A	0～140	输送水、压缩空气、煤气、蒸汽、冷凝水、采暖
			Q215AF,Q235AF		
			Q235A		
螺旋缝埋弧焊钢管	SY 5037—2000	DN200	Q235AF,Q235A	0～300	输送蒸汽、水、空气、油、油气
			16Mn	−20～450	
钢板卷管	自制加工	DN200～1800	Q235A	0～300	
			10、20	−40～450	
			20G	−40～470	
黄铜管	GB/T 1527—2017	外径 5～100	H62,H63(黄铜)HPb59-1	≤250(受压时,≤200)	用于机器和真空设备管道
铝和铝合金管	GB/T 6893—2010GB/T 4437.1—2015GB/T 4437.2—2017	外径 18～120	L2,L3,L4LF2,LF3,LF21	≤200(受压时,≤150)	输送脂肪酸、硫化氢等
铅和铅合金管	GB/T 1472—2014	外径 20～118	Pb3,PbSb4,PbSb6	≤200(受压时,≤140)	耐酸管道
玻璃钢管	HG/T 21633—1991	DN50～600			输送腐蚀性介质
增强聚丙烯管	GB/T 4291—2017	DN17～500	PP	120(压力<1.0MPa)	
硬聚氯乙烯管	GB/T 4219.1—2008GB/T 4219.2—2015	DN10～280	PVC		
聚四氟乙烯管	QB/T 4877—2015	DN0.5～25	聚四氟乙烯		
高压排水胶管		DN76～203	橡胶		

表 5-2　常用无缝钢管外径、壁厚、允许工作压力及单位质量

公称直径/mm	外径/mm	壁厚/mm	允许工作压力[1]/MPa	单位质量/(kg/m)	公称直径/mm	外径/mm	壁厚/mm	允许工作压力[1]/MPa	单位质量/(kg/m)
10	14	3	10.0	0.81	65	76	4	4.0	7.10
15	18	3	10.0	1.11	80	89	4	4.0	8.38
20	25	3	6.0	1.63	100	108	4	2.5	10.2
25	32	3.5	8.0	2.46	125	133	4	2.5	12.7
32	38	3.5	6.0	2.98	150	159	4.5	2.5	17.1
40	45	3.5	6.0	3.58	200	219	6	2.5	31.5
50	57	3.5	4.0	4.62	250	273	8	4.0	52.2

① 指 20 号钢在≤300℃下的工作压力。

在规定温度下的最大允许工作压力。公称压力单位为 MPa，用 PN 表示。一般分为低、中、高三个等级，再具体分了 12 个等级，如表 5-3 所示。

表 5-3　公称压力等级

公称压力 PN/MPa		
高　压	中　压	低　压
10.0　16.0　20.0　25.0　30.0	2.5　4.0　6.4	0.25　0.6　1.0　1.6

四、管道连接

管道连接的方法很多，下面重点介绍几种常见的管道连接方法。

1. 焊接

焊接是化工厂中应用最广的一种管路连接方式。特点是成本低、方便可靠，特别适用于直径大的长管路连接，但拆装不便。凡是不需要拆装的地方，都应尽量采用焊接。所有压力管道，如煤气、蒸汽、空气、真空等管道尽量采用焊接。管径大于 32mm、厚度在 4mm 以上的采用焊接，管径在 32mm 以下、厚度在 3.5mm 以下的采用气焊。

2. 法兰连接

法兰连接是化工厂中应用极广的一种连接方式。特点是强度高、装拆方便、密封可靠，适用于大管径、密封性要求高的管子连接，如真空管等，但费用较高。

3. 螺纹连接

螺纹连接是一种常用的管道连接方法。一般用于管径≤50mm（室内明敷上水管可采用≤150mm）、工作压力低于 980kPa 以及介质温度≤100℃的焊接钢管、镀锌焊接钢管、硬聚氯乙烯塑料管与管道、管件、阀门相连接。特点是结构简单、拆装方便；但连接的可靠性差，容易在螺纹连接处发生渗漏。在化工厂中，通常用于上、下水，压缩气体管路的连接，不宜用于易燃、易爆、有毒介质的管路连接。

4. 承插连接

承插连接适用于埋地或沿墙敷设的给排水管，如铸铁管、陶瓷管和石棉水泥管。工作压力≤0.3MPa，介质温度≤60℃。

五、管道的保温

1. 绝热的作用

为了防止生产过程中设备和管道向周围环境散发或吸收热量而进行的绝热工程，称为绝

热，绝热是保温与保冷的统称。为了节约能源，绝热在生产和建设过程中已成为不可缺少的一项工程。绝热在生产中的作用如下。

利用绝热可以减少设备、管道及其附件的热（冷）量损失；对高温管道或设备绝热可以防止烫伤和减少热量散发到操作区，保证操作人员安全，改善劳动条件；在远距离输送介质时，利用绝热来减少热量损失，以满足生产上所需要的温度；冬季温度较低，可以利用保温来延续或防止设备、管道内液体的冻结；当设备、管道内的介质温度低于周围空气露点温度时，采用绝热可防止设备、管道的表面结露。

2. 绝热范围

具有下列情况之一的设备、管道及组成件应予以绝热。

① 外表面温度＞50℃，以及虽然外表面温度≤50℃，但工艺需要保温的设备和管道。

② 介质凝固点或冰点高于环境温度（指年平均温度）的设备和管道。

③ 制冷系统中的冷设备、冷管道及其附件，需要减少冷介质及载冷介质的冷损失。须防止低温管道外壁表面结露。

④ 因外界温度影响而产生冷凝液使管道腐蚀的情况。

⑤ 因为温度的变化，物料会产生结晶或者是相变化的情况。

3. 绝热结构

绝热结构是保温结构和保冷结构的统称。为减少散热损失，在设备或管道表面上覆盖的绝热材料，以绝热层和保护层为主体及其支撑、固定的附件构成的统一体，称为绝热结构。

（1）绝热层 绝热层是利用保温材料优良的绝热性能，增加热阻，从而达到减少散热的目的。绝热层是绝热结构的主要组成部分。绝热层材料要求具有密度小、机械强度大、热导率小、化学性能稳定，对设备及管道没有腐蚀以及能长期在工作温度下运行等性能。常用绝热层材料性能见表 5-4。

表 5-4 常用绝热层材料的性能

材料名称	密度/(kg/m³)	热导率/[W/(m·℃)]	极限使用温度/℃	最高使用温度/℃
硅酸钙制品	170～240	0.55～0.064	约 650	550
泡沫石棉	30～50	0.046～0.059	−50～500	
岩棉矿渣棉制品	60～200	0.044～0.049	−200～600	600(原棉)
玻璃棉	40～120	≤0.044	−183～400	300
普通硅酸铝纤维	100～170	0.046	约 850	
膨胀珍珠岩散料	80～250	0.053～0.075	−200～850	
硬质聚氨酯泡沫塑料	30～60	0.0275	−180～100	−65～80
酚醛泡沫塑料	30～50	0.035	−100～150	

（2）防潮层 防潮层的作用是抗蒸汽渗透，防潮、防水。

（3）保护层 保护层是利用保护层材料的强度、韧性和致密性等，以保护保温层免受外力和雨水的侵袭，从而达到延长保温层的使用年限，并使保温结构外形整洁与美观。

六、管道的防腐及管道标志

1. 管道防腐

化工管道输送的各种流体，多数是具有一定腐蚀性的物料如酸、碱，即使是输送水、蒸汽、空气、油类的管道，有时也因与其他化工管道、设备相连，或因受周围环境的影响，而产生一定的腐蚀。管道裸露在大气中，在紫外线的作用下，都会受到锈蚀或破坏，为了延长管道使用寿命，除了合理选择管道的材质外，还必须对管道采取适当的防腐措施。

对管道的防腐措施常见的有：管道内的衬里防腐、电化学防腐、使用防腐剂防腐等；对管道外的防腐使用最为广泛的是涂层防腐，而在涂层防腐中使用最多的是涂料防腐，其主要优点是防腐效果好、施工方便、费用较低。

涂层防腐的关键是选择合适的涂料和认真细致的涂刷施工。一般涂料按其所起的作用，可分为底漆和面漆，先用底漆打底，再用面漆罩面。涂料的品种很多，常用的涂料介绍如下。

（1）一般防锈漆

① 云母氧化铁酚醛底漆。它是新型的防锈漆，是以云母氧化铁为防锈颜料和油基酚醛漆料配制而成的。成品为红褐色，对钢铁表面有很强的附着力和优良的防锈能力，适合沿海和潮湿地带使用。

② 铝粉铁红酚醛醇酸防锈漆。它是新型的防锈漆，是以铝粉、氧化铁红为主要防锈颜料和酚醛或醇酸树脂漆料等配制而成的。成品为灰红色，对钢铁表面有很强的附着力和优良的防锈能力，在沿海地区已广泛使用。

③ 硼钡酚醛防锈漆和铝粉硼钡酚醛防锈漆。它是一种新型的防锈漆，是以偏硼酸钡为主的防锈颜料和酚醛树脂涂料等配制而成的。成品为灰色，对钢铁表面有很强的附着力和优良的防锈能力。

④ F53-2 灰酚醛防锈漆。防锈性较好，适用于涂刷钢铁表面。

⑤ Y53-2 铁红油性防锈漆、F53-3 铁红酚醛防锈漆。附着力很强，但防锈性和耐磨性较差。

（2）沥青漆　沥青漆具有良好的耐水、耐化学腐蚀性，在常温下能耐氧化氮、二氧化硫、氨气、酸雾、氯气、氯乙醇、低浓度的无机盐、40%以下的碱、海水、土壤、盐类溶液、酸性气体等的腐蚀，但漆膜对阳光的稳定性较差，耐热温度为 60℃。常用于管道、设备表面防止工业大气、土壤、水的腐蚀。沥青漆由于价格便宜，使用较多。

（3）生漆和漆酚树脂漆　生漆是漆树分泌的汁液，为灰黄色黏稠液体，与空气接触后变黑。附着力强，有优良的耐久性、耐酸性、耐油性、耐溶剂性、耐磨性和抗水性，但不耐强碱和强氧化剂，黏度大，粉刷不便，毒性较大，易中毒，干燥时间较长，使用温度约为 150℃。

漆酚树脂漆是生漆经脱水、缩聚后，用有机溶剂稀释而成的，为深棕色，除保持生漆的化学稳定性、耐水性、耐磨性、使用期较长等优点外，还具有干燥快、毒性小、不变质、黏度小、与钢铁附着力强和施工方便等优点。特别是在潮湿环境中耐腐蚀性能强，适用于大面积快速施工，最高使用温度约为 200℃。

（4）酚醛树脂漆和环氧树脂漆　酚醛树脂漆具有良好的电绝缘性和耐油性，能耐 60% 的硫酸、盐酸、一定浓度的醋酸和磷酸、大多数盐类和有机溶剂的腐蚀，但不耐强氧化剂（如硝酸）和碱，与金属附着力较差，用于可烘烤、有耐酸要求的管道外壁，其最高使用温度约为 120℃。环氧树脂漆具有良好的耐腐蚀性和耐磨性，与金属和非金属（除聚乙烯和聚氯乙烯等外）均有极好的附着力，但耐紫外线性能差，故不宜在室外使用，使用温度极限为 90～100℃。

（5）有机硅漆　它是极好的耐高温涂料，有良好的耐氧化性、耐水性和耐化学腐蚀性，是耐高温、防腐蚀的重要涂料，使用温度可达 500℃。

（6）无机富锌漆　它是由锌粉和水玻璃为主配制而成的，有良好的耐水、耐盐、耐干湿交替的盐雾、耐油、耐溶剂、耐热性，涂层对多种石油产品、有机溶剂有良好的稳定性，它还耐汽油、乙醇、丙酮等介质，而且施工简单、价格低廉，涂层本身不受大气条件和紫外线照射的影响，经大气中暴晒后，不仅不老化，而且更加坚固。在 400℃ 下长期使用，效果好。

根据用途对涂料的选择见表 5-5。

表 5-5　根据用途对涂料的选择

用途 ＼ 涂料种类	油性漆	酯胶漆	大漆	酚醛漆	沥青漆	醇酸漆	过氧乙烯漆	乙烯漆	环氧漆	聚氨酯漆	有机硅漆	无机富锌漆
一般防护	△	△				△						
防化工大气			△			△	△					
耐酸			△	△		△	△	△		△		
耐碱			△			△			△	△		
耐盐类				△						△		
耐溶剂			△									△
耐油			△									
耐水			△	△	△					△		
耐热											△	△
耐磨				△								
耐候性	△			△		△					△	△

2. 管道标志

在化工厂中往往把管道外壁涂上各种不同颜色的油漆。这里的油漆不仅是用来保护管道外壁不受环境腐蚀，同时也用来区别化工管道的类别，使人们一目了然地知道管道中输送的是何种介质，这就是管道的标志。目前，管道涂色标志无统一规定，一般常用的管道涂色标志如表 5-6 所示。

表 5-6　常用管道涂色标志

介质名称	涂色	管道注字名称	注字颜色	介质名称	涂色	管道注字名称	注字颜色
工业水	绿	上水	白	废弃的蒸汽冷凝液	暗红	蒸汽冷凝液(废)	黑
井水	绿	井水	白	空气(工艺用压缩空气)	深蓝	压缩空气	白
生活水	绿	生活水	白	仪表用空气	深蓝	仪表空气	白
过滤水	绿	过滤水	白	氧气	天蓝	氧气	黑
循环上水	绿	循环上水	白	氢气	深绿	氢气	红
循环下水	绿	循环下水	白	氮气(低压气)	黄色	低压氮	黑
软化水	绿	软化水	白	氮气(高压气)	黄色	高压氮	黑
清净下水	绿	净下水	白	仪表用氮	黄色	仪表用氮	黑
热循环水(上)	暗红	热水(上)	白	二氧化碳	黑	二氧化碳	黄
热循环回水	暗红	热水(回)	白	真空	白	真空	天蓝
消防水	绿	消防水	红	氨气	黄	氨气	黑
消防泡沫	红	消防泡沫	白	液氨	黄	液氨	黑
冷冻水(上)	淡绿	冷冻水	红	氨水	黄	氨水	绿
冷冻回水	淡绿	冷冻回水	红	氯气	草绿	氯气	白
冷冻盐水(上)	淡绿	冷冻盐水	红	液氯	草绿	液氯	白
冷冻盐水(回)	淡绿	冷冻盐水	红	纯碱	粉红	纯碱	白
低压蒸汽(绝) <1.3MPa	红	低压蒸汽	白	烧碱	深蓝	烧碱	白
中压蒸汽(绝) 1.3~4.0MPa	红	中压蒸汽	白	盐酸	灰	盐酸	黄
高压蒸汽(绝) 4.0~12.0MPa	红	高压蒸汽	白	硫酸	红	硫酸	白
过热蒸汽	暗红	过热蒸汽	白	硝酸	管本色	硝酸	蓝
蒸汽回水冷凝液	暗红	蒸汽冷凝液(回)	绿	醋酸	管本色	醋酸	绿
				煤气等可燃气体	紫色	煤气(可燃气体)	白
				可燃液体(油类)	银白	油类(可燃液体)	黑
				物料管道		(按管道介质注字)	黄

第三节　管路附件

一、常用管件

在管路中改变走向、改变管径以及由主管上引出支管等均需用管件。由于管路形状各异、简繁不等，因此管件的种类较多。常用管件如图5-1所示。

45° 弯头　　90° 弯头　　30° 弯头　　180° 弯头

正三通　　顺水三通　　正四通　　正五通　　斜异径三通

管箍　　外丝　　活接头　　异径管　　补心　　丝堵　　法兰

图 5-1　常用管件

在化工管路上，最常用的管件可分为如下几种。

1. 连接管件

（1）管节（也叫轴节或内牙管和外牙管）　即螺丝在里边的称内牙管，螺丝在外边的称外牙管，一般用于小口径的管道连接。外牙管短，一般称螺纹短节，连接阀门、弯头和三通，可使管道内径缩小。内牙管常称管接头，代替焊接和法兰，可将管道接长。

（2）活管节　多用于需要经常拆卸的管道连接，也称"活接头"。

（3）管堵　用于需要经常检修和具有特殊用途的管道堵塞。

（4）大小头　也叫异径管，用于改变管道直径。

（5）内外丝　也称内外螺纹管接头，是连接异径管的一个简便的管件。

2. 导流管件

主要用于改变流体方向，通常将其统称为弯头。如45°、90°弯头，还有其他角度的弯头和回弯头。大口径管道还可以焊接"虾米弯"，即按需要焊接弯头的角度。根据管径的变化与否，有不同尺寸的异径弯头。

3. 分合流管件

主要作用是将流体分成几条流向或合并流体为同一流向，如三通、四通，异径三通、四通等。

4. 管道附件

附属于管道上的各种物件如防雨帽、视镜、阻火器、过滤器、漏斗、汽水混合器、取样口、取样冷却器、阀门伸长杆等。

二、常用阀门

1. 阀门的分类

阀门是化工厂管道系统的重要组成部件。其主要功能是接通和截断介质，防止介质倒流，调节介质压力、流量，分离、混合和分配介质，防止介质压力超过规定数值，以保证管道或设备安全运行等。阀门投资约占装置配管费用的 30％～50％。

通常使用的阀门种类很多，即使同一结构的阀门，由于使用场所不同，可有高温阀、低温阀、高压阀和低压阀之分；也可按材料的不同而分为铸钢阀、铸铁阀、不锈钢阀等。

阀门的分类如表 5-7 所示。

表 5-7 阀门的分类

按材质分类	按用途分类	按结构分类		按特殊要求分类
青铜阀	一般配管用	闸阀	楔式 单闸板	电动阀
铸铁阀	水通用		楔式 双闸板	电磁阀
铸钢阀	石油炼制、化工专用		弹性闸板	液压阀
锻钢阀	一般化学用		平行滑动阀	汽缸阀
不锈钢阀	发电厂用		塞阀	遥控阀
特殊钢阀	蒸汽用	截止阀	基本形阀	紧急切断阀
非金属阀	船舶用		角形阀	温度调节阀
其他	其他		针形阀	压力调节阀
			棒状旋阀	液面调节阀
			节流阀	减压阀
		止回阀	升降式	安全阀
			旋启式	夹套阀
			压紧式	波纹管阀
			底阀	呼吸阀
		旋塞阀	填料式	
			润滑式	
			塞阀	
		球阀		
		蝶阀		
		隔膜阀		

2. 阀门的结构及其应用

（1）闸阀　闸阀（见图 5-2）可按阀杆上螺纹位置分为明杆式和暗杆式两类，从闸阀的结构特点又可分为楔式和平行式。

闸阀适用于蒸汽、高温油品及油气等介质及开关频繁的部位，一般不宜用于易结焦的介质。楔式单闸板闸阀适用于易结焦的高温介质。楔式中双闸板闸阀密封性好，适用于蒸汽、油品和对密封面磨损较大的介质，或开关频繁部位，不宜用于易结焦的介质。

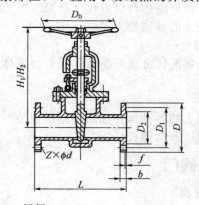

图 5-2　闸阀

(2) 截止阀 截止阀（见图 5-3）与闸阀相比，其调节性能好，密封性能差，结构简单，制造维修方便，流体阻力较大，价格便宜。适用于蒸汽等介质，不宜用于黏度大、含有颗粒、易结焦、易沉淀的介质，也不宜用作放空阀及低真空系统的阀门。

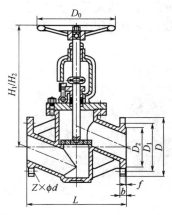

图 5-3 截止阀

(3) 节流阀 节流阀（见图 5-4）的外形尺寸小，重量轻，调节性能较盘形截止阀和针形阀好，但调解精度不高。由于流速较大，易冲蚀密封面，适用于温度较低、压力较高的介质，以及需要调节流量和压力的部位，不适用于黏度大和含有固体颗粒的介质，不宜用作隔断阀。

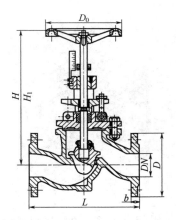

图 5-4 节流阀

(4) 止回阀 止回阀（见图 5-5）的作用是限制介质的流向，使介质不能倒流，但不能

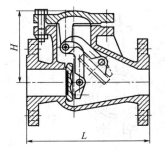

图 5-5 止回阀

防止渗漏。止回阀按结构可分为升降式和旋启式两种。

止回阀一般适用于清洁介质，不宜用于含固体颗粒和黏度较大的介质。

（5）球阀 球阀（见图5-6）是利用一个中心开孔的球体作阀芯，靠旋转球体控制阀的开启和关闭。球阀的结构简单，开关迅速，操作方便，体积小，重量轻，零部件少，流体阻力小，结构比截止阀和闸阀简单，密封面比旋塞阀易加工且不易擦伤。

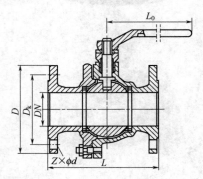

图 5-6　球阀

适用于低温、高压及黏度大的介质，不能作调节流量用，不能用于温度较高的介质。

（6）旋塞阀 旋塞阀（见图5-7）结构简单，开关迅速，操作方便，流体阻力小，零部件少，重量轻。适用于温度较低、黏度较大的介质和要求开关迅速的部位，一般不适用于蒸汽和温度较高的介质。

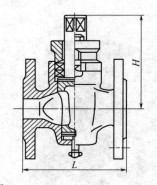

图 5-7　旋塞阀

（7）蝶阀 蝶阀（见图5-8）与相同公称压力等级的平行式闸阀比较，其尺寸小、重量轻、开闭迅速，且具有一定的调节性能，适合制成较大口径阀门。

适用于温度小于80℃、压力小于1.0MPa的原油、油品、水等介质。

（8）隔膜阀 隔膜阀（见图5-9）的启闭件是一块橡胶隔膜，夹于阀体和阀盖之间，隔膜中间突出部分固定在阀杆上，阀体内衬有橡胶，由于介质不进入阀盖内腔，因此，无需填料箱。隔膜阀结构简单，密封性能好，便于维修，流体阻力小。

适用于温度小于200℃、压力小于1.0MPa的油品、水、酸性介质和含悬浮物的介质，不适用于有机溶剂和强氧化剂

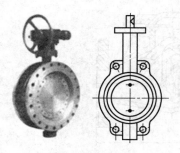

图 5-8　蝶阀

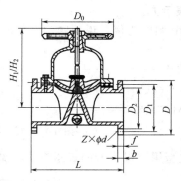

图 5-9　隔膜阀

的介质。

（9）减压阀　减压阀（见图 5-10）是使流体通过阀瓣时产生阻力，造成压力损耗，来达到降低压力的目的。常用的减压阀有波纹管式、活塞式、先导薄膜式等，活塞式减压阀不能用于液体的减压，而且流体中不能含有固体颗粒，所以减压阀前要装管道过滤器。

（10）安全阀　安全阀（见图 5-11）用在受压设备、容器或管路上，作为超压保护装置。当设备压力升高超过允许值时即自动开启使流体外泄，以防止设备压力继续升高，当压力降低到规定值时，阀门及时关闭，保证设备或管路的安全运行。

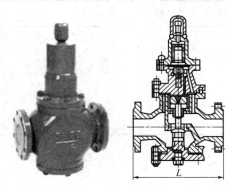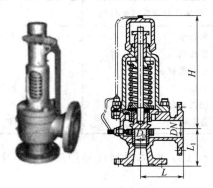

图 5-10　减压阀　　　　　　　　　　　　　图 5-11　安全阀

（11）疏水阀　疏水阀（见图 5-12）的作用是自动排除蒸汽管道和设备中不断产生的凝结水、空气及其他不可凝性气体，同时阻止蒸汽的逸出。凡是需要蒸汽加热的设备、蒸汽管道等都应装疏水阀，以保证工艺所需的温度和热量，使加热均匀，防止水击，达到节能的作用。

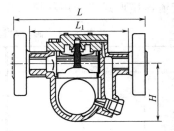

图 5-12　疏水阀

3. 阀门的表示方法

以 Z41T-10P 闸阀为例，说明阀门型号的表示方法（见图 5-13）。

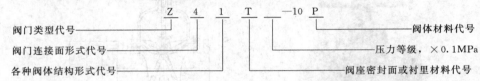

图 5-13 阀门型号的表示方法

（1）阀门类型用字母代号的表示方法，见表 5-8。

表 5-8 阀门类型代号

阀门类型	代号	阀门类型	代号	阀门类型	代号
闸阀	Z	蝶阀	D	安全阀	A
截止阀	J	隔膜阀	G	减压阀	Y
节流阀	L	旋塞阀	X	疏水阀	S
球阀	Q	止回阀和底阀	H	管夹阀	GJ

（2）阀座密封面或衬里材料用字母代号的表示方法，见表 5-9。

表 5-9 阀座密封面或衬里材料代号

阀座密封面或衬里材料	代号	阀座密封面或衬里材料	代号
铜合金	T	渗氮钢	D
软橡胶	X	硬质合金	Y
尼龙橡胶	N	衬胶	J
氟塑料	F	衬铅	Q
巴氏合金	B	搪瓷	C
合金钢	H	渗硼钢	P

（3）阀体材料代号用汉语拼音字母表示，见表 5-10。

表 5-10 阀体材料代号

阀体材料	代号	阀体材料	代号	阀体材料	代号
HT25-47	Z	H62	T	Cr18Ni9Ti	P
KT30-6	K	ZG25 Ⅱ	C	Cr18Ni12Mo2Ti	R
QT40-15	Q	Cr5Mo	I	12Cr1MoV	V

（4）阀门与管道连接形式代号用阿拉伯数字表示，见表 5-11。

表 5-11 阀门与管件连接形式代号

连接形式	代号	连接形式	代号
内螺纹	1	对夹	7
外螺纹	2	卡箍	8
法兰	4	卡套	9
焊接	6	两端不同	3

（5）阀门结构形式代号用阿拉伯数字表示，见表 5-12。

表 5-12　阀门结构形式代号

阀门名称	结构类型		代号	阀门名称	结构类型		代号
闸阀	明杆楔式	弹性用板	0	旋塞阀	填料	直通式	3
		刚性 单闸板	1			T 形三通式	4
		刚性 双闸板	2			四通式	5
	明杆平行式	刚性 单闸板	3		油封	直通式	7
		刚性 双闸板	4			T 形三通式	8
	暗杆楔式	单闸板	5	疏水阀	浮球式		1
		双闸板	6		钟形浮子式		5
截止阀和节流阀	直通式	铸造	1		双金属片式		7
	角式	铸造	2		脉冲式		8
	直流式	锻造	3		热动力式		9
	角式		4	止回阀和底阀	升降	浮球式	0
	直流式		5			多瓣式	1
	平衡直流式		6			立式	2
	平衡角式		7		旋启	单瓣式	4
球阀	浮动式	直通式	1			多瓣式	5
		L 形三通式	4			双瓣式	6
		T 形三通式	5	安全阀	弹簧封闭	带散热片全启式	0
	固定式	直通式	7			微启式	1
蝶阀	杠杆式	（铸造）	0			全启式	2
	垂直板式	（铸造）	1			扳手全启式	4
	斜板式		3		弹簧不封闭	扳手双弹簧微调式	3
隔膜阀	屋脊式	（铸造）	1			扳手微启式	
	截止式	（铸造）	3			扳手全启式	
	直流式		5			扳手微启式	
	闸板式		7			带控制机构全启式	
					脉冲式		

三、法兰、法兰盖、紧固件及垫片

1. 法兰

法兰是管道与管道，管道与设备之间的连接元件。管道法兰按与管道的连接方式分为平焊、对焊、螺纹、承插焊和松套法兰五种基本类型。法兰密封面有突面、光面、凹凸面和梯形槽面等。

管道法兰均按公称压力选用，法兰的压力-温度等级表示公称压力与在某温度下最大工作压力的关系。如果将工作压力等于公称压力时的温度定义为基准温度，不同的材料所选定的基准温度也往往不同。

管道法兰是管道系统中最广泛使用的一种可拆连接件，常用的管道法兰除螺纹法兰外，其余均为焊接法兰。

2. 法兰盖

法兰盖又称盲法兰，设备、机泵上不需接出管道的管嘴，一般用法兰盖封住，在管道上则用在管道端部，与管道上的法兰相配合作封盖用。法兰盖的公称压力和密封面形式应与该管道所选用的法兰完全一致。

3. 法兰紧固件——螺栓、螺母

法兰用螺栓、螺母的直径、长度和数量应符合法兰的要求，螺栓、螺母的种类和材质由管道等级表确定。

4. 垫片

常用的法兰垫片有非金属垫片、半金属垫片和金属垫片。

四、管路支架

管路支架的作用是用来支承、固定与约束管道的。任何管道都不是直接铺设在管架梁上，而是用支架支承或固定在支架梁上。管架需要承受管路的重量、沿管路的轴向水平推力（热推力）、设备传给管路的振动力等。因此管子的固定、支承和管架设计是管路布置设计的重要内容之一。管架已有标准设计，可以直接按照 HG/T 21629—1999《管架标准图》、HG/T 21640.1～21640.3—2000《H 型钢结构管架通用图集》选用。

1. 支架类型

按管路支架的作用一般可分为四大类型。

（1）固定支架 在不允许管路有任何位移的地方，应设固定支架。除承受管路重量外，还要承受管路的水平作用力，保证管路不能移动。固定支架应设在坚固的厂房结构或管架上，并对垂直和水平受力进行验算。

在热管路的各个补偿器（包括自然补偿器）间设置固定支架，就能按设计意图分配补偿器分担的补偿量；在设备管口附近的管路上设置固定支架，可以减少设备管口的受力。

（2）滑动支架 滑动支架只起支承作用，允许管路在水平面上有一定的位移。

（3）导向支架 用于允许轴向位移而不允许横向位移的地方，如 Π 形补偿器的两端（距离 4 倍管径处）和铸铁阀件两侧。常用的导向支架有导向管卡、导向角钢、导向板和导向管托等。

（4）弹簧吊架 当管路有垂直位移时，例如热膨胀引起的上下位移、热力管线的水平管段或垂直管到顶部弯管处，以及沿楼板下面铺设的管道，均可采用弹簧吊架。弹簧有弹性，当管道有垂直位移时仍能提供必要的支吊力。

2. 支架安装

管架一般分为室外管架与室内管架。室外管架有独立的支柱；室内管架一般不另设支柱，常采用厂房的柱子、楼板或设备的操作平台进行支承和吊挂。

对于悬臂式连接结构的支吊架，其悬臂长度一般不宜大于 800mm。对于悬臂较长的支吊架，尽量在其受力较大的方向加斜承。

第四节 管路的设计计算

一、管径及壁厚的计算

1. 最经济管径的计算

对于一定的生产任务，管道直径的选择需根据经济性权衡决定。管子直径的大小取决于所选择的流速，流速选得越大，所需管子直径越小，即购买及安装管子的投资费用越少，但输送流体的动力消耗和操作费用将增大；反之，流速选得越小，管径越大，管道的投资越大，但动力消耗可以降低。因此，选择管径时，应将管道投资费用与动力消耗同时考虑，并使二者费用之和最低，即为最经济的管径。对于长距离管道或大直径管道应选择最经济管径，对于较短及较小直径的管道，往往根据经验决定，也可以用计算式近似估算经济管径。

对于碳钢管，最经济管径计算式为：

$$D_{最佳} = 282G^{0.52}\rho^{-0.37} \tag{5-1}$$

对于不锈钢管，最经济管径计算式为：

$$D_{最佳} = 226G^{0.50}\rho^{-0.35} \tag{5-2}$$

式中　$D_{最佳}$——最经济管径，mm；

　　　G——流体质量流量，kg/s；

　　　ρ——流体密度，kg/m^3。

【**例 5-1**】　试求水在 20℃、流量为 10kg/s 时碳钢管的最经济管径。已知水的密度为 1000kg/m^3。

解　根据式(5-1)，$D_{最佳} = 282 \times 10^{0.52} \times 1000^{-0.37} = 72.5$mm，对照管子标准尺寸表，圆整为 80mm。

2. 根据流体的流速确定直径

（1）公式法　根据选定的流速，可按下式计算管子直径

$$d = \sqrt{\frac{4q_v}{\pi u}} \tag{5-3}$$

式中　d——管子内径，m；

　　　q_v——通过管道的流体体积流量，m^3/s；

　　　u——通过管道的流体的流速，m/s。

管内常用流体流速范围参考表 5-13。

（2）图表法　根据选定的流速查图 5-14，也可以确定管子直径，由此计算所得的管径值还需进行圆整，以选用符合国家标准的管子。

当直径大于 500mm，流量大于 60000m^3/h 时，可以查其他图表进行确定，详见有关手册和资料。

3. 管壁厚度的选取

一般低压管道的壁厚，可凭经验选用；较高压力管路，可按壁厚计算公式，也可按表 5-14 选择常用的壁厚，另外还要考虑材质的因素。

二、管道热补偿设计

为了防止管道热膨胀而产生的破坏作用，在管道设计中需考虑自然补偿或设置各种形式的补偿器以吸收管道的热膨胀或端点位移。除了少数管道采用波形补偿器等专业补偿器外，大多数管道的热补偿是靠自然补偿来实现的。

1. 自然补偿

管道的走向是根据具体情况呈各种弯曲形状的，利用这种自然的弯曲形状所具有的柔性以补偿其自身的热膨胀或端点位移称为自然补偿。自然补偿构造简单、运行可靠、投资少，因而被广泛应用。

（1）L 形补偿　当管道有 90°转弯时，称 L 形补偿，如图 5-15(a) 所示，计算公式为：

表 5-13　管内常用流体流速范围

介　质	条　件	流速/(m/s)	介　质	条　件	流速/(m/s)
过热蒸汽	$DN<100$	20～40	水及黏度相似液体	$p_表<0.1～0.3MPa$	0.5～2
	$DN=100～200$	30～50		$p_表<0.1MPa$	0.5～3
	$DN>200$	40～60		压力回水	0.5～2
饱和蒸汽	$DN<100$	15～30		无压回水	0.5～1.2
	$DN=100～200$	25～35		往复泵吸入管	0.5～1.5
	$DN>200$	30～40		往复泵排出管	1～2
低压气体（$p_绝<$ 0.1MPa）	$DN\leqslant100$	2～4		离心泵吸入管	1.5～2
	$DN=125～300$	4～6		离心泵排出管	1.5～3
	$DN=350～600$	6～8	油及黏度大的液体	油及相似液体	0.5～2
	$DN=700～1200$	8～12		黏度 0.05Pa·s	
气体	鼓风机吸入管 鼓风机排出管	10～15 15～20		$DN\leqslant25$	0.5～0.9
	压缩机吸入管 压缩机排出管	10～15		$DN=50$	0.7～1.0
				$DN=100$	1.0～1.6
	$p_绝<0.1MPa$	8～10		黏度 0.1Pa·s	
	$p_绝<0.1～10.0MPa$	10～20		$DN\leqslant25$	0.3～0.6
	往复真空泵 吸入管 排出管	13～16 25～30		$DN=50$	0.5～0.7
				$DN=100$	0.7～1.0
苯乙烯、氯乙烯		2		$DN=200$	1.2～1.6
乙醚、苯、二硫化碳	安全许可值	<1		黏度 1.0Pa·s	
甲醇、乙醇、汽油	安全许可值	<2～3		$DN\leqslant25$	0.1～0.2
				$DN=50$	0.16～0.25
				$DN=100$	0.25～0.35
				$DN=200$	0.35～0.55

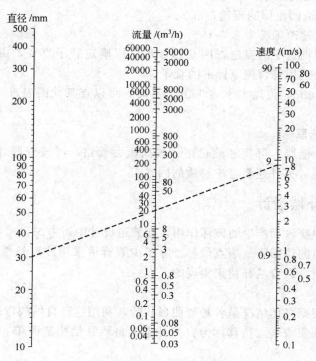

图 5-14　流速、流量、直径计算图

表 5-14　常用公称压力下的管壁厚度

公称直径 /mm	管子外径 /mm	管壁厚度/mm						
		$PN=1.6$	$PN=2.5$	$PN=4$	$PN=6.4$	$PN=10$	$PN=16$	$PN=20$
15	18	2.5	2.5	2.5	2.5	3	3	3
20	25	2.5	2.5	2.5	2.5	3	3	4
25	32	2.5	2.5	2.5	3	3.5	3.5	5
32	38	2.5	2.5	3	3	3.5	3.5	6
40	45	2.5	3	3	3.5	3.5	4.5	6
50	57	2.5	3	3.5	3.5	4.5	5	7
70	76	3	3.5	3.5	4.5	6	6	9
80	89	3.5	4	4	5	6	7	11
100	108	4	4	4	6	7	12	13
125	133	4	4	4.5	6	9	13	17
150	159	4.5	4.5	5	7	10	17	—
200	219	6	6	7	10	13	21	—
250	273	8	8	8	11	16	—	—
300	325	8	8	9	12	—	—	—
350	377	9	9	10	13	—	—	—
400	426	9	10	12	15	—	—	—

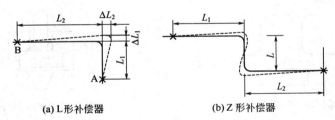

(a) L形补偿器　　　　(b) Z形补偿器

图 5-15　自然补偿器

$$L_1 = 1.1\sqrt{\frac{\Delta L_2 D_W}{300}} \tag{5-4}$$

式中　L_1——短臂长度，m；

　　　ΔL_2——长臂（L_2）的膨胀长度，mm；

　　　D_W——管子外径，mm。

　　在 L 形补偿器中，短臂固定支架的应力最大，长臂与短臂的长度越接近，其弹性越差，补偿能力也越差。

　　（2）Z 形补偿　Z 形补偿见图 5-15(b)，Z 形补偿器有两个基本计算公式：

$$\sigma = \frac{6\Delta LED_W}{L^2(1+12K)} \tag{5-5}$$

式中　σ——管子弯曲许用应力，一般取 700×10^5 Pa；

　　　ΔL——膨胀量，$\Delta L = \Delta L_1 + \Delta L_2$；

　　　E——材料的弹性模量，钢材 $E = 2.1 \times 10^{11}$ Pa；

　　　D_W——管子外径，cm；

　　　L——垂直臂长度，cm；

　　　K——短臂与垂直臂之比，$K = L_1/L$。

根据上式，可导出垂直臂长的计算公式：

$$L = \sqrt{\frac{6\Delta LED_W}{\sigma(1+12K)}}$$ (5-6)

在实际施工过程中，Z 形弯管的垂直臂长 L，往往根据实际情况确定，很少根据管道自然补偿的需要设计。因此当 L 值一定时，计算 K 值的公式为：

$$K = \frac{\Delta LED_W}{2\sigma L^2} - \frac{1}{12}$$ (5-7)

计算过程中，先假设 L_1 和 L_2 之和，以便计算出膨胀量 ΔL。得出 K 值后，再计算短臂长度，即 $L_1 = KL$。从假设的 L_1 和 L_2 之和中减去 L_1，便得出 L_2。

2. 补偿器补偿

当自然补偿不能满足要求时，可采用其他热补偿器补偿。常用的补偿器有门形和波纹形两种形式。

门形补偿器如图 5-16 所示。该补偿器耐压可靠，补偿能力大，是目前应用较广的补偿器，特别是在蒸汽管道中，采用更为普遍。

波纹形补偿器如图 5-17 所示，是用钢板压制出 1～4 个波形而成，其特点是体积小，安装方便，但耐压低，补偿能力小，远不如门形补偿器。一般用于管径大于 100mm、管长度不大于 20m 的气体或蒸汽管道。

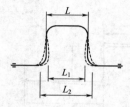

图 5-16　门形补偿器

图 5-17　波纹形补偿器

三、管道的热变形与热应力计算

管路一般是在常温下安装的，当输送高温或低温流体时，管子会产生热胀冷缩，即管路的热变形。一根自由放置的长度为 L 的管子，当温度变化 Δt 时的伸长量 ΔL 为：

$$\Delta L = L\alpha\Delta t$$ (5-8)

式中　α——管材的热膨胀系数，钢的 $\alpha = 12 \times 10^{-6}/\text{℃}$。

若限制管路的自由伸长，管壁就要产生轴向的压应力，使管子产生压缩变形，其形变量等于受到限制的那部分热伸长量。这个因热变形而产生的应力称热应力。

热应力产生的轴向推力 P 为：

$$P = \sigma A = E\alpha\Delta t A$$ (5-9)

式中　E——管材的弹性模量，钢的 $E = 2.1 \times 10^{11}\text{Pa}$；

　　　A——管子的截面积，m^2。

由上述公式可知，热应力和轴向推力与管路长度无关，所以不能因管路短而忽视这个问题。

一般使用温度低于 100℃ 和直径小于 $DN50$ 的管路可不进行热应力计算。直径大、直管段长、管壁厚的管路或大量引出支管的管路，要进行热应力计算，并采取相应的措施将其限定在许可值之内。

热力管道（直管道）可不装补偿器的最大尺寸，如表 5-15 所示。

表 5-15 热力管道可不装补偿器的最大尺寸

热水温度/℃	60	70	80	90	95	100	110	120	130	140	143	151	158	164	170	175	179
蒸汽压力/kPa							50	100	180	270	300	400	500	600	700	800	900
管长/m	65	57	50	45	42	40	37	32	30	27	27	27	25	25	24	24	24

四、管道保温层的计算

管道保温层的计算方法有多种，下面仅介绍经济厚度计算法。

保温层经济厚度是指设备、管道采用保温结构后，年热损失值与保温工程投资费的年分摊率价值之和为最小值时的保温厚度。

外径 $D_0 \leqslant 1m$（或接近 1m）的管道、圆筒形设备的绝热层厚度计算公式：

$$D_1 \ln \frac{D_1}{D_0} = 3.795 \times 10^{-3} \sqrt{\frac{P_R \lambda t (T_0 - T_a)}{P_T S}} - \frac{2\lambda}{\alpha_S} \tag{5-10}$$

$$\delta = \frac{1}{2}(D_1 - D_0) \tag{5-11}$$

式中 D_0——管道或设备外径，m；

D_1——绝热层外径，m；

P_R——能价，元/10^6kJ，保温中，$P_R = P_H$，P_H 称"热价"；

P_T——绝热材料造价，元/m³；

λ——绝热材料在平均温度下的热导率，W/(m·℃)；

α_S——绝热层（最）外表面向周围空气的传热系数，W/(m²·℃)；

t——年运行时间，h（常年运行的按 8000h 计）；

T_0——管道或设备的外表面温度，℃；

δ——管道保温的经济厚度，mm；

T_a——环境温度，运行期间的平均气温，℃；

S——绝热投资年分摊率，%。

$$S = [i(1+i)^n] / [(1+i)^n - 1] \tag{5-12}$$

式中 S——绝热投资年分摊率，%；

i——年利率（复利率），%；

n——计息年数，年。

【例 5-2】 设一架空蒸汽管道，外径 $D_0 = 108mm$，蒸汽温度 $T_0 = 200℃$，当地环境温度 $T_a = 20℃$，室外风速 $u = 3m/s$，能价 $P_R = 3.6$ 元/10^6kJ，投资计息年限数 $n = 5$ 年，年利息 $i = 10\%$（复利率），绝热材料造价 $P_T = 640$ 元/m³，选用岩棉管壳为保温材料。试计算管道需要的保温层厚度。

解 （1）热导率 λ

$$T_m = (200 + 20)/2 = 110(℃)$$

岩棉管壳密度小于 200kg/m³，根据 λ 的计算式

故：$\lambda = 0.044 + 0.00018(T_m - 70) = 0.0512[W/(m·℃)]$

（2）管子与周围空气间的传热系数 α_S

取 $\alpha_0 = 7$，$\alpha_S = (\alpha_0 + 6u^{0.5}) \times 1.163 = 20.23[W/(m·℃)]$

（3）保温工程投资偿还年分摊率 S

$$S=\frac{i(1+i)^n}{(1+i)^n-1}=\frac{0.1\times(1+0.1)^5}{(1+0.1)^5-1}=0.264$$

（4）保温层厚度 δ

$$D_1\ln\frac{D_1}{D_0}=3.795\times10^{-3}\sqrt{\frac{P_R\lambda t\ (T_0-T_a)}{P_T S}-\frac{2\lambda}{\alpha_S}}$$

$$=3.795\times10^{-3}\times\sqrt{\frac{3.6\times0.0512\times8000\times(200-20)}{640\times0.264}-\frac{2\times0.0512}{20.23}}=0.1454$$

由此可得 $D_1=214mm$，$D_0=108mm$

$$\delta=\frac{1}{2}(D_1-D_0)=\frac{1}{2}(214-108)=53(mm)$$

保温层厚度为 53mm，取 60mm。

第五节　管道布置设计

一、管道布置设计的任务

（1）确定车间中各个设备的管口方位和与之相连的管段的接口位置。
（2）确定管道的安装连接和敷设、支承方式。
（3）确定各管段（包括管道、管件、阀门及控制仪表）在空间的位置。
（4）画出管道布置图，表示出车间中所有管道在平面和立面的空间位置，作为管道安装的依据。
（5）编制管道综合材料表，包括管道、管件、阀门、型钢等的材质、规格和数量。

二、管道布置设计的依据

管道布置设计是化工工程施工图设计的主要内容之一，必须在初步设计的基础上，具备一定条件后才能进行，一般应具备以下条件。
（1）厂区总平面图。
（2）管道及仪表流程图（或称施工流程图 PID 图）。
（3）设备布置图。
（4）设备装配图，管口方位图，设备安装详图。
（5）有关配管规范、要求。
（6）厂房建筑平、立面图。
（7）工艺物料衡算和热量衡算资料。
（8）厂区地质情况（地下水位和冰冻层）及排水方向。

三、管道布置设计的基本要求

化工装置的管道布置设计应符合 HG/T 20549—1998《化工装置管道布置设计规定》和 SH 3012—2011《石油化工金属管道布置设计规范》的规定。下面仅扼要介绍一些原则性的要求。
（1）符合生产工艺流程的要求，并能满足生产的要求。
（2）便于操作管理，并能保证安全生产。

（3）便于管道的安装和维护。

（4）整齐美观，并尽量节约材料和投资。

（5）管道布置设计应符合管道及仪表流程图的要求。

化工管道布置除了符合上述要求外，还应考虑以下问题。

1. 物料因素

（1）输送有毒或有腐蚀性介质的管路，不得在人行道上空设置阀体、伸缩器、法兰等，若与其他管路并列时应在外侧或下方安装。

输送易燃、易爆介质的管路不应敷设在生活间、楼梯和走廊等处，一般应配置安全阀、防爆膜、阻火器、水封等防火防爆安全装置，并应采取可靠的接地措施；易燃易爆及有毒介质的放空管应引至室外指定地点或高出楼层面 2m 以上。

（2）冷、热流体应相互避开，不能避开时，冷管在下，热管在上，其保温层外表面的间距，上下并行时一般不应小于 0.5m。交叉排列时，不应小于 0.25m，保温材料及保温层的厚度根据规范确定。

（3）管路敷设应有坡度，以免管内或设备内积液，常见物料管道的坡度如表 5-16 所示。

表 5-16 物料管道坡度

物　料	坡　度	物　料	坡　度	物　料	坡　度
蒸汽	5/1000	真空	3/1000	压缩空气	4/1000
清水	3/1000	蒸汽冷凝水	3/1000	一般气体及易流动液体	5/1000
生产废水	1/1000	冷冻水及冷冻回水	3/1000		

（4）真空管线应尽量短，尽量减少弯头和阀门，以降低阻力，达到更高的真空度。

2. 施工、操作与维修

（1）管道应尽量集中布置在公用管架上，平行走直线，少拐弯，少交叉，不妨碍门窗开启，不妨碍设备、阀门及管件的安装维修，并列管道的阀门应尽量错开排列。

（2）支管多的管道应布置在并行管线的外侧，引出支管时，气体管道应从上方引出，液体管道应从下方引出，管道应尽量避免出现"气袋"、"口袋"和"盲肠"（如图 5-18 所示）。

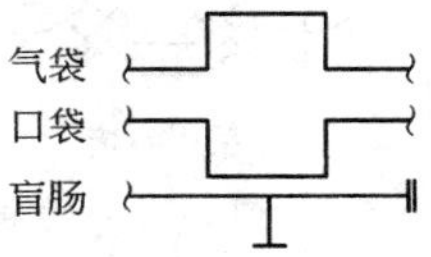

图 5-18　气袋、口袋和盲肠示意图

（3）管路应尽可能沿墙壁安装，为便于安装、检修和防止变形后挤压，管路之间、管路与墙壁之间应保持一定的距离。

（4）平行管路间最突出物间的距离不能小于 50mm，管路最突出部分距墙壁、管架边和柱边不能小于 100mm。

（5）管道穿过墙壁和楼板时，应在墙面和楼板上预埋一个直径大的套管，让管线穿过套管，防止管道移动或振动时对墙面或楼板造成损坏。套管应高出楼板、平台表面 50mm。

（6）为了安装和操作方便，管道上的阀门、仪表的布置高度可参考以下数据。

阀门（包括球阀、截止阀、闸阀）　　　　　　1.2～1.6m

安全阀　　　　　　　　　　　　　　　　　2.2m

温度计、压力计　　　　　　　　　　　　　1.4～1.6m

（7）流量元件（孔板、喷嘴及文氏管）所在的管路前后要有足够长的直管段，以保证准确测量。

（8）液面计要装在液面波动小的地方；沉筒式液面计周围要留有开关仪表盘的空间；玻璃液面计要装在操作控制时能看得见的地方。

（9）温度元件在设备与管路上的安装位置，要与流程一致并保证一定的插入深度和外部安装检修空间。

（10）各种弯管的最小弯曲半径应符合表 5-17 的规定。

表 5-17　弯管最小弯曲半径

管道设计压力/MPa	弯管制作方式	最小弯曲半径
<10.0	热弯	$3.5DN$
	冷弯	$4.0DN$
≥10.0	热弯、冷弯	$5.0DN$

3. 安全生产

（1）直接埋地或管沟中铺设的管道通过道路时应加套管加以保护。

（2）长距离输送蒸汽或其他热物料的管道，应考虑热补偿问题，如在两个固定支架之间设置补偿器和滑动支架。有隔热层的管道，在管墩、管架处应设管托。无隔热层的管道，如无要求，可不设管托。当隔热层厚度小于或等于 80mm 时，选用高为 100mm 的管托；隔热层厚度大于 80mm 时，选用高为 150mm 的管托；隔热层厚度大于 130mm 时，选用高为 200mm 的管托。保冷管道应选用保冷管托。

（3）为了避免化学腐蚀，不锈钢管不宜与普通碳钢制的管架直接接触，以免产生因电位差造成腐蚀核心，要采用胶垫隔离等措施。

（4）在人员通行处，管路底部的净高不宜小于 2.2m；通过大型检修机械或车辆时，管路底部净高不应小于 4.5m，跨越铁路上方的管路，其距轨顶的净高不应小于 5.5m。

（5）距离较近的两设备间，管路一般不应直连（设备之一未与建筑物固定或有波纹伸缩器的情况除外），一般采用 45°或 90°弯接，如图 5-19 所示。

（6）设备间的管路连接应尽可能短而直，尤其是使用合金钢的管线和工艺要求压降小的管线，如压缩机入口管线、再沸器管线以及真空管线等。

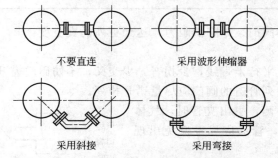

不要直连　　采用波形伸缩器

采用斜接　　采用弯接

图 5-19　距离较近两设备的管道连接

（7）为防止管路在工作中产生振动、变形及损坏，必须根据管路的具体特点，合理确定其支承与固定结构。

四、管道敷设方式

管道敷设方式可以分为地面以上架空敷设和地下敷设两大类。

1. 架空敷设

架空敷设是化工装置管道敷设的主要方式。它具有便于施工、操作、检查、维修以及较为经济的特点。管道的架空敷设主要有以下几种类型。

（1）管道成排地集中敷设在管廊、管架或管墩上。这些管道主要是连接两个或多个距离较远的设备之间的管道、进出装置的工艺管道以及公用工程管道，管廊规模大，联系的设备数量多，因此管廊宽度可以达到 10m 甚至 10m 以上，可以在管廊下方布置泵和其他设备，上方布置空气冷却器。

管墩敷设实际上是一种低的管架敷设，其特点是在管道的下方不考虑通行。这种低管架可以是混凝土构架或混凝土和钢的混合构架。

（2）管道敷设在支吊架上，这些支吊架通常生根于建筑物、构筑物以及设备外壁和设备平台上，所以这些管道总是沿着建筑物和构筑物的墙、柱、梁、基础、楼板、平台以及设备外壁敷设。沿地面敷设的管道，其支架则生根于小混凝土墩上，或放置在铺砌面上。

（3）某些特殊管道，如有色金属、玻璃、塑料等管道，由于其低的强度和高的脆性，因此在支承上要给予特别的考虑。

2. 地下敷设

地下敷设可以分为埋地敷设和管沟敷设两种。

（1）埋地敷设　埋地敷设的优点是利用了地下的空间，缺点是检查和维修困难，在车行道处有时须特别处理以承受大的载荷，低点排液不便以及易凝物料凝固在管内时处理困难等。因此只有在不能采用架空敷设时，才予以采用。

埋地敷设布置设计的原则是：①水管必须埋在当地的冰冻线以下，以免冻裂管道；当埋设陶瓷管时，因其性脆应埋在地面 0.5m 以下。②埋地管道不得在厂房下面通过，以便日后检修，确实无法避免时应设法敷设在暗沟里。③在埋地管道上需要安装阀门、管件和仪表时，应设窨井或放置于适宜的屋内，便于日后的操作、维护和检修。④埋地管道靠近或跨越埋地动力电缆时，要敷设在电缆的下面，输送热流体的管道，离电缆越远越好。⑤供消火栓用的埋地水管，总管应环状敷设，以使总管各处的压力均匀。⑥埋地管道应根据当地土壤的腐蚀情况，采用相应的防腐措施。

（2）管沟敷设　在没有聚集易燃气体或流体被冻结的危险时，可采用敞开式或加盖式的管沟敷设。管沟可分为地下式和半地下式两种，前者整个沟体包括沟盖都在地面以下，后者的沟壁和沟盖有一部分露在地面以上。管沟内通常设有支架和排水地漏，除阀井外，一般管沟不考虑人的通行。

管沟敷设布置设计的原则是：①管沟应尽量沿管道布置，以便管沟能在道路以下通过，而不改变标高。②管沟敷设的管道应支承在管架上，管道应采用相应的防腐蚀措施。③管沟的坡度应不小于 2/1000，特殊情况下可为 1/1000，在管沟的低处应设置排水口，以免管沟积水。④同时有多条管道需要布置在同一管沟时，最好采用单层平面布置，需要用多层布置时，应把经常拆卸和清除的管道布置在顶层。⑤管沟的最小宽度为 600mm，管道伸出物与沟壁间的最小净距离为 100mm，与沟底最高点的最小净距离为 50mm。⑥管沟敷设热力管道时，应考虑管道热补偿设计。

五、管架和管道的安装布置

1. 管道在管架上的平面布置原则

（1）大直径、输送液体等较重的管道应布置在靠近支柱处，这样梁和柱所受弯矩小，节约管架材料。公用工程管道布置在管架中间，支管引向上。门形补偿器应组合布置，将补偿器升高一定高度后水平地置于管道的上方，并将最热和直径大的管道放在最外边。

（2）连接管廊同侧设备的管道布置在设备同侧的外边，连接管架两侧设备的管道布置在公用工程管线的左、右两边。进出车间的原料和产品管道可根据其转向布置在右侧或左侧。

（3）当采取双层管架时，一般将公用工程管道置于上层，工艺管道置于下层。有腐蚀性介质的管道应布置在下层和外层，防止泄漏到下面管道上，也便于发现问题并进行检修。小直径管道可以支承在大直径管道上，节约管架宽度，节约材料。

（4）管架上支管上的切断阀应布置成一排，其位置应能从操作台或者管廊上的人行道上进行操作和维修。

（5）高温或者低温的管道要用管托将其从管架上升高 0.1m，以便于保温。

（6）管道支架间距要适当（见表 5-18），固定支架距离太大时，可能引起因热膨胀而产生弯曲变形，活动支架距离大时，两支架之间的管道因管道自重而产生下垂。

表 5-18　管道支架间距

公称直径/mm	固定支架最大间距/m			活动支架最大间距/m	
	门形补偿器	L形补偿器		保　温	不保温
		长边	短边		
20	—	—	—	4.0	2.0
25	30	—	—	4.5	2.0
32	35	—	—	5.5	3.0
40	45	15	2.0	6.0	3.0
50	50	18	2.5	6.5	4.0
80	60	20	3.0	6.5	6.0
100	65	24	3.5	11.0	6.5
125	70	30	5.0	12.0	7.5
150	80	30	5.0	13.0	9.0
200	90	30	6.0	15.0	12.0
250	100	30	6.0	17.0	14.0
300	115	—	—	19.0	16.0
350	135	—	—	21.0	18.0
400	145	—	—	21.0	19.0

2. 管道和管架的立面布置原则

（1）当管架下方为人行通道时，管底距路面高度要大于 2.2m；当管架下方为车行道路时，管底距路面的距离要大于 4.5m，当道路为主干道时，距路面高度要大于 6m。

（2）通常使同方向的两层管道的标高相差 1.0～1.6m，从总管上引出的支管比总管高或低 0.5～0.8m。在管道改变方向时要同时改变标高。大口径管道需要在水平面上转向时，要将它布置在管架最外侧。

（3）管架下布置机泵时，其标高应符合机泵布置时的净高要求。若操作平台下面的管道进入管道上层，则上层管道标高可根据操作平台标高来确定。

（4）装有孔板的管道宜布置在管架外侧，并尽量靠近柱子。自动调节阀可靠近柱子布置，并固定在柱子上。若管廊上层设有局部平台或人行道时，需经常操作或维修的阀门和仪表宜布置在管架上层。

第六节　典型设备的管道布置

典型设备的管道布置方案与要求详见 HG/T 20549—1998《化工装置管道布置设计规定》，下面仅作简要介绍。

一、泵的管道布置

泵的管道布置原则是保证良好的吸入条件与检修方便。

① 泵的吸入管道应尽可能短，少拐弯，并避免突然缩小管径；

② 泵的吸入管道若在水平管段上变径，需采用偏心大小头，管顶取平，以免形成"气袋"；在图 5-20 所示的五种安装方法中，每个图的左侧是错误的，右侧为正确的；

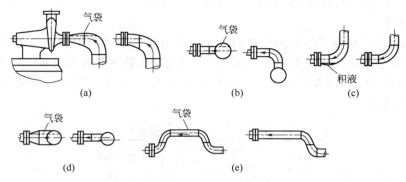

图 5-20　离心泵入口弯管和异径管的布置

③ 泵的吸入管道应避免产生积液；

④ 泵的安装标高要保证足够的吸入压头；

⑤ 尽可能将入口阀门布置在垂直管道上。

图 5-21 是离心泵的配管图，虚线表示另一种接法。在泵上方不布置管路有利于泵的检修，吸入管转弯向上（亦可转向侧面）不妨碍拆卸叶轮。

二、换热器的管道布置

1. 管口布置与流体流动方向

合适的流动方向和管口布置能简化和改善换热器管道布置的质量，节约管件，便于安装。例如图 5-22 中 (a)、(c)、(e) 是习惯流向的布置，实际上是不合理的。而 (b)、(d)、(f) 则是改变了流动方向的合理布置。(a) 改成 (b) 后简化了塔到冷凝器的大口径管道，而且节约了两个弯头和相应管道；(c) 改成 (d) 后，消除了泵吸入管道上的气袋，而且节约了四个弯头、一个排液阀和一个放空阀，缩短了管道，还改善了泵的吸入条件；

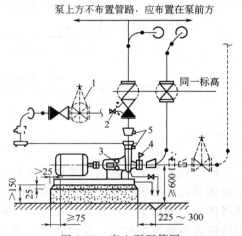

图 5-21　离心泵配管图

1—阀杆方向可水平或垂直；2—排液阀装在止回阀盖上；3—泵的密封液与冲洗液口；4—临时过滤器；5—压力表管口

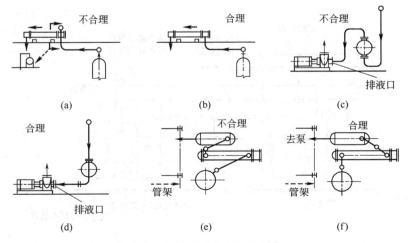

图 5-22　流体流动方向与管道布置

（e）改成（f）后缩短了管道，流体的流动方向更为合理。

2. 管道布置

（1）平面配管　换热器的平面配管如图 5-23 所示。平面布置时换热器的管箱一般正对管路，便于抽出管箱，顶盖对着管廊。配管时，首先留出换热器的两端和法兰周围的安装与维修空间（如图 5-23 中的扳手空间，摇开封头空间等），在这个空间内不能有任何障碍物（如管路、管件等）。

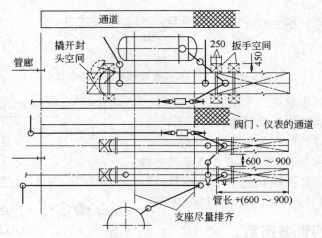

图 5-23　换热器的平面配管

配管时要力争管路短，操作、维修方便。在管廊上有转弯的管路布置在换热器的右侧，从换热器底部引出的管子也从右侧转弯向上。从管廊的总管引来的公用工程管路，布置在换热器任何一侧都不会增加管道长度。换热器与邻近设备间可用管道直接架空相连。管箱上下的连接管道要及早转弯，并设置一短弯管，便于管箱的拆卸。阀门、自动调节阀、仪表应沿操作通道并靠近换热器布置，使人能站在通道上操作。

（2）立面配管　换热器的立面配管如图 5-24 所示。管路在标高上分几个层次，每层相隔 0.5～0.8m，最低一层要满足净高要求。与管廊连接的管路标高比管廊低 0.5～0.8m，管廊下泵的出口、高度比管廊低的设备和换热器的接管也采用这个标高或再下一层。为防止凝液进入换热器，蒸汽支管应从总管上方引出，若蒸汽总管最低处装有疏水器则也可以从下方引出。

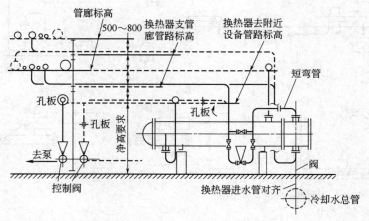

图 5-24　换热器的立面配管

换热器的接管应有合适的支架，不能让管路重量都压在换热器管口上，解决热应力也要妥善。仪表也要布置在易观测、易维修的地方。

三、容器的管道布置

1. 立式容器（包括反应器）

（1）管口方位 立式容器（反应器）管口方位不受内件的影响，完全取决于管路布置的需要。一般划分为操作区与配管区两部分，如图 5-25 所示。加料口、视镜和温度计等经常操作及观察的管口布置在操作区。人孔可布置在顶部，也可布置在筒身。排出口布置在容器底部。高大的立式容器在操作区要设置操作平台。

（2）管道布置 立式容器（包括反应器）一般成排布置，因此把操作相同的管道一起布置在容器的相应位置，可避免错误操作，比较安全。例如，两个容器成排布置时，可将管口对称布置。三个以上容器成排布置时，可将各管口布置在设备的相同位置。有搅拌装置的容器，管道不得妨碍搅拌器的拆卸和维修。

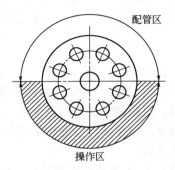

图 5-25 立式容器的管口方位

图 5-26 为立式容器的管道布置简图。其中（a）表示距离较近的两设备管道不能直连，而应采取 45°或 90°弯接。（b）表示进料管置于设备的前面，便于站在地（楼）面上进行操作。（c）出料管沿墙铺设时，设备间的距离大一些，人可进入设备间操作，离墙的距离就可小一些。（d）出料从前部引出，经过阀门后立即引入地下（走地沟或埋地铺设），设备之间的距离及设备与墙之间的距离均可小一些。（e）容器直径不大和底部离地（楼）面较高时，出料管从底部中心引出，这样布置，其管道短，占地面积小。（f）两个设备的进料管对称布置，便于人站在操作台上进行操作。

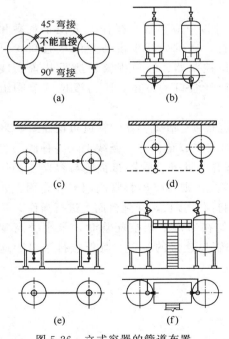

图 5-26 立式容器的管道布置

2. 卧式容器

（1）管口方位 卧式容器的管口方位见图 5-27。

① 液体和气体的进口一般布置在容器一端的顶部，液体出口一般在容器另一端的底部，蒸汽出口则在液体出口的顶部。进口也能从底部伸入，在对着管口的地方设防冲板，这种布置适合于大口径管路，有时能节约管子与管件。

② 放空管在容器一端的顶部，放净口在另一端的底部，同时使容器向放净口一边倾斜。若容器水平安装，则放净口可放在易于操作的任何位置或出料管上。如果人孔设在顶部，放空口则设在人孔盖上部。

③ 安全阀可放在顶部任何地方，最好放在有阀门的管路附近，这样可以与阀门共用平台和通道。

④ 吹扫蒸汽进口在排气口另一端的侧面，可以切线方向进入，使蒸汽在罐内回转前进。

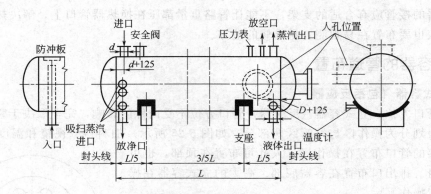

图 5-27　卧式容器的管口方位

　　⑤ 进出口分布在容器的两端，若进出料引起的液面波动不大，则液面计的位置不受限制，否则应放在容器的中部。压力表则装在顶部气相部位，在地面上或操作平台上看得见的地方。温度计装在底部的液相部位，从侧面水平插入，通常与出口在同一断面上，对着通道或平台。

　　⑥ 人孔可布置在顶部、侧面或封头中心，以侧面较为方便；但在框架上支承时占用面积大，故以布置在顶部为宜。人孔中心高出地面 3.6m 以上应设操作平台。支座以布置在离封头 $L/5$ 处为宜，可依实际情况而定。

　　⑦ 接口要靠近相连的设备，如排出口应接近泵入口。工艺、公用工程和安全阀接管尽可能组合起来，并对着管架。

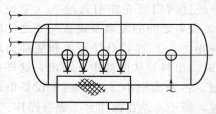

图 5-28　卧式容器的管道布置

　　⑧ 液位计接口应布置在操作人员便于观察和方便维修的位置。有时为减少设备上的接管口，可将液位计、液位控制器、液位报警等测量装置安装在联箱上。液位计管口的方位，应与液位调节阀组布置在同一侧。

　　(2) 管道布置　卧式容器的管道布置如图 5-28 所示。它的管口大多数布置在一条线上，各种阀门也都直接装在管口上，管口间的距离要便于这些阀门的操作。此外，管路布置还与容器在操作台（地面）上的安装高度有关。若容器底部离操作台面较高，则可将出料管阀门装在台面上，在台面上操作；否则应将出料管阀门布置在台面下，并将阀杆接长，伸到台面上进行操作。

　　卧式容器的液体出口与泵吸入口连接的管道，如在通道上架空配管时，最小净高度为 2200mm，在通道处还应加跨越桥。与卧式容器底部管口连接的位置，其低点排液口距地坪最小净高为 150mm。

四、塔的管道布置

1. 塔的管口方位

　　塔的布置通常分成操作区与配管区两部分。在操作区进行运转操作和维修，包括登塔的梯子、人孔、操作阀门、仪表、安全阀、塔顶上吊柱和操作平台等，操作区一般面对道路。配管区设置管路连接的管口，一般位于管廊一侧，是连接管廊、泵等设备管路的区域。

　　(1) 塔内部的工艺要求往往比外部配管更严格，塔内部零件的位置常常决定塔的管口、仪表和平台的位置。一般由机械设计人员决定与塔内结构有关的每一个管口高度，而由配管设计人员定出工艺和公用工程管口的方位，以适应配管设计的需要。

（2）人孔应设在安全、方便的操作区，常将一个塔的几个人孔设在一条直线上，并对着道路。人（手）孔的位置受塔内结构的影响，不能设在塔盘的降液管或密封盘处，应按照图5-29（a）所示设在角度为 b 或 c 的扇形区域内，人孔中心离平台 0.5～1.5m。填料塔每段填料上应设有手孔或人孔［如图5-29（b）所示］。

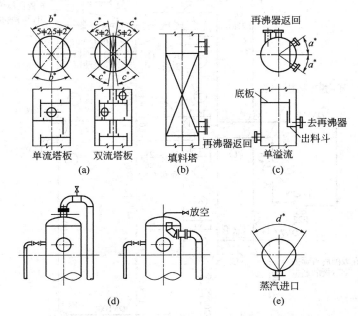

图 5-29　塔的管口布置

对于有塔板的塔，人孔易布置在与塔板溢流堰平行的塔直径上，条件不允许时可以不平行，但人孔与溢流堰在水平方向的净距离应大于 50mm。人孔吊柱的方位，与梯子的设置应统一布置，在事故发生时，人孔盖顺利关闭的方向与人疏散的方向应一致，使之不受阻挡。

（3）接再沸器出液口可布置在角度为 $2a$ 的扇形区内，如图5-29（c）所示。再沸器返回管或塔底蒸汽进口气流都是高速进入的，为了保持液封板的密封，气体不能对着液封板，最好与它平行。

（4）因回流管口不需切断阀，所以可以布置在配管区任何地方。

（5）塔上往往有几个进料管口，在进料的支管上设有切断阀，因此进料阀门宜布置在操作区的边缘。

（6）塔的上升蒸汽可从塔的顶部向上引出，也可以用内部弯管从塔顶中心引向侧面［见图5-29（d）］，使塔顶出口蒸汽管口靠近顶部人孔的操作平台。

（7）液面计、温度计及压力计等仪表不能布置在正对着蒸汽进口的位置，如图5-29（e）中角度 d 的扇形区，必须布置在这个位置时要加防冲挡板。液面计的下侧管口应从塔身引出，而不能从出料管上引出。

2. 塔的配管

塔的配管比较复杂，它涉及的设备多，空间范围大，管道数量多，而且管径大，要求严格。所以在配管前应对流程图作一个总体规划，如图5-30所示。要考虑主要管路的走向及布置要求，仪表和调节阀的位置、平台的设置及设备的布置要求等，这项工作也可结合设备布置考虑。

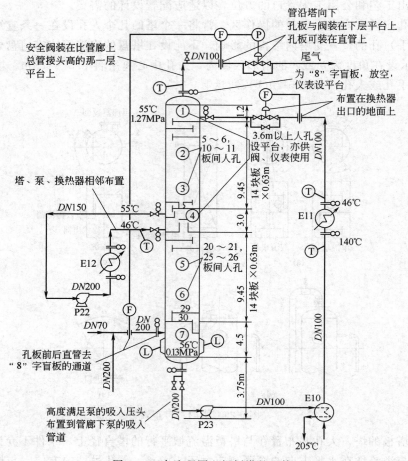

安全阀装在比管廊上
总管接头高的那一层
平台上

管沿塔向下
孔板与阀装在下层平台上
孔板可装在直管上

尾气

为"8"字盲板，放空，
仪表设平台

布置在换热器
出口的地面上

3.6m以上人孔
设平台，亦供
阀、仪表使用

塔、泵、换热器相邻布置

孔板前后直管去
"8"字盲板的通道

高度满足泵的吸入压头
布置到管廊下泵的吸入
管道

图 5-30　在流程图上规划塔的配管

（1）塔的平面配管　塔的管路、管口、人孔、平台支架和梯子在平台的布置可参考图5-31(a)。配管的第一步是确定人孔方向，最好是所有人孔都在同一方向，面对着主要通道。人孔布置区不应被任何管路所占据，直梯的方位应使人面向塔壁，每段不得超过10m，各段应左右交替布置，直梯下端与平台连接方式应能补偿塔体的轴向热膨胀量，梯子布置在90°与270°两个扇形区中，此区亦不能安排管路。没有仪表和阀门的管道布置在180°的扇形区内。

在管廊上左转弯的管道布置在塔的左边；右转弯的管道布置在右边，与地面上的设备相连的管道布置在梯子与人孔的两侧。

配管从塔顶开始，大口径的塔顶蒸汽管在转弯后即沿塔壁垂直下降，既美观，效果又好。余下的空间依次布置其他管道。

（2）塔的立面配管　塔的立面配管可参考图5-31(b)。塔上管口的标高是由工艺要求决定的，人孔中心在平台之上的距离，一般在750~1250mm范围内，最佳高度为900mm。为便于安装支架，塔的连接管路在离开管口后应立即向上或向下转弯，其垂直部分尽可能地接近塔身。垂直管道在什么位置转成水平，决定于管廊的高度。塔到管廊的管道的标高可低于或高于管廊标高0.5~0.8m。再沸器的管道标高取决于塔底的出料口和蒸汽进口位置。再沸器的管道和塔顶蒸汽管道要尽可能直，以减少流体阻力。塔至泵或低于管廊的设备的管道

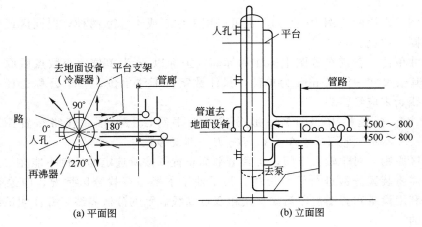

图 5-31　塔的配管示意图

标高，应低于管廊标高 0.5～0.8m。

（3）管道固定与热补偿　塔受热情况复杂，塔的管路直管长，热变形大，配管时必须处理好热膨胀问题。塔顶管路（如蒸汽管、回流管等）都是热变形较大的沿塔下降的长直管，且重量较大。为了防止管口受力过大，一般都在靠近管口处设固定支架（支架常焊在塔身上），在固定支架以下相隔 4.5～11m（$DN25～300$）设导向支架。热变形用自然热补偿吸收，即由较长的水平管（形成二臂都很长的 L 形自然补偿器）吸收热变形。

第七节　管道布置图

一、管道布置图的作用及内容

　　管道布置图系根据管道及仪表流程图、设备平立面布置图、机泵设备图纸及有关管线安装设计规定进行设计。管道布置图主要用于表达车间或装置内管道的空间位置、尺寸规格，以及与机器、设备的连接关系。管道布置图也称配管图，是管道布置设计的主要文件，也是管道施工安装的依据。

　　管道布置图应完整地表达车间（装置）的全部管道、阀门、管线上的仪表控制点、部分管件、设备的简单形状和建、构筑物轮廓等内容；应绘制出管道平面布置图及必要的立面视图和向视图，其数量以能满足施工要求，不致发生误解为限；画出全部管子、支架、吊架并进行编号；图上应注明全部阀门及特殊管件的型号、规格等。具体内容如下。

　　① 厂房、建筑物外形，标注建筑物标高及厂房方位；

　　② 全部设备的布置外形，标注设备位号及设备名称；

　　③ 操作平台的位置及标高；

　　④ 当管道平面布置图表示不清楚时，应绘制必要的剖视图；

　　⑤ 表示所有管道、管件及仪表的位置、尺寸和管道的标高、管架位置及管架编号等。

二、管道布置图的绘制要求

1. 一般规定

（1）图幅　一般采用 A0，比较简单的也可采用 A1 或 A2，同区的图应采用同一种图幅。

(2) 比例　常用的比例为 1∶30，也可以用 1∶25 或 1∶50 两种，但同区或各分层的平面图应采用同一比例。

(3) 尺寸单位　管道布置图中标注的标高、坐标以 m 为单位，小数点后取三位数，至 mm 为止；其余尺寸一律以 mm 为单位，只注数字，不注单位。管子公称通径一律用 mm 表示。尺寸线始末应绘箭头。

(4) 图名　标题栏中的图名一般分成两行书写，上行写"管路布置图"，"下行写 EL×××.××××"平面或"$A—A$、$B—B$…剖视等"。

(5) 分区原则　对于较大车间，若管道平面布置图按所选定的比例不能在一张图纸上绘制完成时，需将装置分区进行管路设计。为了便于了解与查找分区情况，应绘制分区索引图。该图是利用设备布置图复印后添加用粗双点划线表示的分区界线，并注明该线坐标及各区编号而成的。

2. 视图配置

管道布置图一般只绘平面图。当管道平面布置图表示不够清楚时，应绘制必要的剖视图或轴测图，剖视图应选择能清楚表示管道为宜。如有几排设备的管道，为使主要设备管道表示清楚，都可选择剖视图表达。

剖视图或轴测图可画在管路平面布置图边界线以外的空白处（不允许在管路平面布置图内的空白处再画小的剖视图或轴测图），或绘在单独的图纸上。绘制剖视图时要按比例画，可根据需要标注尺寸。轴测图可不按比例，但应标注尺寸。

剖视图符号规定用 $A—A$、$B—B$ 等大写英文字母表示，在同一小区内符号不得重复。平面图上要表示所剖截面的剖切位置、方向及编号，如图 5-32 所示。

对于多层建筑物、构筑物的管道平面布置图应按层次绘制，如在同一张图纸上绘制几层平面图时，应从最低层起，在图纸上由下至上或由左至右依次排列，并于各平面图下注明 "EL100.000 平面" 或 "EL×××.×××× 平面"。

在绘有平面图的图纸右上角，管口表的左边，应画一个与设备布置图的设计北向（图中的正北方向）一致的方向标。在标题栏上方应列出相关设备的管口表，包括管口符号、公称直径、公称压力、密封面形式、连接法兰标注号、长度、标高、坐标及方位等内容。

3. 绘制管道布置图

(1) 绘制管道平面布置图

① 用细实线画出厂房平面图。画法同设备布置图，标注柱网轴线编号和柱距尺寸；

② 用细实线画出所有设备的简单外形和所有管口，加注设备位号和名称；

③ 用粗实线画出所有工艺物料管道和辅助物料管道平面图，在管道上方或者左上方标注管道编号、规格、物料代号及其流向箭头；

④ 用规定的符号或者代号在要求的部位画出管件、管架、阀门和仪表控制点；

⑤ 标注厂房定位轴线的分尺寸和总尺寸、设备的定位尺寸，管道定位尺寸和标高。

(2) 绘制管道立面剖视图

① 画出地平线或室内地面，各楼面和设备基础，标注其标高尺寸；

② 用细实线按比例画出设备简单外形及所有管口，并标注设备名称和位号；

③ 用粗实线画出所有主物料和辅助物料管道，并标注管段编号、规格、物料代号及流向箭头和标高；

④ 用规定符号画出管道上的阀门和仪表控制点，标注阀门的公称直径、形式、编号和

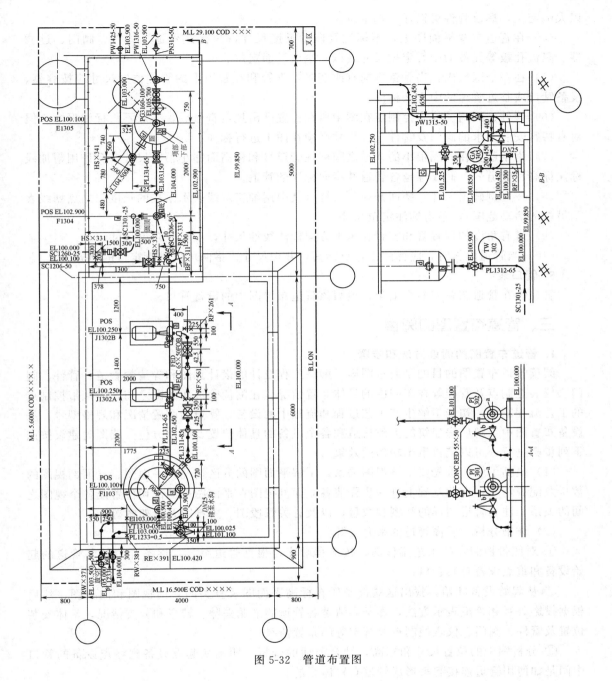

图 5-32　管道布置图

标高。

4. 管道布置平面图尺寸标注

管道布置平面图的尺寸标注应符合下述要求。

（1）标注管道定位尺寸时，均以建筑物或构筑物的轴线、设备中心线、设备管口中心线、区域界线等作为基准进行标注。管道定位尺寸一般以 mm 为单位。

（2）非 90°的弯管和非 90°的支管连接，应标注角度。

（3）对于异径管，应标出前后端管子的公称直径，如 $DN80/50$；水平管道的异径管应以大端定位，螺纹管件可以任一端定位。

（4）在管道布置平面图上，不标注管段的长度尺寸，只标注管道、管件、阀门、过滤器、限流孔板等元件的中心定位尺寸或以一端法兰面定位。

（5）在一个区域内，当管道方向有改变时，支管和在管道上的管件位置尺寸应按容器、设备管口或临近管道的中心来标注。

（6）管件、阀门、仪表控制点在图中所在位置画出规定符号后，一般不再标注尺寸。但对有特殊安装要求的阀门及管件定位尺寸必须在图中进行标注。

（7）为了避免在间隔很小的管道之间标注管道号和标高而缩小书写尺寸，允许用附加线标注标高和管道号，此线穿越各管道并指向标注的管道。

（8）按比例画出人孔、楼面开孔、吊柱（其中用细实双线表示吊柱的长度，用点划线表示吊柱的活动范围），不需标注定位尺寸。

（9）带有角度的偏置管和支管在水平方向标注线性尺寸，不标注角度尺寸。

（10）当管道倾斜时，应标注工作点标高，并把尺寸线指向可以进行定位的地方。

5. 管口表

管口表在管道布置图的右上角，填写该管道布置图中的设备管口。

三、管道布置图的阅读

1. 管道布置图的阅读方法和步骤

阅读管道布置图的目的是通过图样了解该工程设计的设计意图和弄清楚管道、管件、阀门、仪表控制点及管架等在车间中的具体布置情况。在阅读管道布置图之前，应从带控制点的工艺流程图中，初步了解生产工艺过程和流程中的设备、管道的配置情况和规格型号，从设备布置图中了解厂房建筑的大致构造和各个设备的具体位置及管口方位。读图时建议按照下列步骤进行，可以获得事半功倍的效果。

（1）概括了解　首先要了解视图关系，了解平面图的分区情况，平面图、立面剖视图的数量及配置情况，在此基础上进一步弄清各立面剖视图在平面图上的剖切位置及各个视图之间的关系。注意管道图样的类型和数量，以及有关管段图、关键图及管架图等。

（2）详细分析　看懂管道的来龙去脉。

① 对照带控制点的工艺流程图，按流程顺序，根据管道编号，逐条弄清楚各管道的起始设备和重点设备及其管口；

② 从起始设备开始，找出这些设备所在标高平面图及有关的立面视图和向视图，然后根据投影关系和管道表示方法，逐条弄清楚各管道的来龙去脉、转弯和分支情况，具体安装位置及管件、阀门、仪表控制点及管架等的布置情况；

③ 分析图中的位置尺寸和标高，结合前面的分析，明确从起点设备到终点设备的管口中间是如何用管道连接起来形成管道布置体系的。

2. 示例

分析图 5-32 说明管道布置图中包括的内容。

（1）初步了解界面情况　图 5-32 是一张单层厂房的管道平面布置图，厂房朝向为正南北向。在厂房内有料液槽和料液泵，相应位号为 F1301、J1302A、J1302B。室外有带操作平台的板式精馏塔与料液中间槽，相应位号为 E1305 和 F1304。室内标高为 EL100.000，室外标高为 EL99.850，平台标高为 EL102.900。为充分表达与泵和精馏塔、产品槽相连的管道布置情况，在图中还配置有 "A—A" 剖视图、"B—B" 剖视图。同时，从图纸右下角的分区号可知，本平面布置图只是同一主项内的一张分区图，如果要了解主项全貌，还需阅读主项的分区索引和其他的分区布置图。

（2）分析图中包括的内容

① 位号为 F1301 的料液槽共有 a、b、c、d 四个管口。设备的支撑点标高为EL100.100，其中与管口 a 相连的管道代号为 PL1233-50，管内输送的是工艺液体，由界外引入，穿过墙体进入室内。引入点标高为 EL104.000，经过了 EL103.000、EL100.450 和EL101.900 等不同标高位置转换和 8 次转向后再与管口 a 相连，进入料液槽，管道上安装了2 个控制阀，该管道的立体图如图 5-33 所示。

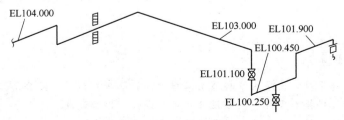

图 5-33　PL1233-50 管道的立体图

管道 b 相连接的管道代号为 PL1311-65，由料液槽引出入料液泵，通过泵加压后，通过代号为 PL1321-65 的管道由底部进入中间槽（见图 5-32 中的剖视图 B—B），另一支管则又送回料液槽，与管口 c 相连。与管口 d 相连的管道为放空管，代号为 VT1310-50，穿过墙体后引至室外放空。通过仔细阅读图纸，还可进一步了解设备管口方位，以及管道的走向、位置和其他相关管架的设置情况与安装要求。

② 与其他设备相连的管道也可按照上述方法，参照工艺流程图依次进行阅读和分析，直至全部阅读和了解清楚为止。

③ 图纸中操作平台以下的管道未分层绘制单独的平面布置图，所以采用了虚线表示在平台以下的管线。

④ 阅读完全部图纸后，再进行依次综合性的检查与总结，以全面了解管道及其附件的安装与布置情况，并审查一下是否还有遗漏之处。

思　考　题

1. 管道布置设计的依据、内容和主要原则是什么？
2. 什么是公称直径、公称压力？如何选择管子及阀门？
3. 管道布置时为什么要进行热补偿？试述管道热补偿的方法。
4. 管道如何进行连接？其类型、特点是什么？
5. 试说明管子保温层经济厚度的计算方法。
6. 管路支架分为哪四类？
7. 试述管道布置图的阅读方法。
8. 试述管道直径的计算方法。
9. 试述管路布置图的作用与内容。
10. 试述管路布置图的绘制要求。
11. 管道敷设方式有哪几种？
12. Z41H-16P 阀门型号的含义是什么？

第六章
公用工程设计

 【学习目标】

通过本单元的学习，使学生了解公用工程设计的基础知识，了解公用工程设计的内容和基本方法，掌握供排水设计、供冷设计、供热设计、供气设计、工厂供电设计的相关规范。熟悉工艺设计人员向各专业提供条件的方式和方法。

公用工程一般是指与全厂各部门有密切关系并为各部门提供公用的一类辅助设施的总称，非工艺项目的设计。通常包括给（供）排水、供汽或供热、供电、采暖、通风、仪表、制冷等项目。

公用工程设计的总体原则是：满足生产需要，符合环保、安全及卫生要求，运行可靠，投资经济。本章主要介绍公用工程常规项目的有关内容。

第一节　供　　水

化工厂的用水量一般较大，用水类型因用途而异，供水与排水的设计任务就是解决生产、生活用水的供给和废水的排放两大问题，应包括：取水及净化工程、厂区及生活区的给排水管网、车间内外给排水管网、室内卫生工程、冷却循环水系统、消防系统等。在开始设计给排水工程之前需要收集的设计基础资料包括以下方面。

(1) 各部门对水量、水质、水温的要求及负荷的时间关系曲线。

(2) 厂址所在地区的气象、水文和地质资料。

(3) 厂区周边引水、排水的现状及拟引进厂区的市政自来水管网。

(4) 厂区及其周边的地质与地形资料。

(5) 当地相关部门对废水排放的环保要求。

(6) 消防的有关规定和要求。

一、化工厂用水及水质要求

化工厂供水系统用水按用途可分为生产用水、消防用水、施工用水及生活用水。

(1) 生产用水　生产用水为工艺生产装置和公用工程用水，包括工艺用水、冷却用水、地面冲刷和锅炉用水等。水质按生产工艺要求。

(2) 消防用水　厂区室内外的消防用水。水质无特殊要求。

(3) 施工用水　为厂区新建、维修、改建时的用水。对水质无特殊要求。

（4）生活用水　生活用水为厂内生产人员的饮用水、食堂用水，厂外生活靠近厂区时生活用水也在此列。水质为生活饮用水要求。

二、供水方式

化工厂的供水方式一般分为直流供水方式、重复利用方式和循环供水方式。

（1）直流供水方式　由水源直接供水，一次使用后被工艺介质吸收或排入水体。直流供水系统简单，但水源取水能力、净水场设计规模、输水管径、冷却水处理能力均随生产规模增大而增大。一旦设备泄漏，一些物质进入水中排入水体，会造成水体污染。目前这种供水方式已淘汰。

（2）重复利用方式　当水源为地下水时，往往可采用重复利用的供水方式，可以充分利用地下水的低温效果，有利于工艺装置的运行，但当水温、水压不能满足工艺要求时，也直接排入水体，目前这种供水方式也已淘汰。

（3）循环供水方式　这是化工生产目前普遍采用的供水方式，冷却水与工艺热物料在换热器中进行热交换，温度升高后的冷却水经冷却塔冷却降温后，又送回工艺装置使用。在循环使用过程中，只需补充系统蒸发、风吹、管道泄漏和排污损失，补充水量一般仅为循环水量的 2%～5%，是最为经济的供水方式。

三、化工厂供水系统的划分

化工厂的供水系统，应根据用水的水质、水压要求划分。一般可分为以下几种供水系统。

（1）新鲜水供水系统　本系统主要供给工艺生产装置的工艺用水、脱盐水或软水站的用水、循环水系统补充水、机修车间用水等。

（2）循环水系统　本系统供给工艺装置冷却用水。循环水可分为一个或几个系统，每一个循环水系统又包括循环供水系统和循环回水系统，循环回水系统又可分为压力流和重力流系统。

（3）生活饮用水系统　本系统供给厂区食堂、办公楼、生活设施等的用水。通常由市政或工业园区自来水管网供给。

（4）消防水系统　根据化工生产装置火灾危险性、装置规模等对消防的要求，可采用高压消防或临时高压消防和低压消防。

四、供水的水源

一般的天然水源有地下水（深井水）和地面水（河水、湖水等）。规模较大的工厂企业，可在河道或湖泊等水源地建立给水基地；如附近无河道、湖泊或水库时可开凿深井取水；规模小而且靠近城市的工厂，可以直接使用城市自来水作为水源。

设计上选择水源时，必须充分考虑企业的生产特点、生产规模、用水量、基建投资、维护管理费用等情况。

五、给水设计

生产用水方面要提供工艺设备布置图，并逐一标明用水设备名称和其他用水点和用水点的标高及位置；说明用水条件，如最大、最小和平均用水量，用水温度、压力和水质等参数；提出用水方式是连续用水还是间歇用水等方面的要求。

生活和消防用水方面要提供按照设备平面布置图标明的洗浴室、洗涤间、消防用水点和卫生间等的位置；用水总人数和高峰用水量；采用的消防种类（如灭火方法）；采用的生产工艺特点资料。

化验分析用水方面要提供按设备平面布置图标明的化验分析点、用水种类和条件等资料。

六、排水设计

生产排水方面包括：按设备布置图标明排水设备名称和排水点，排水条件如排水量、排水压力、水温和成分等；采用的处理方式、排水的方式是连续或间断排水以及间断时间等；排水口的位置及标高。生活用水方面包括：按设备布置图标明卫生间、洗浴室、洗涤间位置、总人数、使用洗浴总人数、最大班使用洗浴人数、排水情况、排水方式、排水处理与否、排水口位置及标高等。给排水条件可按表 6-1 列出。

表 6-1　给排水条件

序号	车间序号	车间名称	主要设备名称	水的主要用途	用水（排水）量/（m³/h）			
					经常		最大	
					1期	2期	1期	2期
水温/℃	物理化学成分		需水（排水）量		管子		备注	
			进、出口压力/MPa	连续或间断	管材	管径		
1								
2								
…								

七、消防用水设计

消防用水是正常使用水以外的紧急用水，在短时间内用水量很大，一般设置独立系统，包括消防水池、消防水泵和消防水管路系统。当工厂附近有大的水库、河流和湖泊时可不设消防水池。消防水系统的压力一般为 0.5～1.0MPa。

消火栓系统的给水量根据充实水柱长度的射流量来计算。实际射流量不得小于 GB 50016—2014《建筑防火设计规范》所列"室内消防用水量"给出的数据。

将以上几种用水量编制成表 6-2，以供储水池及水塔设计时作为依据。

表 6-2　全厂用水量

序号	用水种类	用水部门	用水量				备注
			单耗/（m³/h 产品）	最大/（m³/h）	平均/（m³/h）	全天/（m³/h）	
1							
2							
…							

根据用水的要求不同，供水系统应采用独立的系统，即生产用水系统、生活用水系统和消防用水系统。对于厂区内的供水一般采用环形管网，它的优点是当任何一段水管出现故障

时，仍能保证供应各部门用水。

第二节 供 冷

工业上一般把冷冻温度高于－50℃称为浅度冷冻（简称浅冷）；而在－100～－50℃称为中度冷冻；把等于或低于－100℃称为深度冷冻（简称深冷）。

一、载冷剂

化工生产中浅冷大多数采用间接冷却方式，即被冷却对象的热量是通过中间介质传送给在蒸发器中蒸发的制冷剂。这种中间介质起着传送和分配冷量的媒介作用，称为载冷剂。常用的载冷剂有三类，即水、盐水及有机物载冷剂。

（1）水 比热容大，传热性能良好，价廉易得，但冰点高，仅能用作制取 0℃以上冷量的载冷剂。

（2）盐水 氯化钠及氯化钙等盐的水溶液，称为冷冻盐水。盐水的起始凝固温度随浓度而变，氯化钙盐水的共晶温度（－55℃）比氯化钠盐水的共晶温度低，可用于较低温度，故应用较广。氯化钠盐水无毒，传热性能较氯化钙盐水好。氯化钠盐水及氯化钙盐水均对金属材料有腐蚀性，使用时需加缓蚀剂重铬酸钠及氢氧化钠，以使盐水的 pH 值达 7.0～8.5，呈弱碱性。

（3）有机物载冷剂 有机物载冷剂适用于比较低的温度，常用的有如下几种。

① 乙二醇、丙二醇的水溶液 乙二醇无色无味，可全溶于水，对金属材料无腐蚀性。乙二醇水溶液的使用温度可达－35℃（浓度为 45%），但用于－10℃（35%）时效果最好。乙二醇黏度大，故传热性能较差，稍具毒性，不宜用于开式系统。丙二醇是极稳定的化合物，全溶于水，对金属材料无腐蚀性。丙二醇的水溶液无毒；黏度较大，传热性能较差。丙二醇的使用温度通常为－10℃或以上。

② 甲醇、乙醇的水溶液 在有机物载冷剂中甲醇是最便宜的，而且对金属材料不腐蚀，甲醇水溶液的使用温度范围是－35～0℃，相应的浓度 15%～40%，在－35～20℃范围内具有较好的传热性能。甲醇用作载冷剂的缺点是有毒和可以燃烧，在运送、贮存和使用中应注意安全问题。乙醇无毒，对金属不腐蚀，其水溶液常用于啤酒厂、化工厂及食品化工厂。乙醇也可燃，比甲醇贵，传热性能比甲醇差。

二、制冷剂

制冷剂又称制冷工质，是制冷循环的工作介质，利用制冷剂的相变来传递热量，即制冷剂在蒸发器中汽化时吸热，在冷凝器中凝结时放热。

当前工业制冷剂大约有 30 多种。常用的有氨制冷剂和氟里昂制冷剂。氨制冷剂使用较早，其主要优点是单位容积产冷量大、成本便宜、不与金属及冷冻油反应，热稳定性好，但氨具有易燃易爆、毒性较大、腐蚀有机配件等明显缺点。

氟里昂制冷剂是饱和碳氢化合物卤族衍生物的总称，其中氟代烷烃写作 FC，含氯氟代烷烃写作 CFC，含氢氟代烷烃写作 HFC，两者都有的写作 HCFC。氟里昂制冷剂的应用比氨制冷剂晚 60 余年，但它一问世就以其无毒无臭、不燃不爆、稳定性好、对设备有良好的润滑作用而成为制冷工业中制冷剂的明星，如 CFC-11、HCFC-22、HCFC-113、HCFC-114 等制冷剂。但是，氟里昂制冷剂有其致命的缺点，它是一种温室效应气体，温室效应值比二氧化碳大 1700 倍，更危险的是它会破坏大气层中的臭氧。

三、制冷方法

正确选择制冷方法，首先必须了解不同制冷方法的制冷机的特点，现将几种常用的制冷机简介如下。

1. 制冷机的种类

(1) 活塞式制冷机　活塞式制冷机是问世最早的一种机型。由于其压力范围广，能够适应较宽的能量范围，有高速、多缸、能量可调、热效率高、适合用于多种制冷剂等优点；其缺点是结构较复杂，易损件多，检修周期短，对湿行程敏感，有脉冲振动，运行平稳性差。

此制冷机工艺成熟，加工较容易，造价也较低廉，国内应用极为普遍，有成熟的运行管理维护经验。但是，由于能源紧张，公害严重，因而对制冷机提出更高的要求，制冷机进入了一个新的发展时期，在这种形势下，活塞式制冷机的使用范围有逐渐缩小的趋势。

(2) 螺杆式制冷机　螺杆式制冷压缩机与活塞式制冷压缩机相比，结构简单，易损件少，体积小，重量小，单机压缩比大，对湿行程不敏感，振动小，对基础要求低，通常无需采用隔振措施，输气系数高，排气温度低，热效率较高，压缩机的零件总数只有活塞式的 1/10，检修周期长，无故障运行时间可达 $2 \times 10^4 \sim 5 \times 10^4 \text{h}$，制冷量可在 $10\% \sim 100\%$ 的范围内无级调节，实现了中间进气的经济器系统，占地面积小；其缺点是噪声较高，耗油量大，油路系统和辅助设备比较复杂。但是，20 世纪 80 年代的新型机的噪声级别和耗油量已逐渐接近活塞式制冷机。

(3) 离心式制冷机　离心式制冷压缩机与活塞式制冷压缩机相比，转速高，制冷量大，机械磨损小，易损件少，维护简单，连线工作时间长，振动小，运行平稳，对基础要求低，在大制冷量时，单位功率机组的重量小、体积小，占地面积少，能经济方便地调节制冷量，可在 $30\% \sim 100\%$ 的范围内无级调节，易于实行多级压缩和节流，可在各蒸发器中得到几种蒸发温度，以满足某些化工流程的要求，易于实现自动化，对于大型制冷机，可以采用经济性较高的工业汽轮机直接拖动，这对有废热蒸汽的化工企业来说，具有经济性高等优点；其缺点是效率稍低于活塞式制冷机，有高频噪声，冷却水消耗量较大，操作不当时会产生喘振。

(4) 溴化锂吸收式制冷机　溴化锂吸收式制冷机利用锅炉蒸汽、热电厂二次蒸汽、工厂废热、高温热水、燃油、天然气等作为热源，故运行费用比离心式制冷机低。因为溴化锂吸收式制冷机结构简单，除了设有几台小功率的泵外，无运动部件，整机全套设备是由几个热交换器组成，所以它运转平稳、振动小、噪声低、对基础要求低，制冷量可在 $10\% \sim 100\%$ 的范围内无级调节，所用工质无臭、无毒、无爆炸、无燃烧、对人体无害；因为制冷机是在真空状态下运行，所以安全，管理维护也方便，而且易于实现自动化。其缺点是：设备内为保持 $90\% \sim 99\%$ 的真空度易漏入空气，这时将破坏运行条件，而且溴化锂对钢材的腐蚀很强，会缩短制冷机的寿命，冷却水消耗量较大，约为压缩式制冷机的 2 倍，如得不到廉价热源而选用这种制冷机就不如压缩式制冷机经济。

溴化锂吸收式制冷机目前分为单效与双效两种类型。双效吸收式制冷机是在单效吸收式制冷机的基础上开发出来的产品，它除了具有单效吸收式制冷机的优点之外，其蒸汽消耗量比单效机约可节省 1/3，所以备受用户欢迎。

(5) 氨吸收式制冷机　氨吸收式制冷机是以消耗热能而获得 0℃ 以下温度的制冷机。它适用于有余热或廉价燃料而且要求冷却水温度低、水源充足的地区。它可利用废汽、废热，制取温度范围广，制冷能力大，负荷可在 30％～100％的范围内调节，噪声低，结构简单，制造周期短，可露天布置，操作方便，易于维护管理，可靠性高；其缺点是效率低，换热设备面积大，耗钢材量大，冷却水消耗量大，一次性投资大于活塞式制冷机。

蒸汽加热的氨吸收式制冷机，适用于电、热、冷相结合的企业；利用化工废热的氨吸收式制冷机适用于在化工过程中高温放热，而在低温下又需要冷量的工艺过程；直接燃烧的氨吸收式制冷机，其制冷温度在 $-60\sim-20℃$ 范围内，当制冷量超出 1163kW 时，利用廉价燃料是比较经济的。

2. 选择制冷机

（1）温度范围　选择制冷机时，首先应该考虑生产工艺对制取温度的要求。制取温度的高低对制冷机的选型和系统组成有着极为重要的实际意义。

（2）制冷量与单机制冷量　制冷量的大小将直接关系到工程的一次性投资、占地面积、能量消耗和运行经济效果，这是值得重视的。

一般情况下不设单台制冷机，这主要是考虑到当制冷机发生故障或停机检修时，不致停产。当然选用过多的机组也是不合适的，这就必须了解单机制冷量，结合生产情况，选定合理的机组台数。

（3）能量消耗　能量消耗系指电耗与汽耗，特别是当选用大型制冷机时，应当考虑到能量的综合利用，因为大型制冷机是一种消耗能量较大的设备，所以对于区域性供冷的大型制冷站，应当充分考虑到对电、热、冷的综合利用和平衡，特别要注意到对废汽、废热的充分利用，以期达到最佳的经济效果。

（4）环境保护　选用制冷机时，必须考虑到环境保护问题，要求工质的臭氧消耗潜能值（ODP）与全球变暖潜能值（GWP）尽可能小，以减小对大气臭氧层的破坏及引起全球气候变暖。有些制冷机所用制冷剂如饱和碳氢化合物的衍生物，主要是甲烷和乙烷的衍生物，如 R12、R22、R134a 等，它们有毒性、刺激性、燃烧性和爆炸性，破坏大气中的臭氧层。比如 R22 被国际环保组织列为第二批限用禁用的制冷剂。我国将在 2040 年 1 月 1 日起禁止生产和使用。

（5）振动　制冷机运行时均产生振动，但是其频率与振幅大小因机种不同相差较大。对于制冷站房周围有防振要求时，应选用振幅较小的制冷机，或对制冷机的基础与管道进行减振处理。

（6）一次性投资　选择制冷机时，应该注意到，即便是在相同制冷量情况下，由于选用的机种不同，其一次性投资亦不相同，而且有时相差较大。

（7）运行管理费　由于各种制冷机的特点不同，所以其全年的运行管理费用亦不相同，选型时应注意到这一点。

（8）冷却水的水质　冷却水的水质好坏，对热交换器的影响较大，其危及设备的作用是结垢与腐蚀，这不仅会使制冷机制冷量降低，而且严重时会导致换热管堵塞与破损。

（9）优先选用制冷机组　当选定了制冷机的种类之后，应当优先考虑选用制冷机组，特别是优先选用专用的制冷机组，例如，除湿机组、氨泵机组、盐水机组、乙醇机组、冷水机组等。此外，还有单机双级机组、冷凝机组和压缩机组等。

四、化工生产供冷系统

1. 蒸气压缩式间接供冷系统

（1）供冷工艺流程　化工厂冷冻站大部分采用氨、氟里昂制冷，盐水间接供冷系统。工艺流程由蒸气压缩制冷机组、盐水箱（或醇水溶液箱）、输送泵组成。

（2）冰蓄冷技术 在大型的化工生产中，制冷消耗的电量在总耗电量中所占的比例是相当大的，并且这些企业大都有备用制冷设备。如果能利用这些备用设备实行冰蓄冷，那将会给企业带来巨大的经济效益。冰蓄冷技术就是在电价的谷段开启制冷设备制冰，在峰段让冰融化释放冷量，利用水的潜热实现冷量转移的一种蓄冷新技术。

2. 深冷系统

石油裂解气的深冷分离需要把温度降到$-100℃$以下。对此，需向裂解气提供低于环境温度的制冷剂。石油裂解气的分离具有温度级位多、要求供冷能力大、蒸发温度低的特点，故采用大型离心压缩制冷系统。根据生产工艺的要求设计成氨、乙烯、丙烯-乙烯复叠制冷系统。

深冷常用的制冷方法除用复叠冷冻循环制冷外，还有节流膨胀制冷。深冷系统利用载冷剂来直接冷却物料，工质既是制冷剂又是载冷剂，是直接供冷系统。

3. 吸收式制冷系统

在化工企业里，往往有余热资源，加蒸汽、热水、地下高温卤水等，如果采用溴化锂吸收式制冷，均能得到二次利用。在$0℃$以上用冷时可以考虑，这虽然可能会使投资增加，但有利于经济运行。

溴化锂吸收式供冷工艺设备主要包括制冷机、加热器等冷热源设备及冷媒水泵和分水箱。机房设备构成中央空调系统的心脏，为系统提供冷源或热源，并保证系统的正常运行。外管网主要担负为用户输送冷水、热水及回水任务，是系统构成循环的重要组成组分。

4. 化工制冷系统经济运行的影响因素

（1）化工装置热负荷 主要由两种过程产生：一是物理变化过程，如各种物料的液化、贮存；二是化学变化过程，如各种化学反应。对于物理变化过程中产生的热负荷，其热负荷的大小一般容易确定，而且热负荷比较稳定。对于化学变化过程中产生的热负荷，由于各种反应的放热量、生产周期、生产批量、反应设备等众多复杂因素，其热负荷的大小很不容易确定，而且一般情况下不均匀。

（2）用冷温度等级 用冷温度等级是冷冻站能否经济运行的首要因素。用冷温度等级还与化工生产的反应速率和产品收率有关系。在确保一定的反应速率的情况下，化工反应往往只在某个较小温度范围内其收率是最高的，如果为了节省制冷装置的能耗而使用较高的用冷温度等级，就整套装置而言也未必经济。

（3）用冷的连续性 如果化工生产本身是连续性的话，其用冷有连续性用冷与间歇性用冷之分。对于连续性用冷，其配套的制冷装置设计与运行管理都要经济、方便得多。而对于间歇性用冷，应从化工、制冷两方面来考虑，使用冷尽量处于一种连续性状态。如化工生产，可以考虑错开不同反应釜的反应时间，以保证一种热负荷的动态平衡。

（4）化工厂余热资源、富裕冷源的利用 在化工企业里，往往有余热资源，如蒸汽、热水、地下高温卤水等，如果采用溴化锂吸收式制冷，均能得到二次利用。在$0℃$以上用冷时可以考虑，这虽然可能会使投资增加，但有利于经济运行。

（5）制冷机台数与容量 一般情况下，配备的制冷机台数应尽量少，以简化系统和便于操作。但在化工厂里，化工装置的热负荷和产品生产密切相关，可缩性很大。因此单机制冷量不宜太大，而应考虑通过调节开机台数来保证供冷，从而避免电机功率的浪费。

第三节　供　　热

化工生产过程中，为了满足工艺需求，生产环节中需将热能通过输送直接或间接地传递到被加热介质，从而满足工艺所需温度；生产过程中为了达到并保持一定的温度，就需要向反应器输入或输出热量；生产过程中热能的合理利用以及废热的回收等都涉及传热的问题。物料被冷却或加热时，通常需要用某种流体取走或供给热量，其中起冷却或冷凝作用的载热体称为冷却剂或冷却介质；起加热作用的载热体称为加热剂或加热介质。

一、蒸汽发生系统构成

1. 锅炉系统

锅炉是整个蒸汽系统的心脏，典型的现代快装式锅炉都是采用燃烧器把热量输送到炉管内。目前国内较为常见的是双锅筒弯水管锅炉及单锅筒弯水管锅炉。管式受热器直径较小，可以承受更高的压力，弯水管弹性较好，可以承受热胀冷缩。受热管使锅炉内的水达到饱和温度（饱和温度指的是在该压力下，水汽化成蒸汽时的温度），气泡产生并上升到水的表面，然后破裂，蒸汽就释放到上部的蒸汽空间内，准备进入蒸汽系统。双纵锅筒弯水管锅炉的炉膛置于筒体之外，"炉"不受"锅"的限制，体积可大可小，可以满足燃烧及增加蒸发量的要求，容纳水汽的管子置于炉膛、烟道中作主要受热面，锅筒一般不受热。传热性能及安全性能都显著改善，水的预热、汽化（沸腾）及蒸汽过热在不同的受热面中完成，直接受热的管子即使爆炸，其危害性也远较筒体爆炸小。

2. 锅炉给水系统

锅炉给水的质量至关重要。为了防止对锅炉造成热冲击，给水必须控制在正确的温度，通常在80℃左右，同时又可以保证锅炉高效运行；给水的水质也非常重要，必须保证给水的水质，避免对锅炉造成危害。

普通未经处理的饮用水并不适合锅炉，它们在锅炉中很快会使炉水发泡并造成结垢，降低锅炉效率，使蒸汽中杂质增多，锅炉的寿命也会因此缩短。因此锅炉给水必须经过处理以减少杂质含量。

给水的处理和加热一般都在给水箱内进行，给水箱通常位于高于锅炉的位置，需要的时候用给水泵为锅炉补水。加热给水箱中的水可以减少溶解的氧气，这一点非常重要，因为氧气的存在会造成设备的腐蚀。

3. 排污系统

对锅炉给水进行化学加药处理会导致锅炉内的悬浮固形物增加，这些固形物将不可避免地以淤泥的形式沉积在锅炉底部，然后通过锅炉底部排污管放掉。排污可以手动进行，锅炉操作工通过专用手柄来打开锅炉排污阀进行定期排污，通常一天2次。

锅炉水中其他杂质以溶解固形物的形式存在，它们的含量随着蒸汽的不断产生而逐渐增加。因此，锅炉需要定期清除这些杂质来降低它们的含量，这个过程称为总溶解固形物（TDS）的控制。可以通过在锅炉内安装探测器或采用小的感应腔来采集锅炉水样自动地测量锅炉TDS值，一旦TDS值达到设定点，控制信号使排污阀打开一段时间排污，损失的炉水由TDS值较低的锅炉给水替换，从而使整个锅炉的TDS降低。

4. 液位控制系统

如果锅炉液位没有正确地控制，将会造成灾难性后果。如果液位降低过多，炉管会暴露在水面上并造成过热，从而导致爆炸；如果液位太高，水可能进入蒸汽系统，对工艺流程造成损害。所以，需要使用自动液位控制。为遵守法律规定，液位控制系统须与报警系统联合使用，当液位有问题的时候，报警系统工作，关闭锅炉并发出警报。常用的液位控制方法是使用感应器来感应锅炉液位，在特定的液位，控制器对给水泵发出信号，给水泵工作并补充锅炉给水，当到达预先设定的值时关闭给水泵。感应器根据液位来开启或切断给水泵，同时带有低位或高位报警功能。另外可以选用浮球来控制水位。

二、蒸汽管路的构成

1. 蒸汽管路的一般要求

（1）蒸汽管路布置应根据热力系统和条件进行，做到选材正确、布置合理、补偿良好、疏水通畅、流阻较小、造价低廉、支吊合理、安装维修方便、扩建灵活、整齐美观，并应避免水击、共振和降低噪声。

（2）主蒸汽管路的设计压力取决于锅炉过热器出口的额定工作压力或锅炉最大连续蒸发量下的工作压力。

（3）主蒸汽管径选择　为简化计算，可直接查蒸汽管管径线算图来确定蒸汽管的直径（这里线算图从略，请查有关设计手册）。弯管的弯曲半径宜为外径的4～5倍，弯制后的椭圆度不得大于5%。弯管椭圆度指弯管弯曲部分同一截面上最大外径与最小外径之差与公称外径之比。

2. 管路的布置

（1）蒸汽管路布置应结合主厂房设备布置及建筑结构情况进行，管路走向宜与厂房轴线一致。在水平管路交叉较多的地区，宜按管路的走向划定纵横走向的标高范围，将管路分层布置并且一般布置在上层。

（2）蒸汽管路系统中应防止出现由于刚度较大或应力较低部分的弹性转移而产生局部区域的应变集中。当管路中有阀门时，应注意阀门关闭工况下两侧管路温度差别对管段刚性的影响。

（3）大容量机组的主蒸汽管路和再生蒸汽管路宜采用单管或具有混温措施的管路布置，当主蒸汽管路、再生蒸汽管路或背压机组的排汽管路为偶数时，宜采用对称式布置。

（4）存在两相流动的管路，宜先垂直走向，后水平布置，且应短而直。

（5）当蒸汽管路或其他热管路布置在油管路的阀门、法兰或其他可能漏油部位的附近时，应将其布置于油管路上方。当必须布置在油管路下方时，油管路与热管路之间，应采取可靠的隔离措施。

（6）蒸汽管路的布置，应保证支吊架的生根结构、拉杆与管子保温层、膨胀节等管件不致相碰。

（7）当蒸汽管路横跨人行通道上空时，管子外表面或保温表面与地面通道（或楼面）之间的净空距离应不小于2000mm。当通道需要运送设备时，其净空距离必须满足设备运送的要求。

（8）当蒸汽管路在直爬梯的前方横越时，管子外表面或保温表面与直爬梯垂直面之间的净空距离应不小于750mm。

（9）排汽管路出口喷出的扩散汽流，不应危及工作人员和邻近设施。排汽口离屋面（或楼面、平台）的高度，应不小于2500mm。

（10）蒸汽管路的水平安装坡度，其坡度方向宜与汽流方向一致。在尽可能的情况下，蒸汽主管应沿流动方向布置有不小于 1：100 的坡度（每 100m 有 1m 的下降）。该坡度将确保冷凝水在重力和蒸汽流动的作用下流向排放点，然后在排放点冷凝水可被安全有效地排除。

（11）长距离输送蒸汽的管路要在一定距离处安装疏水阀，以排除冷凝水。

（12）冷热流体管路应相互避开，不能避开时，冷管在下，热管在上；塑料管或衬胶管应避开热管。

三、蒸汽管路的补偿与保温

1. 管路补偿

管路的热补偿是采用各种措施吸收管路的热变形量，其基本手段是增加管路的弹性，使管路按设计意图产生变形或位移，从而降低热应力，确保管路系统安全，对于所有的热力管路均要考虑热补偿。管路的热补偿措施主要有：①采用自然补偿器；②全环形补偿器；③马蹄形补偿器；④膨胀波纹管；⑤滑动接头补偿器。

2. 蒸汽管路的保温

通常将保温和保冷统称为隔热。为减少设备、管路及其附件向周围环境散热，在其外表面采取的包覆措施，叫保温。设备和管路的保温是重要的节能措施，保温的目的是减少热量损失，节约能源，提高系统运行的经济性和安全性。供热管路的保温结构一般由保温层和保护层两部分组成。保温层的作用可降低保温层外表面温度，改善环境工作条件，避免烫伤事故发生。保护层的作用是保护保温层不受外界机械损伤。

常用的保温材料的种类见表 6-3，常用保温材料的性能见表 6-4。

表 6-3　保温材料分类

类别	材料名称	制品形状	类别	材料名称	制品形状
纤维类	岩棉、矿渣棉 玻璃棉 硅酸铝棉 陶瓷纤维纺织品	毡、管、带、板 毡、管、带、板 毡、板、毯 布、带、绳	多孔类	泡沫石棉 泡沫玻璃 泡沫橡塑 复合硅酸盐 超轻陶粒和陶砂	管、板 管、板 管、板 涂料、管、板 粉、粒
多孔类	聚苯乙烯泡沫塑料 硬质聚氨酯泡沫塑料 酚醛树脂泡沫塑料 膨胀珍珠岩 膨胀蛭石 微孔硅酸钙	管、板 管、板 管、板 粒、管、板 粒、管、板 管、板	层状类	金属箔 金属镀膜	夹层、蜂窝状 多层管

表 6-4　常用保温材料的性能

材料名称	密度/(kg/m³)	热导率/[W/(m·℃)]	极限使用温度/℃	最高使用温度/℃
微孔硅酸钙	170~240	0.055~0.064	约 650	500
泡沫石棉	30~50	0.046~0.059	-50~500	
岩棉、矿渣棉	60~200	0.044~0.049	-200~600	600
玻璃棉	40~120	0.044	-183~400	300
硅酸铝棉	100~170	0.046	约 850	
膨胀珍珠岩	80~250	0.053~0.075	-200~850	
硬质聚氨酯泡沫塑料	30~60	0.0275	-180~100	-65~80
酚醛树脂泡沫塑料	30~50	0.035	-100~150	

（1）保温材料的选用　管路系统的工作环境多种多样，有高温、低温、空中、地下、干燥、潮湿等。所选用的保温材料要求能适应这些条件，在选用保温材料时首先考虑其热工性能，然后还要考虑施工作业条件。

（2）保温层的厚度　保温层厚度计算比较复杂，一般可以根据保温材料、热导率、介质温度及管径确定，传热技术相关教材和技术手册均可查阅。

（3）保温结构的施工方法　保温结构一般由保温层、保护层等部分组成，进行保温结构施工前应先做防锈层。防锈层即管道及设备表面除锈后涂刷的防锈底漆，一般涂刷1～2遍。保温层是减少能量损失、起保温作用的主体层，附着于防锈层外面。保护层用来保护防潮层和保温层不受外界机械损伤，保护层的材料应有较高的机械强度，常用石棉石膏、石棉水泥、玻璃丝布、塑料薄膜、金属薄板等制作。常用保温结构的施工方法有涂抹法、绑扎法、现场发泡法和缠包法等。

四、蒸汽加热系统使用注意事项

1. 正确的蒸汽量

对于任何一个加热系统必须提供正确的蒸汽量以确保能提供足够的热量。同样，正确的蒸汽量能避免产品损坏或生产率的下降。为了得到所需的蒸汽量，蒸汽负荷必须正确计算，蒸汽管道必须选型正确。

2. 正确的压力和温度

蒸汽到达用汽点压力应该达到需要的值，从而为工艺提供合适的温度，否则工艺的性能将受到影响。正确选择管道和附件口径能确保做到这一点。如果蒸汽中含有空气或其他不凝性气体，虽然压力表显示了正确的压力，但压力所对应的饱和温度却无法达到。

3. 空气和其他不凝性气体

蒸汽管道和设备启动时会有空气，即使在最后时刻系统中充满了纯蒸汽，但系统停机时蒸汽会冷凝，随之产生的真空会吸入空气。

当蒸汽进入系统时，它会推动空气到达排放点或离蒸汽进口的最远端。因此在排放点安装的疏水阀应该具有足够的排空气能力，在管道的最远端应该安装自动排空气阀。但是，系统内存在的湍流会混合蒸汽和空气，空气被蒸汽一起携带到换热表面。蒸汽冷凝后，空气会残留在换热表面形成绝热层，成为传热的热阻。

4. 蒸汽的清洁度

管道上污垢层的形成可能是由于老的蒸汽系统内铁锈或硬水中的碳酸盐沉积物而形成。蒸汽系统中可能会有其他类型的杂质，基于这个原因，安装管道过滤器是通常使用的有效方法。管道过滤器一般在所有的疏水阀、流量计、减压阀和控制阀的上游安装。

5. 蒸汽的干度

不正确的锅炉水处理和短时间的峰值负荷会引起汽水共腾，锅炉水会被携带进入蒸汽主管，引起化学物质和其他杂质沉积在换热器表面。随着时间的推移，沉积物不断积聚，工厂的效率将逐渐降低。除此以外，蒸汽离开锅炉，由于管道的散热损失，部分蒸汽会冷凝。即使管道的保温再好，该过程也无法完全避免。基于以上这些原因，蒸汽达到用汽点会相对较湿。蒸汽中包含的水分会增加蒸汽冷凝时形成的冷凝水膜，产生额外的传热热阻。

因此安装蒸汽管道的汽水分离器可以保证蒸汽的干度，当蒸汽通过汽水分离器将改变几次流动方向，挡板对较重的水滴产生阻碍而较轻的蒸汽能自由通过，水分将沿挡板流向汽水分离器底部并通过疏水阀排出，疏水阀可以排放冷凝水而不会泄漏蒸汽，从而将蒸汽管道系统的包含在蒸汽中和沉积在管道底部的冷凝水分离并排除，保证蒸汽的干度。

五、导热油加热系统

当加热温度超过 180℃时，水蒸气的压力将超过 0.8MPa，对加热设备、管道的耐压要求增加，费用提高。通常采用其他的载热体，常用的是导热油（道生油）及熔盐，它们在较高温度下仍是液体，在几乎常压的条件下，可以获得很高的操作温度。

导热油有良好的热稳定性，可在低于 385℃温度下长期使用，其最高使用温度可达 400℃。具有较高的沸点（常压下沸点为 258℃），较低的凝固点（12.3℃）和较低的饱和蒸气压。如在 200℃和 300℃时，其饱和蒸气压分别为 0.025MPa（绝）和 0.24MPa（绝），此仅是相同温度下水蒸气压强的 1/63 和 1/36。所以可大大降低操作压力，并使热交换器、管道、阀门等处于低压下工作，提高了系统和设备的可靠性，从而降低设备投资。省略了水处理系统和设备，提高了系统热效率，减少了设备和管线的维护工作量，降低系统和操作的复杂性。

（一）油品的性质

1. 导热油类型

（1）烷基苯型（苯环型）导热油　这一类导热油为苯环附有链烷烃支链类型的化合物，属于短支链烷基（包括甲基、乙基、异丙基）与苯环结合的产物。其沸点在 170～180℃，凝点在 -80℃以下，故可做防冻液使用，此类产品的特点是在适用范围内不易出现沉淀，其中的异丙基支链的化合物尤佳。

（2）烷基萘型导热油　这一类型导热油的结构为萘环上连接烷烃支链的化合物。它所附加的侧链一般有甲基、二甲基、异丙基等，其附加侧链的种类及数量决定化合物的性质。侧链为甲基的烷基萘，应用于 240～280℃范围的气相加热系统。

（3）烷基联苯型导热油　这一类型的导热油为联苯环上连接烷基支链一类的化合物。它是由短链的烷基（乙基、异丙基）与联苯环相结合构成，烷基的种类和数量决定其性质。烷基数量越多，其热稳定性越差。在此类产品中，由异丙基的间位体、对位体（同分异构体）与联苯合成的导热油品质最好，其沸点＞330℃，热稳定性亦好，是在 300～340℃范围内使用的理想产品。

（4）联苯和联苯醚低熔混合物型导热油　这一类型的导热油为 26.5%的联苯和 73.5%的联苯醚组成的低熔混合物。熔点为 12℃，其特点是热稳定性好，使用温度高（400℃）。此类产品因为苯环上没有与烷基侧链连接，而在有机热载体中耐热性最佳。这种低熔混合物（凝点 12.3℃），在常温下，沸腾温度在 256～258℃范围内使用比较经济。这是因为两种物质的熔点均较高（联苯＜71℃，联苯醚＜28℃）所致。这种低熔混合物蒸发形成蒸气的过程中无任何一种组分发生提浓，且液体性质亦不变。由于二苯醚在高温下（350℃）长时间使用会产生酚类物质，此物质有低腐蚀性，与水分一起对碳钢等有一定的腐蚀作用。

2. 选购导热油注意事项

（1）考察产品最高使用温度的真实性　经中国石油科学研究院采用热稳定性试验方法确定，在最高使用温度下进行试验后导热油的外观透明，无悬浮物和沉淀，总变形率不大于 10%。通过与新标准作对照，分析产品说明书的真实性。尤其要了解其规定的最高使用温度是如何确定的，有无权威机构的检测报告。矿物型导热油的最高使用温度一般不超过 320℃，目前多数该油品的最高使用温度为 300℃。

（2）考察产品的蒸发性和安全性　闪点（开口）符合标准指标要求，初馏点不低于其最高使用温度，馏程比较窄，燃点比较高。

（3）考察产品的精制深度 外观为浅黄色透明液体，储存稳定性好，光照后不变色或不出现沉淀。残炭不大于 0.1%，硫含量不大于 0.2%。

（4）考察产品的低温流动性 根据用户所处地区和设备的环境温度情况，选择适宜的低温性能。低温运动黏度（0℃或更低温度）相对比较低。

（5）考察产品的传热性能 具有较低的黏度、较大的密度、较高的比热容和热导率。

3. 油品报废更换控制指标

（1）酸值＞0.5mgKOH/g。

（2）残炭＞1.5%。

（3）闪点变化值＞20%（和开始使用时新油相比）。

（4）黏度变化值＞15%（和开始使用时新油相比）。

（二）导热油加热系统

根据使用温度的不同，用导热油作为载热体可以是液相或气相。一般使用温度低于280℃时用液相操作；280～385℃时用气相操作。采用气相加热，传热系数大，可均匀传递热量，防止被加热物料的局部过热，又能形成封闭自然循环系统。与导热油加热系统相比可省去高温循环泵。

1. 液相加热循环系统

导热油液相加热循环系统一般由热油炉、储油槽、膨胀罐、油气分离器、导热油泵、注油泵等设备构成。

（1）热油炉 热油炉是整个导热油加热系统的核心设备，导热油在炉内被加热到指定温度，然后通过循环泵送往用热设备。根据用热设备的负荷要求，热油炉可以设置为单台或多台；根据设备布置的要求，可以选择卧式炉或立式炉。

（2）储油槽 储油槽作为系统内导热油卸放时的储存设备，它的容积一般不小于整个系统油量的 1.2 倍。储油槽通常位于整个热油系统的最低点，以保证停车时，系统内的导热油能全部回到储油槽中。

（3）膨胀罐 在载热体加热循环系统中，需将膨胀罐设置在主循环管的旁路上，且置于高出整个系统其他设备或管线 1.5～2m 处，并不得垂直安置于炉体上方。从系统回路通向膨胀罐的膨胀管应尽量避免水平安置，若无法避免时，应保持向膨胀罐方向倾斜上升，倾斜度应大于十分之一，且不宜过长，在膨胀管上严禁装设任何阀门。这样当导热油膨胀或收缩时，导热油可以通过膨胀管自由流动。

膨胀罐的尺寸应该使系统在环境温度下，膨胀罐的液位为 1/4，而在操作温度下，膨胀罐的液位为 3/4。它应装有耐高压的目测液位计，并设有低液位报警及联锁，当系统出现导热油泄漏事故时，切断加热炉和泵。当组成加热系统的设备较大时，膨胀罐应装有压力释放装置，例如压力释放阀、爆破膜或排空阀。这样能使超压得到释放，以防造成膨胀罐损坏或破裂。

（4）油气分离器 油气分离器将导热油中的空气、蒸汽分离出来后，此气体介质被分离后进入膨胀罐，当压力较高时通过膨胀罐顶部的安全阀排出。为了避免导热油高温氧化，一般在膨胀罐放空系统中采用惰性气体保护或冷油放空。

（5）导热油泵及注油泵 导热油泵一定要有足够的功率和压头，以保证导热油在特定的系统中按要求的流量进行循环，对于大流量情况一般应该采用离心泵。符合标准用于高温的泵都可以选用，采用液体冷却轴承和密封件可延长泵的工作寿命，温度超过 230℃ 时，应该使用带有冷却夹套的填料箱或机械密封。

注油泵作用是将外来的导热油输入到储油槽或膨胀槽内，及时补充或排出系统所需的导热油。注油泵一般采用齿轮泵。

2. 导热油气相加热系统

（1）气相加热自然循环系统　导热油气相加热自然循环系统流程如图 6-1 所示。液体导热油混合物贮存在地下贮罐中，由氮气加压使地下贮罐中的导热油混合物输入日用贮罐，再由补给泵将液态导热油混合物从日用贮罐抽送至加热炉。在加热炉中，导热油混合物被间接加热汽化，并经汽包进行气液分离。然后，导热油混合物蒸气沿管道送到用热设备，与被加热介质进行热量交换，放出热量变成冷凝液，冷凝液流经分离器进行气液分离，液态导热油混合物沿回流管自流回到加热炉，继续被加热汽化，形成自然循环。被分离器分离出的气体经冷凝器进一步冷却，导热油混合物的冷凝液回到日用贮罐中。在各贮罐中都设有蒸汽加热管，以便在冬天停炉后，重新升火开车前，对导热油升温熔化。该系统特点是气相冷凝时可放出较大的汽化潜热，对传热有利；自然循环不需要循环泵，可节省泵用电能。缺点是这种流程的用热设备必须放置在足够的高度上，使系统中的静压头能完全克服系统的阻力，保证其自然循环的可靠性。

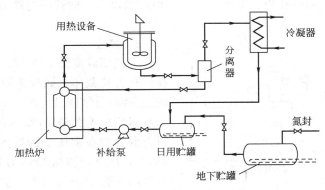

图 6-1　气相加热自然循环系统

（2）气相加热强制循环系统　如图 6-2 所示，导热油在加热炉中被加热后，经过闪蒸罐产生蒸气，送向用热设备，放出潜热，冷凝后流向贮罐，再经回流泵送至闪蒸罐的液相部分，进入循环泵的入口侧，送回到加热炉，这个强制循环过程是由泵完成的。该流程的特点是对导热油进行强制加热循环；另一特点是加热系统内的导热油容量较少，从升温到汽化所需时间较短，而且加热炉内的导热油在强制循环时不会发生局部过热，可以抑制导热油的劣化。

六、熔盐加热系统

在操作温度为 400℃ 以上时，熔盐较导热油在传热介质的价格及使用寿命方面具有绝对的优势，但在其他方面均不占优势，尤其是在系统操作的复杂性方面。

当使用于 250～550℃ 的高温时，一般选择熔盐作为热载体进行加热。熔盐炉及熔盐加热系统具有如下特点：

① 可获得低压高温热载体，调节方便，传热均匀，可以满足精确的工艺温度要求；

② 液相循环供热，无冷凝排放损失，供热系统热效率较高；

③ 不需要水处理系统；

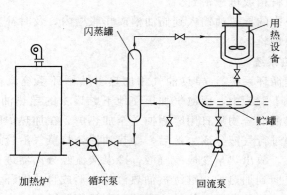

图 6-2　气相加热强制循环系统

④ 熔盐炉可安放在用热设备旁边，热量输送方便，热损失较小。

（一）熔盐加热系统构成

熔盐加热系统是对熔盐在高温加热后作为热载体在熔盐炉和用热设备之间进行加热循环的热传递体系，主要由熔盐炉、熔盐循环泵、熔盐罐以及一些管路配件等组成，其系统如图 6-3 所示。

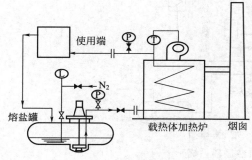

图 6-3　熔盐加热系统示意图

1. 熔盐

当使用温度为 350～550℃ 的高温时，可选择熔盐为热载体，如常采用亚硝酸盐、硝酸盐的混合物，其组成为 40% $NaNO_2$、7% $NaNO_3$、53% KNO_3 或者是 45% $NaNO_2$、55% KNO_3。以上混合物在常压下的熔点为 142℃，沸点为 680℃，因此，以熔盐作为热载体时，在常压下可以达到 530～540℃，是使用温度 400℃ 以上时最好的热载体。

熔盐与导热油相比，在相同的压力下可获得更高的使用温度（250～550℃），且熔盐类热载体不爆炸、不燃烧、耐热稳定性能好，其泄漏蒸气无毒，传热系数是其他有机热载体的 2 倍。在 600℃ 以下时，几乎不产生蒸气。

2. 熔盐炉

熔盐炉的构造一般都是盘管式，即熔盐在沿炉身的盘管内流动。随着工业生产的发展和技术的进步，目前已经形成了如下的分类方法。

（1）按照熔盐炉的循环方式分类，可以分为自然循环熔盐炉和强制循环熔盐炉；

（2）按照热源的不同，可以分为燃煤、燃油、燃气、电加热熔盐炉等品种；

（3）按照熔盐炉的结构形式分类，可以分为圆筒形、方箱形和管架式熔盐炉；

（4）按照熔盐炉的整体放置形式分类，可以分为立式熔盐炉、卧式熔盐炉。

3. 炉体

熔盐炉炉体由加热盘管和壳体组成。加热盘管是由直径相同的密集钢管沿炉身盘卷而成，进出口通过联箱汇集成一个管口进出。为了充分吸收热量，加热盘管又分为辐射受热面和对流受热面，以管程密布作"隔墙"，控制高温烟气的流动方向。燃烧器置于炉顶中心，燃烧室火焰由上而下与内层盘管内侧面辐射换热后，燃烧产生的高温烟气再从内层盘管底部由下而上进入内、外层盘管之间所构成的第一对流换热区，经过对流换热后从外层盘管上部进入外层盘管与壳体所构成的第二对流换热区，由上而下对流换热，最后从壳体下部排烟孔排出。熔盐由下部进口联箱分内、外两层盘管并行进入炉内，在炉内吸收热量之后，汇集到上部出口联箱，从上联箱排出。壳体以钢质支架作为支撑骨架，内侧采用耐火砖作为砌体，中间填充耐火纤维，外部表面材料为镀锌铁皮。

4. 燃烧系统

熔盐炉的燃烧系统根据燃料的不同，可以分为燃煤燃烧系统和燃油（气）燃烧系统两种。燃煤熔盐炉的燃烧系统由炉排、燃烧室、通风装置、伺煤机构、出渣机构、烟囱等组成，由于炉子排烟温度比较高（400～600℃），余热回收潜力很大，故一般在排烟系统内增加余热回收装置，可提高炉子效率10%～15%。

5. 熔盐罐及其管路配件

熔盐罐必须位于熔盐系统的最低位置，其容积是熔盐受热膨胀后的体积与停止运行时高温熔盐排放量的总和。为了加热、熔化初期投放在熔盐罐内的粉末状无机盐，使其黏度达到可以用循环泵完成循环，同时为了减少热损失，有利于维持罐内熔盐的熔融状态，熔盐罐上设置了加热与保温装置。由于高温熔盐与空气接触会发生氧化，因此熔盐加热系统都是封闭的，在熔盐罐内充充了惰性气体，以防止熔盐与空气接触。熔盐罐内充入了一定的惰性气体，且处于正压状态，当检修孔打开时，高温熔盐如和有机物质接触，则能引起着火、爆炸。熔盐与水接触也容易出现蒸汽爆炸，因此，打开检修孔时必须十分注意。

由于熔盐在温度低于142℃时便产生凝固，熔盐一旦在管道内凝固，再将它熔化是一件十分困难的事。因此熔盐系统的管道必须保持合理的弯曲度和适宜的斜度，以保证系统停止运行时能将系统内熔盐全部放回到熔盐罐，不允许有熔盐在管道内滞留。

（二）熔盐加热系统运行

熔盐加热系统运行过程如下：首先将粉状的混合无机盐放入熔盐罐内，通过安装在罐内的蒸汽加热伴管或电加热伴管等方式将熔盐加热到熔点以上，使其黏度达到可以用熔盐循环泵进行循环的值。与此同时，需对熔盐炉内空管进行预热，以防止熔盐在流经冷盘管时发生冷凝固化。盘管预热到一定程度之后，开启熔盐循环泵，将熔盐送入熔盐炉中加热，加热到特定温度的熔盐被输送到用热设备，供热后，再沿循环系统流回熔盐罐，上述过程不断循环，构成熔盐加热系统。系统运行停止时，全部熔盐将流回熔盐罐中。

熔盐加热系统将熔融状态的熔盐通过循环泵输送给加热炉之前在系统中需对加热管进行预热，以防止熔盐在加热管中固化。加热管的加热是利用燃烧所生成的热风，此时加热管是空烧，必须对其管壁温度进行控制。另外，用热设备及循环系统的配管最初也是常温状态，需清除蒸汽冷凝液后再用热风循环加热。

第四节　供　气

仪表空气在化工生产中用于气动执行机构（气动阀的执行器、气缸等）的驱动气源。为获得品质符合用户要求的压缩空气，一般首先进行空气压缩，然后根据需要决定是否进行进一步处理，如空气干燥、净化、灭菌等。

一、空气压缩

空气具有可压缩性，空气经空气过滤器过滤后进入空气压缩机，经空气压缩机做机械功使本身体积缩小、压力提高后，冷却后进入空气缓冲罐，当用户不需对空气作进一步处理时，可直接将空气缓冲罐的气体送往用户。压缩空气是一种重要的动力源。与其他能源比，它具有下列明显的特点：清晰透明，输送方便，没有特殊的有害性能，没有起火危险，不怕超负荷，能在许多不利环境下工作，空气到处都有取之不尽。

二、空气干燥

压缩空气干燥的工作原理虽不尽相同，但均是以分离出压缩空气中的气体水为目的。经过空气压缩机压缩、后部冷却器冷却、气水分离器分离、缓冲罐稳压后的压缩空气一般都处于饱和状态，其相对湿度为100%，而且含有油、固体颗粒等杂质，这种压缩空气是不能直接使用的，需要进行干燥净化处理。

工业上主要有两种方法用于压缩空气的干燥处理，它们是：

① 利用吸附剂对压缩空气中的水蒸气具有选择性吸附的特性进行脱水干燥，如吸附式压缩空气干燥机，简称吸干机；

② 利用压缩空气中水蒸气分压由压缩空气温度的高低决定的特性进行降温脱水干燥，如冷冻式压缩空气干燥机，简称冷干机。

三、空气过滤净化

干燥后的空气还需要过滤处理。压缩空气含有多种杂质，而主要杂质是固体尘粒及油雾，呈气溶胶状态，杂质的含量和形式随选用的压缩机润滑方式及干燥工艺的不同而不尽相同，压缩空气净化就是根据用户要求去除这些杂质。

压缩空气净化的工作原理虽然随其净化机理的不同而不同，但基本以过滤的形式去除压缩空气中存在的游离状态的灰尘、微粒以及气溶胶状态的烟雾。对于气态污染物，如有害气体，常用化学过滤的方式净化。

对过滤精度要求高的净化系统，应根据具体要求设置多级过滤器，过滤精度逐级提高，以便在满足用户所需要的过滤效率和精度的同时保持并延长精过滤器使用周期和寿命。为避免过滤元件本身产生的尘埃、内外渗漏而引起系统的二次污染，应选择合适材质和结构的过滤器，并按供气系统及用户的要求合理选用参数，如过滤精度、阻损、工作压力、工作温度、过滤效率等。不恰当地选用过滤精度过高的过滤器，不仅增加投入费用，而且运行时增加系统气流阻力，影响过滤器运行周期和使用寿命。

对于压缩空气要求洁净无菌，防止微粒及易产生气味的微生物进入工艺系统，必须设置可靠的干燥净化设备，为严格清除可能发生的气味及毒性，须增加活性炭吸附净化过滤器，以满足工艺要求，且过滤器滤芯所选用的材质本身应具有抑制细菌繁殖的特性，避免过滤元件在使用过程中成为系统的污染源。

根据用户对空气气源含尘量的不同要求，配置不同等级的过滤器。通常要求含颗粒粒径$1\mu m$、含油$1mg/kg$的压缩空气只需配置除油过滤器和初级过滤器。一般来说，无油润滑式空压机以及螺杆式空压机，其排气中仍有一定量的润滑油存在，通常情况下为$5\sim15mg/m^3$。

如此之多的润滑油若进入吸附式干燥器，日积月累势必造成吸附剂中毒，因此在吸附式干燥器进口之前，应设置除油过滤器，可大大延长吸附剂的使用寿命。初级过滤器滤芯类型为不锈钢纤维烧结毡，滤除颗粒的粒径在$0.3\sim1\mu m$，分离效率达98%以上。

用于生物发酵工程的压缩空气要求大风量、低压力、无菌、无病毒，而细菌的颗粒范围

在 $0.25\mu m$ 至几十微米之间，病毒的颗粒在 $0.01\sim0.1\mu m$ 范围内，因此供应的压缩空气在初级过滤的基础上，还需要精过滤去除 $0.1\mu m$ 以上颗粒，进一步无菌过滤去除 $0.01\mu m$ 以上颗粒。用于乳粉输送的压缩空气除保证无菌外，还需要活性炭过滤去除异味，以保证产品质量。

压缩空气过滤器按过滤机理的不同可分为以下几种。

① 表面（surface）过滤器。如滤芯为过滤纸或过滤布的过滤器。因为滤材的空隙直径较大，此类过滤器过滤效率不稳定，可以再生。

② 深层（depth）过滤器。如纤维过滤器，过滤器效率高，不可再生。

压缩空气中常用的过滤器按过滤材质的不同可分为以下几种。

① 纤维（fibre）过滤器。

② 微孔（pore）过滤器。如膜过滤器，此类过滤器通常为绝对过滤器，常用在过滤微生物上。

③ 粒子过滤器。如活性炭过滤器，其滤芯由活性炭颗粒组成。

四、仪表空压站工艺流程

新鲜空气经空气过滤器过滤后进入无油润滑空气压缩机，经两级压缩、冷却后，温度约35℃、压力约 0.78MPa 的湿空气去缓冲罐，再进入空气干燥装置。经干燥后的压缩空气送压缩空气贮罐贮存，而后送往各用户，正常供气压力大于 0.589MPa。

五、压缩空气管道

压缩空气站至用户的管道应满足用户对压缩空气流量、压力及品质的要求。其敷设方式的选择，应根据当地的地形、地质、水文及气象等条件经技术经济比较后确定。

（1）炎热和温暖地区的厂区压缩管道，宜采用架空敷设；寒冷地区和严寒地区的压缩空气宜与热力管道共沟或埋地敷设，应采取防冷措施。

（2）输送饱和压缩空气的管道，应设置能排放管道系统内积存油水的装置。设有坡度的管道，其坡度不宜小于 0.002m。

（3）压缩空气管道材料，宜采用碳素钢管。对于水蒸气含量小于 $7.98mg/m^3$，尘粒小于 0.5mm 的干燥和净化压缩空气管道，可采用不锈钢管，其切断阀门，宜采用不锈钢球阀。

（4）压缩空气管道的连接，除设备、阀门等处用法兰或螺纹连接外，其他部位宜采用焊接。

（5）厂区架空压缩空气管道，应考虑热补偿。

（6）压缩空气管道在用建筑物入口处，应设置切断阀门、压力表和流量计。对输送饱和压缩空气的管道，应设置油水分离器。

（7）对压缩空气负荷波动较大或要求供气压力稳定的用户，宜就近设置贮气罐或其他稳压装置。

（8）车间架空压缩空气管道，宜沿墙和柱子敷设，其高度不应妨碍交通运输，并应便于维修。

（9）压缩空气管道需防雷接地时，应按国家现行的 GB 50057—2010《建筑物防雷设计规范》执行。

（10）埋地敷设的压缩空气管道，应根据土壤的腐蚀性作相应的防腐处理。厂区输送饱和压缩空气的埋地管道，宜敷设在冰冻线以下。

（11）厂区埋地压缩空气管道穿过铁路或道路时，其交叉角不宜小于 45°，管顶距离铁路轨面不宜小于 1.2m，距离道路路面不宜小于 0.7m。

（12）厂区埋地敷设的压缩空气管道，穿过铁路或不便开挖的道路时，应设套管。套管的两端伸出铁路路基或道路路边不得小于 1m。铁路或道路路边有排水沟时，则应伸出沟边 1m。

六、仪表供气系统

1. 仪表供气系统负荷

仪表供气系统负荷包括指示仪、记录仪、分析仪、信号转换器、继动器、变送器、定位器、执行器等仪表与控制装置用气，此外还包括吹气法测量用气，充气法防爆、防蚀保安用气，仪表吹扫、检查、校验用气以及仪表车间用气等。

凡是构成测量及控制回路的仪表与控制装置用气均为主要负荷，仪表维护、吹洗、校验及安全防护用气为一般负荷。

2. 气源质量要求

（1）露点　仪表气源不能含有过多水分，否则水蒸气一旦低温冷凝（所谓结露）会使管路和仪表生锈，降低仪表工作可靠性。因此，仪表气源中含湿量的控制应以不结露为原则。供气系统气源操作（在线）压力下的露点，应比工作环境、历史上年（季）极端最低温度至少低 10℃。

（2）粉尘　用于仪表供气的气源，都必须经过净化处理。通过净化装置后，在过滤器出口处，仪表空气含尘粒径不应大于 3μm。对尘粒大小限制是非常必要的，尤其是精密仪表，内部的气路通道只有微米级（μm），如果气源中夹带的粉尘直径稍大一点，会造成堵塞，仪表不能正常工作，甚至失灵而影响生产。

（3）含油量　油分的存在对仪表的影响十分严重，如果油分进入仪表，由于油脂黏附在仪表附件和管路上，清除很困难。而且油分可以使灰尘聚集起来，堵塞节流孔和管路，损坏部件。因此，用于仪表供气的气源装置，送出的仪表空气中，其油分含量应控制在 8×10^{-6} 以下。

仪表气源中的油分，主要来自于压缩机的润滑油。所以，要减少气源中油分含量，宜选用无油润滑式空压机，可将空气中的油分含量控制在规定值以下。

（4）污染物　在气源装置设计中，必须注意位置选择，尤其是吸入口位置选择，应保证周围环境条件不受污染。仪表空气中绝对不允许吸入有害性和腐蚀性杂质和粉尘。

3. 容量

（1）压力范围　气源装置出口处压力分下列两档：300～500kPa 或者 500～800kPa。压力上限值为气源装置正常操作条件下的送出压力。可根据负荷情况，选择所需要的值。

如果上限压力不满足工程设计实际需要时，可采取加长措施，而后送。压力下限值为气源装置送出的最低压力，如果低于此规定值时，一般需要报警。

（2）安全供气　备用气源是供气的一项安全措施。当气源装置或系统发生临时性的突然故障时，需要投用备用气源，不致使送出压力突然下降，维持气源短时间内不至中断。气源装置的设计要在下列三种方式中至少考虑一种或两种，否则不能满足安全供气要求。

三种备用方法如下：

① 备用空压机组；

② 备用贮气罐；

③ 备用辅助气源。

（3）贮气罐容积　气源装置中应设有足够容量的贮气罐，容积按压缩空气缓冲罐容积公式计算，其中保持时间 t，应根据生产规模、工艺流程复杂程度及安全联锁自动保护设计水平而确定。如果没有特殊要求，具体如下：

① 有完善自动保护设计的大型装置 t 为 10～15min；

② 无完善自动保护设计的大型装置 t 为 15～20min；

③ 中、小型生产装置 t 为 5～10min。

4. 供气方式

供气配管方式可分为单线式、支干式及环形供气三种。

（1）单线式供气　多用于分散负荷，或者耗气量较大的负荷，如大功率执行器的供气，为不影响相邻负荷用气，尽可能直接在气源总管上取气。

（2）支干式供气　多用于集中负荷，或者说密度较大的仪表群（装置区内大部分配管皆为这种方式）。

对支干式供气的分支可根据不同的平面和空间条件，或者以不同楼层进行分支，或者在一个分支系统供气中包括各楼层的负荷。

（3）环形供气　多限于界区外部气源管线的配置。这部分管线由气源装置起，至界内部一段管线止。

5. 供气系统管路

（1）管路敷设　供气管路宜架空敷设，而不宜地面或地下敷设。管线走向应尽量避开高温或低温区、强烈振动场合、建筑上隔爆和防火墙，特别要避开严重腐蚀场合、易泄漏的工艺管道和设备管口。如果难以避开，应采取措施确保人身和设备安全。

供气配管设计时，有两点需特别注意：一是配管走向尽量避免袋形配管，并在配管低端安放排放阀；二是设置隔绝点，如取源阀、气源阀以及干线、支线上的一些必要截止阀，都是隔绝点。当供气系统某点发生故障时，或正常清扫和维修时，它能保证该点（或仪表）与系统隔绝，以防止系统供气压力下降，确保系统可靠工作。

（2）取气　当供气系统需要在供气总管或支干管引出气压源时，其取气源部位应设在水平管道的上方，在取气源部位接管处安装气源截止阀。对支干管上是否要设置总阀，由工程设计考虑。取气点的数量，应考虑 10%～20% 的备用量。

在供气总管或支干管末端开口处，宜用盲板或丝堵封住，不宜将管路末端焊死。

（3）接表端配管　接表端配管有单独和集中两种。单独供气，要求每台表都要设置过滤减压器，此时气源阀应安装在过滤减压阀的上游侧，并尽量靠近仪表。当采用集中过滤减压时，气源阀应安装在它的下游侧每个支路的配管上，然后再接表。

在密集仪表场所，一般都采用大功率过滤减压装置。由于减压功率较大，在发生故障时，可能使下游侧压力升高，损坏仪表。为防止这种情况发生，其出口侧应设置安全阀。安全阀整定的排空压力，视仪表的供气压力而定。若供气压力为 140kPa(g) 时，其整定值以 160kPa(g) 为宜。

6. 测量管线及气动信号管线管缆的敷设

管线的敷设应避开高温、工艺介质排放口及易泄漏的场所，也应避免敷设在有碍检修、易受机械损伤、腐蚀、振动及影响测量的场所。不能直接埋地敷设，而应采用架空敷设方式。

测量管线的敷设应尽量避免产生附加静压头、比密度差及气泡。对于易冻、易冷凝、易凝固、易结晶、易汽化的被测介质，其测量管线应采取伴热或绝热的措施。测量点至现场仪表的测量管线、分析仪表取样管线应尽量短，以减少滞后时间。

测量管线水平敷设时，根据介质的种类及测量要求，应有 1∶10～1∶100 的坡度。当介质为气体时，测量管线的最低点应设排液装置；当介质为液体时，测量管线的最高点应设排气装置；当介质含有沉淀物或污浊物时，在测量管线的最低点也应设排污装置。

在设计排放口时，不得将有毒和有腐蚀的介质任意排放，应采取措施将其排放到指定的地点或者排入密闭系统。对超过 10MPa 的压力测量管线，应设置安全泄压设施并注意使排放口朝向安全侧。

第五节　供　　电

对化工生产用电电压等级而言，一般最高为 600V。中小型电机通常为 380V，而输电网中都是高压电（有 10～30kV 范围内七个高压等级），所以从输电网引入电源必须经变压后方能使用。由工厂变电所供电时，小型或用电量小的车间，可直接引入低压线；用电量较大的车间，为减少输电损耗和节约电线，通常用较高的电压将电流送到车间变电室，经降压后再使用。一般车间高压为 6000V 或 3000V，低压为 380V。当高压为 6000V 时，150kW 以上电机选用 6000V，150kW 以下电机选用 380V。高压为 3000V 时，100kW 以上电机选用 3000V，100kW 电机选用 380V。

化工生产中所应用的电气部分主要由动力、照明、避雷、弱电、变电、配电等组成。供电的主要设计任务则包括厂区线路设计、厂区变配电工程、车间电力设计、车间照明设计及车间变配电设计等方面。

整体设计供电工程需要收集的基础数据有以下几个方面：

① 全厂用电要求和设备清单。

② 供电协议及相关资料。

③ 与气象、水文、地质等相关的资料。如需要根据最高年平均温度来选择变压器；根据土壤酸碱度、地下水位标高及离地面 0.7～1.0m 深处最高月平均温度选择地下电缆；了解海拔高度选择电气设备等。

一、工厂供电设计依据的主要技术标准（见表 6-5）

表 6-5　工厂供电设计依据的主要技术标准

标准代号	标准名称
GB 50052—2009	供配电系统设计规范
GB 50053—2013	20kV 及以下变电所设计规范
GB 50054—2011	低压配电设计规范
GB 50055—2011	通电用电设备配电设计规范
GB 50057—2010	建筑物防雷设计规范
GB 50058—2014	爆炸危险环境电力装置设计规范
GB 50059—2011	35kV～110kV 变电站设计规范
GB 50060—2008	3～110kV 高压配电装置设计规范
GB 50061—2010	66kV 及以下架空电力线路设计规范
GB 50062—2008	电力装置的继电保护和自动装置设计规范
GB/T 50063—2017	电力装置电测量仪表装置设计规范

续表

标准代号	标准名称
GB/T 50064—2014	交流电气装置的过电压保护和绝缘配合设计规范
GB 50065—2011	交流电气装置接地设计规范
GB 50217—2016	电力工程电缆设计标准
GB 50227—2017	并联电容器装置设计规范
GB 50034—2013	建筑照明设计标准
JBJ 6—1996	机械工厂电力设计规程
JGJ 16—2008	民用建筑电气设计规范(附条文说明[另册])

二、用电负荷等级

化工生产中常使用易燃、易爆物料,多数为连续化生产,中途不允许突然停电。为此,根据化工生产工艺特点及物料危险程度的不同,对供电的可靠性有不同的要求。按照电力设计规范,按照用电要求从高到低将电力负荷分为一级、二级、三级。其中一级负荷要求最高,即用电设备要求连续运转,突然停电将造成着火、爆炸、人员伤害、机械损坏,从而造成巨大经济损失。

三、供电中的防火防爆

按照 GB 50058—2014《爆炸危险环境电力装置设计规范》中关于爆炸性气体环境危险区域划分规定,根据爆炸性气体混合物出现的频繁程度与持续时间进行分区。区域划分见表 6-6。

表 6-6　爆炸性气体环境危险区域划分

区域	爆炸性气体环境
0 区	连续出现或长时期出现爆炸性气体混合物的环境
1 区	在正常运行时可能出现爆炸性气体混合物的环境
2 区	在正常运行时不可能出现爆炸性气体混合物的环境,或即使出现也仅是短时存在的情况

在设计中如遇下列情况则危险区域等级要作相应变动。

① 离开危险介质设备 7.5m 之内的立体空间,对于通风良好的敞开式、半敞开式厂房或露天装置区可降低一级。

② 封闭式厂房中爆炸和火灾危险场所范围由以上条件按建筑空间分割划分,与其相邻的隔一道有门的墙的场所,可降低一级。

③ 如果通过走廊或套间隔开两道有门的墙,则可作为无爆炸及火灾危险区。而对地坑、地沟因通风不良及易积聚可燃介质区要比所在场所提高一级。

区域爆炸危险等级确定以后,根据不同情况选择相应防爆电器。属于 0 区和 1 区的场所都应选用防爆电器,线路应按防爆要求敷设。

电气设备的防爆标志是由类型、级别和组别组成的。类型是指防爆电器的防爆结构,共六类:防爆安全型(标志 A)和隔爆型(标志 B)、防爆充油型(标志 C)、防爆通风(或充气)型(标志 F)、防爆安全火花型(标志 H)和防爆特殊型(标志 T)。级别和组别是指爆炸及火灾危险物质的分类,按传爆能力分为四级,以 1、2、3、4 表示;按自然温度分为五组:以 a、b、c、d、e 表示。类别、级别和组别按主体和部件顺序标出。比如主体为隔爆型,适用于 3 级 b 组爆炸性气体混合物,防爆部件为防爆安全火花 II 型的电气设备标志为

BH3Ⅱb。关于防爆电器的选型，可参照表 6-7。

表 6-7 防爆电器选型

危险区域		0 区、1 区(Q-1)	2 区(Q-2)	2 区(Q-3)
电机		防爆、防爆通风、充气型	任何一种防爆型	防溅式、封闭式
电器和仪表	固定安装	防爆、防爆充油、防爆通风充气、安全火花型	任何一种防爆型	防尘型
	移动式	防爆、防爆充气、安全火花型	防爆、防爆充气、安全火花型	除防爆充油型外,任何一种防爆型或密封型
	携带式	隔爆、防爆安全型	隔爆、安全火花型	隔爆乃至密封型
照明灯具	固定安装及移动式	隔爆、防爆充气型	防爆安全型	防尘型
	携带式	隔爆型	隔爆型	隔爆、防爆安全型乃至密封型
变压器通信电器配电设备		隔爆、防爆通风型 隔爆、防爆充油防爆通气、安全火花型 隔爆、防爆通风充气型	防爆安全、防爆充油型 防爆安全型 任何一种防爆型	防尘型 密封型 密封型

工程上常用的防爆电机有 AJO₂ 和 BJO₂ 系列防爆隔爆电机，它们在中小功率范围内应用较广，是 JO₂ 系列电机的派生系列，其功率及安装尺寸与 JO₂ 基本系列完全相同，可以互换。AJO₂ 系列为防爆安全型，适用于在正常情况下没有爆炸性混合物的场所（2 区或 Q-2 级）。BJO₂ 系列为隔爆型，适用于正常情况下能周期形成或短期形成爆炸性混合物场所（0 区、1 区或 Q-1 级）。

四、电气设计条件

1. 动力

（1）设备布置平面图，图上注明电机位置及进线方向，就地安装的控制按钮位置。

（2）用电设备表 （如表 6-8 所示）。

（3）电加热表（温度、控制精度、热量、工作时间）。

（4）环境特性。

表 6-8 用电设备表

序号	设备位号	设备名称	介质名称	环境介质	负荷等级	数量/台		正反转要求	控制联锁	计算轴功率/kW	电动设备						操作		备注
						常用	备用				型号	防爆标志	容量/kW	相	电压	成套或单机	立卧式	年工作时	连续间断	
1																				
2																				
...																				

2. 照明

提出设备平面布置图，标出需照明的位置。提出照明四周环境特性（介质、温度、相对湿度及对防爆防雷要求）。

3. 弱电

工艺设备布置图上标明弱电设备的位置；设置火警信号、警卫信号；布置行政电话、调度电话、电视监视器等。

4. 防雷设计

按照 G8 50057—2010《建筑物防雷设计规范》，工业建筑的防雷等级分为三类，针对不同情况采取相应的防雷措施。

第一类，建筑物中存在爆炸物或经常产生爆炸性混合物，故有可能由于电火花而引起爆炸；

第二类，类似于第一类，但仅用在事故时才能形成爆炸性混合物的场合，且不致引起大破坏和人身伤亡；

第三类，不属于第一类和第二类，但是需要保护的建筑物，如水塔、烟囱、木材加工车间等。

一般化工厂房、车间建筑物（包括仓库、油罐、气罐、易燃易爆物储罐等建筑物）都应设置避雷装置，如避雷针、避雷带、避雷网等。

思 考 题

1. 非工艺设计项目一般包括哪些？
2. 工艺设计人员如何向各专业提供设计条件？
3. 整体设计供电工程需要收集的基础数据有哪些？
4. 化工设计中的非工艺专业有哪些？
5. 给排水设计条件是什么？
6. 给排水专业设计的任务是什么？
7. 载冷剂与制冷剂的区别是什么？
8. 化工设计中如何选择制冷机？
9. 化工生产供冷系统有哪些？
10. 化工厂供热工程一般有哪几种方式？
11. 简述蒸汽供热发生系统构成的情况。
12. 简述导热油供热系统。
13. 简述供气系统的构成及工作情况。
14. 怎样选择防火防爆电器？
15. 电气设计包括哪些内容？

第七章

环境保护与安全设计

 【学习目标】

　　通过本单元的学习，使学生了解化工厂设计对环境保护和安全生产方面的要求，了解相关环境保护和安全生产方面的知识，掌握化工生产废气、废水及固体废物的污染防治方法，掌握防火防爆、建筑防火及防治工业毒物的安全措施，掌握噪声的控制与防护措施。

第一节　化工生产废弃物处理

一、化工生产废气污染防治

（一）大气污染物及分类

　　为满足污染调查、环境评价、污染物治理等环境科学研究的需要以及化工设计的环保要求，按照污染物存在的形态，大气污染物可分为颗粒污染物与气态污染物。

　　依照与污染源的关系，可将其分为一次污染物和二次污染物。从污染源直接排出的原始物质，进入大气后其性质没有发生变化，称为一次污染物；若一次污染物与大气中原有成分，或几种一次污染物之间，发生了一系列的化学变化或光化学反应，形成了与原污染物性质不同的新污染物，称为二次污染物。

　　1. 颗粒污染物

　　颗粒污染物是指大气中除气体之外的的物质，粒度范围一般在 $0.01\sim100\mu m$ 之间。按颗粒粒径及形态的不同可分为以下几类。

　　（1）总悬浮颗粒物（TSP）　指能悬浮在空气中，空气动力学当量直径 $\leqslant100\mu m$ 的颗粒物。

　　（2）降尘　指粒径 $>10\mu m$，在重力作用下可降落的颗粒状物质。

　　（3）飘尘（SPM）　指那些长期飘浮在大气中的颗粒，其粒径 $<10\mu m$ 的悬浮物。

　　（4）可吸入颗粒物（PM_{10}）　指悬浮在空气中，空气动力学当量直径 $\leqslant10\mu m$ 的颗粒物。

　　（5）雾　是液态分散型气溶胶和液态凝集型气溶胶的统称。雾的粒径一般在 $10\mu m$ 以下。

　　（6）烟　是指在燃料燃烧、高温熔融和化学反应等过程中所形成的颗粒物，是固态凝集型气溶胶。粒径一般在 $0.01\sim1\mu m$ 之间。

　　（7）烟雾　即当烟和雾同时形成时就构成烟雾。通常是固、液混合的气溶胶，具有烟和雾的二重性。其粒径<$10\mu m$。

这些颗粒污染物遮挡阳光，降低能见度，与气态污染物作用产生多种化学烟雾，生成二次污染物，被人体吸入则引发呼吸系统疾病。

2. 气态污染物

气态污染物种类极多，能够检出的有上百种，对我国大气环境产生危害的主要污染物有五种。气体状态大气污染物的分类可见表 7-1。

表 7-1　气体状态大气污染物的分类

污染物		物质	二次污染物
气态污染物	含硫化合物	SO_2、SO_3、H_2S，以 SO_2 的数量最多，危害最大	引起酸雨、酸雾，产生多种化学烟雾，是刺激性气体，吸入损坏呼吸器官
	含氮化合物	NO、NO_2、NH_3	引起酸雨、酸雾，产生光化学烟雾，是刺激性气体，吸入损坏呼吸器官，破坏植物代谢
	碳氧化合物	CO、CO_2	引起温室效应，产生光化学烟雾，浓度过高造成窒息
	碳氢化合物	C_mH_n 等有机废气	产生光化学烟雾，进一步生成醛、酮等有毒、有害物质
	卤素化合物	HCl、HF、SiF_4	引起酸雨、酸雾，破坏大气层，产生温室效应

目前，我国大气污染中受到普遍重视的一次污染物主要有硫氧化物（SO_x），氮氧化物（NO_x），碳氧化物（CO，CO_2）和颗粒物。受到普遍重视的二次污染物主要是光化学烟雾。

（二）化工生产废气的来源及主要污染物

化工生产过程，会有大量的污染物排入大气中。这类污染物主要有粉尘、含硫化合物、含氮化合物、碳氢化合物以及卤素化合物等。化工行业废气主要来源及其主要污染物如表 7-2 所示。

表 7-2　化工行业废气主要来源及其主要污染物

行业	主要来源	废气中主要污染物
氮肥	合成氨、尿素、碳酸氢铵、硝酸铵、硝酸	NO_x、CO、NH_3、SO_2、CH_4、粉尘
磷肥	磷矿石加工、普通过磷酸钙、钙镁磷肥、重过磷酸钙、氮磷复合肥、磷酸、硫酸	SO_2、NH_3、粉尘、酸雾
无机盐	铬盐、二硫化碳、钡盐、过氧化氢、黄磷	SO_2、P_2O_5、Cl_2、HCl、H_2S、CO、CS_2、粉尘
氯碱	烧碱、氯气、氯产品	Cl_2、HCl、氯乙烯、汞、乙炔
有机原料及合成材料	烯类、苯类、含氧化合物、含氮化合物、卤化物、含硫化合物、芳香烃衍生物、合成树脂	SO_2、Cl_2、HCl、H_2S、NH_3、NO_x、CO、有机气体、烟尘、烃类化合物、有机衍生物
农药	有机磷类、氨基甲酸酯类、菊酯类、有机氯类等	HCl、Cl_2、H_2S、NH_3、氯乙烷、氯甲烷、有机气体、光气、硫醇、二硫酯、烟雾状农药成品
染料	染料中间体、原染料、商品染料	SO_2、H_2S、NO_x、Cl_2、HCl、有机气体、苯类、醇类、醛类、烷烃、硫酸雾
涂料	涂料：树脂漆、油脂漆；无机颜料：钛白粉、立德粉、铬黄、氧化锌、氧化铁、红丹、黄丹、金属粉、华蓝	芳烃、烟雾、各种粉尘
炼焦	炼焦、煤气净化及化学产品加工	SO_2、H_2S、NH_3、NO_x、CO、芳烃、粉尘、苯并[a]芘

（三）化工生产废气的特点

1. 种类繁多

化工产品门类多，产品丰富，即使同一产品的生产，也有几种不同的生产方法，所用的原料、工艺路线也有所不同，生产过程反应繁杂，产物多，造成化工废气的种类繁多。

2. 组成复杂

化工废气含有多种复杂的有毒成分，如农药生产中，既产生多种无机废气，又产生多种有机废气。从原料到产品的过程，发生许多复杂化学反应，产生多种副产物，致使某些废气的组成变得更加复杂。

3. 污染物浓度高

化工生产涉及的有毒、有害物质多，生产中跑、冒、滴、漏及事故的发生，都会导致原料、产品的严重流失，废气中污染物浓度增高。

4. 易产生二次污染物

由于化工废气的种类多，排入大气后相互作用，产生二次污染的可能性极大，形成光化学烟雾、温室效应、酸雨、酸雾等多种形式的二次污染。

中国中小型化工企业多，个别化工企业工艺落后，技术力量差，缺乏防治污染所需要的技术，加上思想上不够重视，化工废气的排放对环境造成了一定的危害。

(四) 大气污染物排放标准

世界卫生组织把大气中那些含量和存在时间达到一定程度以致对人体和动植物危害达到可测程度的物质，称为大气污染物。按照 GB 3095—2012《环境空气质量标准》，大气污染物的浓度限值见表 7-3。

表 7-3 大气污染物的浓度限值 (GB 3095—2012)

污染物名称	取值时间	浓度限值			浓度单位
		一级标准	二级标准	三级标准	
二氧化硫(SO_2)	年平均	0.02	0.06	0.10	mg/m³（标准状态）
	日平均	0.05	0.15	0.25	
	1h 平均	0.15	0.50	0.70	
总悬浮颗粒物(TSP)	年平均	0.08	0.20	0.30	
	日平均	0.12	0.30	0.50	
可吸入颗粒物(PM_{10})	年平均	0.04	0.10	0.15	
	日平均	0.05	0.15	0.25	
氮氧化物(NO_x)	年平均	0.05	0.05	0.10	
	日平均	0.10	0.10	0.15	
	1h 平均	0.15	0.15	0.30	
二氧化氮(NO_2)	年平均	0.04	0.04	0.08	
	日平均	0.08	0.08	0.12	
	1h 平均	0.12	0.12	0.24	
一氧化碳(CO)	日平均	4.00	4.00	6.00	
	1h 平均	10.00	10.00	20.00	
臭氧(O_3)	1h 平均	0.12	0.16	0.20	
铅(Pb)	季平均		1.50		μg/m³（标准状态）
	年平均		1.00		
苯并[a]芘	日平均		0.01		

(五) 常用的气态污染物的治理方法

1. 吸收法

吸收法就是采用适当的液体作为吸收剂，使含有有害物质的废气与吸收剂接触，废气中的有害物质被吸收于吸收剂中，使气体得到净化的过程。其中吸收剂的性能对净化效果的影响十分显著，因此，可针对性地选择吸收剂，如去除氯化氢、氨、二氧化硫、氟化氢等易溶于水的气体，可用水来吸收；去除氯化氢、二氧化硫、硫化氢等酸性气体可用碱液来吸收；若去除碱性气体可用酸液吸收。

吸收法处理含 SO_2、NO_x 废气的净化工艺已非常成熟，如钙法（石灰-石膏法）吸收 SO_2、稀硝酸吸收 NO_x。工艺流程如图 7-1、图 7-2 所示。

（1）钙法（石灰-石膏法）　采用石灰石、生石灰或消石灰的乳浊液为吸收剂，吸收烟气中的 SO_2。吸收生成的 $CaSO_3$，经空气氧化后可得到石膏。

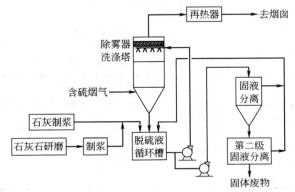

图 7-1　石灰-石膏法烟气脱硫的流程

（2）稀硝酸吸收法　用 30% 左右的稀硝酸作为吸收剂，先将 NO_x 用稀硝酸进行物理吸收，生成很少的硝酸；然后用空气进行吹脱，吹出 NO_x 后，硝酸被漂白；漂白酸经冷却后再用于吸收 NO_x。

常用的吸收设备有填料塔、旋风洗涤塔、板式塔、泡沫塔等，这些吸收设备可使气液两相充分接触，更好地传质。因此，吸收法具有设备简单、捕集效率高、应用范围广、一次投资低的特点。已被广泛用于有害气体的治理。

吸收是将气体中的有害物质转移到了液相中，因此必须对吸收液进行处理，否则容易引起二次污染。

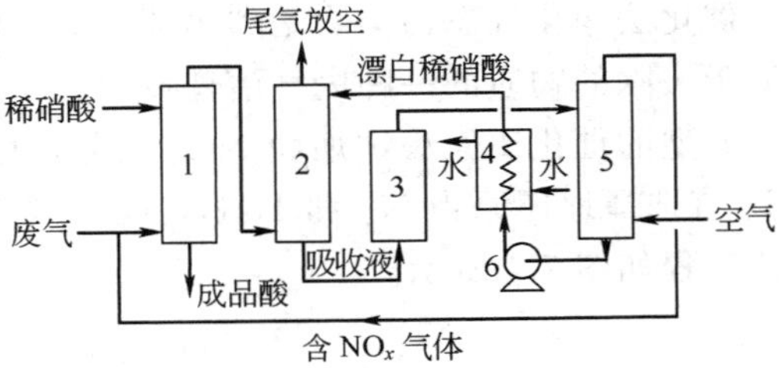

图 7-2　稀硝酸吸收法流程示意图
1—第一吸收塔；2—第二吸收塔；3—加热器；
4—冷却塔；5—漂白塔；6—泵

2. 吸附法

吸附法就是使废气与大表面多孔性固体物质相接触，使废气中的有害组分吸附在固体表面上，使其与气体混合物分离，从而达到净化的目的。

吸附法烟气脱硫，应用较为广泛。当 SO_2 气体分子与活性炭表面相遇时，被活性炭表面所吸附，烟气中的氧气将已吸附的 SO_2 氧化成 SO_3，如果有水蒸气存在，SO_3 就和水蒸气结合形成 H_2SO_4 吸附于微孔中。整个吸附过程可如图 7-3 所示。此法可以在较低温度下进行，过程简单，无副反应，脱硫效率为 80%～95%。

吸附净化法的净化效率高，特别是对低浓度气体仍具有很强的净化能力。吸附法常应用于排放标准要求严格或有害物浓度低，用其他方法达不到净化要求的气体净化。常用的吸附剂如表 7-4 所示。

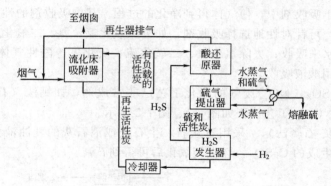

图 7-3　活性炭脱硫吸附流程

表 7-4　不同吸附剂及应用范围

吸附剂	可吸附的污染物种类
活性炭	苯、甲苯、二甲苯、丙酮、乙醇、乙醚、甲醛、煤油、汽油、光气、醋酸乙酯、苯乙烯、恶臭物质、氯甲烷、H_2S、Cl_2、CO、SO_2、NO_x、CS_2、CCl_4
活性氧化铝	H_2S、SO_2、C_mH_n、HF
硅胶	NO_x、SO_2、C_2H_2、烃类
分子筛	NO_x、SO_2、CO、CS_2、H_2S、NH_3、C_mH_n、Hg 蒸气
泥煤、褐煤	NO_x、SO_2、SO_3、NH_3

　　吸附效率较高的吸附剂如活性炭、分子筛等，价格一般都比较昂贵，需再生而重复使用。操作比较麻烦，且必须专门供应蒸汽或热空气等满足吸附剂再生的需要，使设备费用和操作费用增加，限制了吸附法的广泛应用。

3. 催化法

　　催化法净化气态污染物是利用催化剂的催化作用，将废气中的有害物质转化为无害物质或易于去除的物质的一种废气治理技术。

　　典型的催化还原法排烟脱 NO_x 工艺，用氨作还原剂，铜铬作催化剂，废气中 NO_x 被 NH_3 有选择地还原为 N_2 和 H_2O，脱氮效率在 90% 以上。适用硝酸生产中 NO_x 的治理。工艺流程如图 7-4 所示。

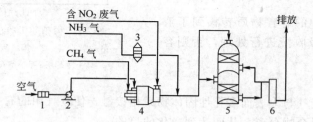

图 7-4　氨选择催化还原法工艺流程

1—空气过滤器；2—鼓风机；3—NH_3 过滤器；4—锅炉；5—反应器；6—水封装置

　　催化法与吸收法、吸附法不同，在治理污染过程中，无需将污染物与主气流分离，可直接将有害物质转变为无害物质，这不仅可避免产生二次污染，而且可简化操作过程。

　　通常可使用催化法使废气中的碳氢化合物转化为二氧化碳和水，氮氧化合物转化为氮，二氧化硫转化为三氧化硫后加以回收利用，也可用催化燃烧法使有机废气和臭气转化为无害物质，或用催化净化法使气体尾气转化为无害物质后排放到大气中。该法的缺点是催化剂价格较高，废气预热需要一定的能量。

4. 燃烧法

燃烧法是对含有可燃有害组分的混合气体加热到一定温度后，组分与氧反应进行燃烧，或在高温下氧化分解，从而使这些有害组分转化为无害物质。该方法主要应用于碳氢化合物、一氧化碳、恶臭气体、沥青烟、黑烟等有害物质的净化治理。

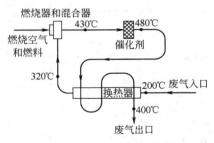

图 7-5　回收热量的催化燃烧过程

燃烧法工艺简单，操作方便，净化程度高，并可回收热能，但不能回收有害气体，有时会造成二次污染。常用的燃烧法有直接燃烧、热力燃烧和催化燃烧三种方法。图 7-5 为催化燃烧的热量回收流程图。

5. 冷凝法

冷凝法是利用物质在不同温度下具有不同饱和蒸气压这一性质，采用降低废气温度或提高废气压力的方法，使处于蒸气状态的污染物冷凝并从废气中分离出来的过程。该法特别适用于处理污染物浓度高的有机废气。

冷凝法不宜处理低浓度的废气，常作为吸附、燃烧等净化高浓度废气的前处理，以便减轻这些方法的负荷。如炼油厂、油毡厂的氧化沥青生产中的尾气，先用冷凝法回收，然后送去燃烧净化；氯碱及炼金厂中，常用冷凝法使汞蒸气成为液体而加以回收；此外，高湿度废气也用冷凝法使水蒸气冷凝下来，大大减少了气体量，便于下步操作。

（六）颗粒污染物的净化方法

在化工生产中所排放的废气中的颗粒污染物质主要是含有硅、铝、铁、镍、钒、钙等氧化物的浮游物。控制这些粉尘污染物的排放数量，是大气环境保护的重要内容。

1. 粉尘的控制与防治

从不同的角度进行粉尘的控制与防治工作，主要有以下几个方面。

（1）对生产粉尘的单位尽量合理地用园林绿化带隔开，园林绿化带具有阻滞粉尘和收集粉尘的作用，可使粉尘向外扩散减少到最低限度。

（2）在生产过程中需要对物料进行破碎、研磨等工序时，要使生产过程在采用密闭技术及自动化技术的装置中进行。

（3）对工作场所引进清洁空气加强通风，对整个车间采取降尘防护措施。

（4）加强个人防护，严格要求操作人员在生产场所使用防尘口罩、面罩等防护用具。

（5）采用除尘设施，对悬浮在气体中的粉尘或落到地面或物体表面上的粉尘进行捕集分离。下面介绍几种常用的定型除尘设备。

2. 除尘装置

（1）分类　根据各种除尘装置作用和原理的不同，可以分为机械除尘器、湿式除尘器、电除尘器和过滤除尘器四大类。

机械除尘器还可分为重力除尘器、惯性力除尘器和离心除尘器。

近年来，为提高对颗粒污染物的捕集效率，还在不断研究开发新型高效的除尘器，如声凝聚器、热凝聚器、高梯度磁分离器等。

（2）除尘装置的选择　在选用除尘器时，要根据各种主要设备的优缺点和性能情况，气体污染的具体要求，通过分析比较来确定除尘方案，选定除尘装置。常用除尘器的比较见表 7-5。

表 7-5 各种主要除尘设备的比较

除尘器	原理	适用粒径/μm	除尘效率(η)/%	优点	缺点	适用范围
沉降室	重力	50~100	40~60	①造价低; ②结构简单; ③压力损失小; ④磨损小; ⑤维修容易; ⑥节省运转费	①不能除小颗粒粉尘; ②效率较低	烟气除尘、磷酸盐、石膏、氧化铝、石油精制催化剂回收
挡板式(百叶窗)除尘器	惯性力	10~100	50~70	①造价低; ②结构简单; ③处理高温气体; ④几乎不用运转费	①不能除小颗粒粉尘; ②效率较低	
旋风式分离器	离心式	<5, >3	50~80 10~40	①设备较便宜; ②占地小; ③处理高温气体; ④效率较高; ⑤适用于高浓度烟气	①压力损失大; ②不适用于湿、黏气体; ③不适用于腐蚀性气体	
湿式除尘器	湿式	≈1	80~99	①除尘效率高; ②设备便宜; ③不受温度、湿度影响	①压力损失大,运转费用高; ②用水量大,有污水需要处理; ③容易堵塞	硫铁矿焙烧、硫酸、磷酸、硝酸生产等
过滤除尘器(袋式除尘器)	过滤	1~20	90~99	①效率高; ②使用方便; ③低浓度气体适用	①容易堵塞,滤布需替换; ②操作费用高	喷雾干燥、炭黑生产、二氧化钛加工等
电除尘器	静电	0.05~20	80~99	①效率高; ②处理高温气体; ③压力损失小; ④低浓度气体适用	①设备费用高; ②粉尘黏附在电极上时,对除尘有影响,效率降低; ③需要维修费用	酸雾、石油裂化、催化剂回收、氧化铝加工等

还可以根据含尘气体的特性,从以下几个方面考虑除尘装置的选择和组合。

① 若尘粒粒径较小,几微米以下粒径占多数时,应选用湿式、过滤式或电除尘式除尘器;若粒径较大,$10\mu m$ 以上粒径占多数时,可选用机械除尘器。

② 若气体含尘浓度较高时,可用机械除尘器;若含尘浓度低时,可采用文丘里除尘器;若气体的进口含尘浓度较高而又要求气体出口的含尘浓度低时,则可采用多级除尘器串联组合方式除尘,先用机械式除尘器除去较大尘粒,再用电除尘或过滤式除尘器去除较小粒径的尘粒。

③ 对于黏附性较强的尘粒,最好采用湿式除尘器,不宜采用过滤式除尘器,因为易造成滤布堵塞;也不宜采用静电除尘器,因为尘粒黏附在电极表面上将使电除尘器的效率降低。

④ 对于含有危险性组分的气体,应先将危险因素消除,再进行处理。如含 CO 的气体,可将 CO 转化为 CO_2 后再除尘。

通过以上比较,除可根据除尘设备的性能和特点外,还需考虑当地大气环境质量要求、排放标准、尘粒的特性(粒径、粒度分布、形状、密度、黏度、可燃性、凝集特性、化学成分、温度、压力、湿度）等。总之，只有充分了解所处理含尘气体的特性，同时充分掌握各种除尘装置的性能，才能合理地选择经济有效的除尘装置。

二、化工生产废水污染防治

（一）水体污染的水质指标

水体污染主要表现为水质在物理、化学、生物学等方面的变化特征。用水体污染的水质指标来衡量。所谓水质指标就是指水中杂质具体衡量的尺度。水质指标的类别及含义见表 7-6。

表 7-6　水质指标的类别及含义

类别	含义
色度	水的感官性状指标之一。当水中存在着某种物质时，可使水着色，表现出一定的颜色，即色度。规定 1mg/L 以氯铂酸离子形式存在的铂所产生的颜色，称为 1 度
浊度	表示水因含悬浮物而呈浑浊状态，即对光线透过时所发生阻碍的程度。水的浊度大小不仅与颗粒的数量和性状有关，而且同光散射性有关，我国采用 1L 的蒸馏水中含 1mg 二氧化硅为一个浊度单位，即 1 度
硬度	水的硬度是由水中的钙盐和镁盐形成的。硬度分为暂时硬度（碳酸盐）和永久硬度（非碳酸盐），两者之和称为总硬度。水中的硬度以"度"表示，1L 水中的钙和镁盐的含量相当于 1mg/L 的 CaO 时，叫做 1 度
溶解氧(DO)	溶解在水中的分子态氧，叫溶解氧。20℃时，0.1MPa 下，饱和溶解氧含量为 9×10^{-6}。它来自大气和水中化学、生物化学反应生成的分子态氧
化学需氧量(COD)	是在一定的条件下，采用一定的强氧化剂处理水样时，所消耗的氧化剂量。它是表示水中还原性物质多少的一个指标，以 mg/L 表示。目前应用最普遍的是酸性高锰酸钾氧化法与重铬酸钾氧化法，但两种氧化剂都不能氧化稳定的苯等有机化合物。它是水质污染程度的重要指标，COD 的数值越大表明水体的污染情况越严重
生化需氧量(BOD)	在好氧条件下，微生物分解水中有机物质的生物化学过程中所需要的氧量。目前，国内外普遍采用在 20℃下，五昼夜的生化耗氧量作为指标，即用 BOD_5 表示，单位是 mg/L
总有机碳(TOC)	水体中所含有机物的全部有机碳的数量。其测定方法是将所有有机物全氧化成 CO_2 和 H_2O，然后测定所生成的 CO_2 量
总需氧量(TOD)	氧化水体中总的碳、氢、氮和硫等元素所需的氧量。测定全部氧化所生成的 CO_2、H_2O、NO 和 SO_2 等的总需氧量
残渣和悬浮物	在一定温度下，将水样蒸干后所留物质称为残渣。它包括过滤性残渣（水中溶解物）和非过滤性物质（沉降物和悬浮物）两大类。悬浮物就是非过滤性残渣
电导率(EC)	是截面为 1cm²、高度为 1cm 的水柱所具有的电导。它随水中溶解盐的增加而增大。电导率的单位为 S/cm
pH	指水溶液中，氢离子(H^+)浓度的负对数，即 pH=$-$lg[H^+]，pH 的范围是 0～14。pH=7 时表示中性，<7 时表示酸性，>7 时则为碱性

（二）化工生产废水的来源与特点

1. 化工废水的分类及主要来源

化工废水可分为三大类：第一类为含有机物的废水，主要来自基本有机原料、合成材料、农药、染料等行业排出的废水；第二类为含无机物的废水，如无机盐、肥料、磷肥、三酸二碱等行业排出的废水；第三类为既含有有机物又含有无机物的废水，如氯碱、农药、涂料等行业。

也可按废水中所含主要污染物分类，如碱性废水、酸性废水、含酚废水、含硫废水、含铬废水、含有机磷废水、含有机物废水等。化工废水的主要来源可以看作是由化工生产的原料和产品在生产、包装、运输、贮存的过程中产生或物料流失又经冲刷而形成的废水。

2. 化工废水的特点

化工废水的特点有以下几个方面：①废水排放量大；②污染物种类多；③污染物毒性大、不易生物降解；④废水中含有有害污染物较多；⑤污染范围广。表 7-7 列出了几种典型的化工生产所排出的废水情况。

表 7-7　主要化工行业废水来源及主要污染物

行业	废水中主要污染物
氮肥	氰化物、挥发酚、硫化物、氨、NO_x、SS（悬浮物）、油类
磷肥	氟、砷、P_2O_5、SS（悬浮物）、铅、镉、汞、硫化物
无机盐	磷、氰化物、铅、锌、氟化物、硫化物、锡、铬、镉、砷、铜、锰、锡和汞
氯碱	氯、乙炔、硫化物、汞、SS（悬浮物）
有机原料及合成材料	油类、硫化物、酚、氰、有机氯化物、芳香族胺、硝基苯、含氮杂环化合物、铅、铬、镉、砷
染料	卤化物、硝基物、氨基物、苯胺、酚类、硫化物、硫酸钠、NaCl、挥发酚、SS（悬浮物）、六价铬
涂料	油、酚、醇、醛、SS（悬浮物）、六价铬、铅、锌、锡
感光材料	明胶、醋酸、硝酸、照相有机物、醇类、苯、银、乙二醇、丁醇、二氯甲烷、卤化银、SS（悬浮物）
焦炭、煤气粗制和精制化工产品	酚、氰化物、氨、NO_x、COD_{Cr}、油类、硫化物
硫酸（硫铁矿制酸）	酸性、砷、硫化物、氟化物、SS（悬浮物）

（三）化工生产废水的处理技术

废水治理，就是采用各种方法将废水中所含的污染物质分离出来，或将其转化为无害和稳定的物质，从而使废水得以净化。根据其作用原理可划分为四大类别，即物理法、化学法、物理化学法和生物处理法。

按处理程度，废水处理技术可分为一级、二级和三级处理。

一级处理包括预处理过程，如经过格栅、沉砂池和调节池。通常被认为是一个沉淀过程，在某些情况下还加入化学药剂以加快沉降。一级沉淀池通常可去除 90%～95% 的可沉降颗粒物，50%～60% 的总悬浮固形物以及 25%～35% 的 BOD_5，但无法去除溶解性污染物。

同样，二级处理也包括一级处理过程，主要目的是去除一级处理出水中的溶解性 BOD，并进一步去除悬浮固体物质。二级处理主要为生物过程，可在相当短的时间内分解有机污染物。可以去除大于 85% 的 BOD_5 及悬浮固体物质，但无法显著地去除氮、磷或重金属，也难以完全去除病原菌和病毒。一般工业废水经二级处理后，已能达到排放标准。

当二级处理无法满足出水水质要求时，需要进行废水三级处理。三级处理所使用的处理方法很多，包括化学处理及过滤方法等。一般三级处理能够去除 99% 的 BOD、磷、悬浮固体和细菌，以及 95% 的含氮物质。三级处理过程除常用于进一步处理二级处理出水外，还可用于替代传统的二级处理过程。

工业废水中的污染物质种类很多，不能设想只用一种处理方法，就能把所有污染物质去除殆尽。一种废水往往要经过采用多种方法组合成的处理工艺系统处理后，才能达到预期的处理效果。

1. 物理法

通过物理作用和机械力分离或回收废水中的悬浮污染物质或乳浊液，并在处理过程中不改变其化学性质的方法称为物理处理法。常见的有格栅、筛滤、离心、澄清、过滤、隔油等方法。物理处理法一般较为简单，多用于废水的一级处理中，以保护后续处理工序的正常进行并降低其他处理设施的处理负荷。

图 7-6 为广泛使用的设有链带式刮泥机的平流沉淀池。池内水沿池水平流动通过沉降区并完成沉降过程。

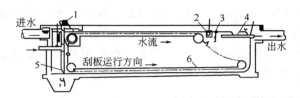

图 7-6 设有链带式刮泥机的平流沉淀池

1—集渣器驱动；2—浮渣槽；3—挡板；4—可调节出水堰；5—排泥管；6—刮板

2. 化学法

化学法是利用化学作用处理废水中的溶解物质或胶体物质，可用来去除废水中的金属离子、细小的胶体有机物、无机物、植物营养素（氮、磷）、乳化油、酸、碱等，常见的有中和、沉淀、氧化还原、催化氧化、光催化氧化、微电解、电解絮凝、焚烧等方法。

中和是一种对酸、碱废水的处理方法，使酸、碱水互相中和，在中和后不平衡时加入药剂。酸性废水的中和投药的流程如图 7-7 所示。一般需将酸性废水在沉淀池中沉淀 12～15h。酸性废水的中和剂有石灰（CaO）、石灰石（$CaCO_3$）、碳酸钠（Na_2CO_3）、NaOH等。碱性废水中和投药的药剂主要是工业盐酸。

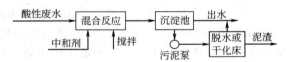

图 7-7 酸性废水中和投药流程

3. 物理化学法

单纯的物理或化学方法处理后，废水中仍会残留某些细小的悬浮物以及溶解的有机物。为了进一步去除残存在水中的污染物，可以进一步采用物理化学方法进行处理。物理化学法是利用物理化学作用来去除废水中溶解物质或胶体物质。常用的物理化学方法有吸附、浮选、萃取、电渗析、反渗透、离子交换、膜分离、超过滤等。

4. 生物处理法

生物处理法是利用微生物代谢作用，使废水中的有机污染物和无机微生物转化为稳定、无害的物质。是一种较环保的处理方法。常见的有活性污泥法、生物膜法、厌氧生物消化法、稳定塘与湿地处理等。生物处理法也可按是否供氧而分为好氧处理和厌氧处理两类，前者主要有活性污泥法和生物膜法两种，后者包括各种厌氧消化法。

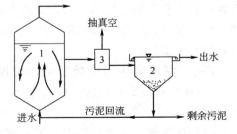

图 7-8 厌氧消化法接触工艺流程

1—混合接触池（消化池）；2—沉淀池；3—真空脱气器

典型的厌氧消化法如图 7-8 所示，废水自下而上通过上流式厌氧污泥床反应器，和底部高活性的污泥层接触，大部分的有机物在此转化为 CH_4 和 CO_2。反应器的上部为澄清池，设有气、液、固三相分离器。被分离的消化气从上部导出，污泥自动落到下部反应区。

（四）化工生产水体污染的综合防治

水体污染综合防治是指从整体出发综合运用各种措施，对水环境污染进行防治，可以从以下几个方面入手。

（1）改进工艺，减少污染，实施清洁生产，从源头减少废水污染物的产生。

（2）充分利用水体的自净能力，在自净能力的限度内，水体本身就像一个良好的污水处理厂，但它的自净能力是有限的。

（3）循环使用废水，降低排放量，回收废水中有价值的物质，不仅利于减少环境污染，而且利于经济发展，是值得大力研究开发的重要课题。

三、化工生产固体废物污染防治

固体废物是指在生产、生活和其他活动中产生的丧失原有利用价值或虽未丧失利用价值但被抛弃或者放弃的固态、半固态和置于容器中的气态的物品、物质以及法律、行政法规规定纳入固体废物管理的物品、物质。不能排入水体的液态废物和不能排入大气的置于容器中的气态废物，一般归入固体废物管理体系。

（一）固体废物的来源与分类

固体废物来自人类活动的许多环节，几乎涉及所有行业，来源极其广泛。固体废物种类繁多，按其污染特性可分为危险废物和一般废物。按废物来源可分为城市固体废物、工业固体废物和农业固体废物。按形态可分为固体块状、粒状及粉状废物。

（二）化工生产固体废物的来源与特点

目前，全世界已有的化学品多达 700 万种，其中已作为商品上市的有十余万种，经常使用的有 7 万多种，现在每年全世界新出现化学品有 1000 多种。各种化工原料加工利用率低，约为 1/3，其余大部分变成废物，这些废物中约有一半是固体废物。在治理废水或废气过程中也会有新的废渣产生，这些化工废渣对环境造成严重危害。

化工固体废物一般按废弃物产生的行业和生产工艺过程进行分类。如硫酸生产中产生的硫铁矿烧渣、聚氯乙烯生产中产生的电石渣等。化工废渣的特点主要有以下三个方面。

（1）固体废物数量大、种类多、成分复杂。化工行业的多样性决定了生产中固体废物种类多、成分复杂、产生量较大，约占全国固体废物产生量的 6.16%。

（2）化工固体废物中危险物多。化工生产中涉及的具有毒性、易燃性、反应性、腐蚀性、爆炸性的物质含量高，对人体健康和生存环境产生危害。

（3）废弃物再资源化可能性大。化工固体废物组成中有相当一部分是未反应的原料和反应副产物，都是很宝贵的资源，如硫铁矿烧渣、合成氨造气炉渣、烧碱盐泥等，可用作制砖和水泥的原料。一部分硫铁矿烧渣、废胶片、废催化剂中还含有金、银、铂等贵金属，有回收利用的价值。

（三）固体废物污染控制的主要原则

《固体废物污染环境防治法》确定了固体废物污染环境防治的原则为减量化、资源化和无害化。

（1）减量化　即清洁生产。通过改善生产工艺和设备设计，以及加强管理，来降低原料、能源的消耗量，最大限度地减少固体废物的产生量。

（2）资源化　即综合利用。将固体废物视为"放错了地方的资源"，或是"尚未找到利用技术的新材料"，通过综合利用，从固体废物中回收有用的物质和能量，使有利用价值的固体废物变废为宝，实现资源的再循环利用。

（3）无害化　即安全处置。对无利用价值的固体废物通过严格和彻底地处置，使之不损害人体健康，不污染周围的自然环境。如用焚烧、卫生填埋、有害物质的热处理和解毒处理等。

（四）化工生产固体废物处置常用的方法

1. 预处理方法

固体废物的种类复杂，大小、形状、状态、性质千差万别，一般需要进行预处理。常用的预处理技术有三种。

（1）压实　用物理的手段提高固体废物的聚集程度，减少其容积，以便于运输和后续处理，主要设备为压实机。

（2）破碎　用机械方法破坏固体废物内部的聚合力，减少颗粒尺寸，为后续处理提供合适的固相粒度。

（3）分选　根据固体废物不同的性质，在进行最终处理之前，分离出有价值的和有害的成分，实现"废物利用"。

2. 化工固体废物处理方法

化工固体废物的综合利用及处理大致可分为以下几种方法。

（1）物理法　主要包括筛选法、重力分选法、磁选法、电选法、光电分选法、浮选法等。

（2）物理化学法　主要包括析离法、烧结法、挥发法、汽提法、萃取法、电解法等。

（3）化学法　主要包括溶解法、浸出法、化学处理法、热解法、焚烧法、湿式氧化法等。

（4）生物化学法　主要包括细菌浸出法和消化法。

（5）其他方法　主要包括浓缩干化、代燃料、填地、农用、做建材等。

3. 化工固体废物的收集、贮存与运输

由于化工固体废物的有害性，因此，在其收、存及运转期间必须进行不同于一般废物的特殊管理。

（1）收集与贮存　由生产者将废弃物直接运往场外的收集中心或回收站，也可通过主管部门配备的专用车辆，按规定的路线地点，运往指定的贮存地点或做进一步处理。

（2）运输　多采用公路为主要运输途径。为了保证安全和防止污染，必须对运输部门加强管理，严格执行培训、考核和许可证制度。

第二节　化工厂安全设计

一、概述

（一）化工生产的特点

化工生产具有易燃、易爆、易中毒、高温、高压、有腐蚀性等特点，与其他工业部门相比具有更大的危险性。具体来讲，化工生产的特点可以归纳为以下几点。

（1）化工生产使用的原料、半成品和成品种类繁多，绝大部分是易燃、易爆、有毒、有害、有腐蚀性的危险化学品，因此，生产过程中对这些原材料、燃料、中间产品、成品的贮存和运输都提出了特殊的要求。

（2）化工生产要求的工艺条件苛刻。有些化学反应在高温、高压下进行，而有些反应又要求在低温、高真空度条件下进行。如由轻柴油裂解制乙烯的生产过程中的裂解温度达800℃；裂解气要在深度冷冻（−96℃）条件下进行分离。

（3）生产规模大型化。近年来，生产越来越趋向于规模大型化、反应装置集中化，并使大量化学物质都处于工艺过程状态，一旦外泄就会造成重大事故，对人的生命和财产安全造成严重威胁。

（4）生产方式日趋先进。生产的连续性、操作的集中性以及全流程的自动控制，省掉了许多中间的贮存环节，生产的弹性大大减弱，生产线上每一环节的故障都会对全局产生重大影响。

同时，在许多化工生产中，特别是染料、医药、表面活性剂、涂料、香料等精细化工产品，依然大量采用间歇操作。在间歇操作时，由于人机过于接近、岗位环境差、劳动强度大，致使发生事故时很难躲避。

（二）化工生产设计和安全

从以上化工生产的特点来看，与其他行业相比，化工生产潜在的不安全因素更多，危险性和危害性更大，因此，对化工生产来说，安全设计比什么都重要。

关于安全设计，首先要严格执行国家安全生产法令、法规、规范等强制标准，以系统的分析为基础，定性、定量地考虑涉及专业技术领域的危险性，同时，以过去的事故和资料等所提供的教训来制定安全措施。即以法令法规为第一阶段，以有关标准为第二阶段，再以企业经验为第三阶段来制定安全措施。

安全设计的过程具体来说一般包括：化工装置的安全设计，危险物质处理的安全设计，公用工程的安全设计，防止误操作的安全设计，工艺本质的安全设计，车间平面布置的安全设计，建筑耐火结构的安全设计，消防灭火设施的安全设计，通信系统的安全设计等方面的内容。

在设计前，充分审查与各个设计有关的安全性，制定必要的安全措施。在设计阶段，同时研究各专业技术，对安全设计进行特别慎重的审查，尽可能完全消除设计中的缺陷之处。

二、防火防爆安全措施

危险化学品在生产、储运及使用中，若设计不合理、操作不当、管理不善、用火不慎，都有可能引起火灾、爆炸或中毒事故，使国家财产遭受损失，人身安全受到损害。所以，防火、防爆、防中毒对于危险化学品生产、储运、使用都是十分重要的。

（一）燃烧与爆炸

1. 燃烧

燃烧是一种伴有发光、发热的激烈的氧化反应。它具有发光、发热和生成新物质三个特征。例如，木材、纸张在空气中的燃烧，氢气在氯气中的燃烧反应。

可燃物、助燃物和点火源是构成燃烧的三个要素，缺少其中任何一个，燃烧便不能发生。

根据燃烧起因的不同，燃烧可分为闪燃、着火和自燃三类。

（1）闪燃和闪点　可燃液体的蒸气（包括可升华固体的蒸气）与空气混合后，遇到明火而引起瞬间燃烧，称为闪燃。液体能发生闪燃的最低温度，称为该液体的闪点。闪燃往往是着火先兆，可燃液体的闪点越低，越易着火，火灾危险性越大。某些可燃液体的闪点见表 7-8。

表 7-8　某些可燃液体的闪点

液体名称	闪点/℃	液体名称	闪点/℃	液体名称	闪点/℃
戊　烷	<−40	乙　醚	−45	乙酸甲酯	−10
己　烷	−21.7	苯	−11.1	乙酸乙酯	−4.4
庚　烷	−4	甲　苯	4.4	氯　苯	28
甲　醇	11	二甲苯	30	二氯苯	66
乙　醇	11.1	丁　醇	29	二硫化碳	−30
丙　醇	15	乙　酸	40	氰化氢	−17.8
乙酸丁酯	22	乙酸酐	49	汽　油	−42.8
丙　酮	−19	甲酸甲酯	<−20		

（2）着火与燃点　可燃物质在有足够助燃物（如充足的空气、氧气）的情况下，由点火源作用引起的持续燃烧现象，称为着火。使可燃物质发生持续燃烧的最低温度，称为燃点。燃点越低，越容易着火。一些可燃物质的燃点见表 7-9。

表 7-9　一些可燃物质的燃点

物质名称	燃点/℃	物质名称	燃点/℃	物质名称	燃点/℃
赤　磷	160	聚丙烯	400	吡　啶	482
石　蜡	150～195	醋酸纤维	482	有机玻璃	260
硝酸纤维	180	聚乙烯	400	松　香	216
硫　黄	255	聚氯乙烯	400	樟　脑	70

（3）自燃和自燃点　可燃物质被加热或由于缓慢氧化分解等自行发热达到一定的温度，即使不与明火接触也能自行着火燃烧的现象，称为受热自燃。可燃物发生自燃的最低温度，称为自燃点。一些可燃物质的自燃点见表 7-10。

表 7-10　一些可燃物质的自燃点

物质名称	自燃点/℃	物质名称	自燃点/℃	物质名称	自燃点/℃
二硫化碳	102	苯	555	甲　烷	537
乙　醚	170	甲　苯	535	乙　烷	515
甲　醇	455	乙　苯	430	丙　烷	466
乙　醇	422	二甲苯	465	丁　烷	365
丙　醇	405	氯　苯	590	水煤气	550～650
丁　醇	340	黄　磷	30	天然气	550～650
乙　酸	485	萘	540	一氧化碳	605
乙酸酐	315	汽　油	280	硫化氢	260
乙酸甲酯	475	煤　油	380～425	焦炉气	640
乙酸戊酯	375	重　油	380～420	氨	630
丙　酮	537	原　油	380～530	半水煤气	700
甲　胺	430	乌洛托品	685	煤	320

2. 爆炸及其特性

（1）爆炸及其分类 物质发生的一种极为迅速的物理或化学变化，并在瞬间放出大量能量，同时产生巨大声响的现象称为爆炸。其特点是具有破坏力，产生爆炸声和冲击波。化学工业中常见的爆炸可分为物理性爆炸与化学性爆炸两类。

① 物理性爆炸。由物理因素（如状态、温度、压力等）变化而引起的爆炸现象称为物理性爆炸。物理性爆炸前后物质的性质和化学成分均不改变。如容器内液体过热气化而引起的爆炸等。

② 化学性爆炸。由于物质发生激烈的化学反应，使压力急剧上升而引起的爆炸称为化学性爆炸。爆炸前后物质的性质和化学成分均发生了根本的变化。

爆炸对化工生产具有很大的破坏力，其破坏形式主要包括震荡作用、冲击波、碎片冲击、造成火灾等。

（2）爆炸极限 可燃性气体、蒸气或粉尘与空气组成的混合物，并不是在任何浓度下都会发生燃烧或爆炸。可燃性气体、蒸气（含薄雾）或粉尘（含纤维状物质）与空气形成的混合物，遇着火源即能发生爆炸的最低浓度，称为该气体、蒸气或粉尘的爆炸下限；同样，可燃性气体、蒸气或粉尘与空气形成的混合物遇点火源即能发生爆炸的最高浓度，称为爆炸上限。混合物浓度低于爆炸下限时，因含有过量的空气，空气的冷却作用阻止了火焰的传播；同样，混合物浓度高于爆炸上限时，空气量不足，火焰也不能传播。

气体混合物的爆炸极限一般是用可燃气体或蒸气在混合气中的体积分数来表示的。一些气体和液体的爆炸极限见表 7-11。

表 7-11 一些气体和液体的爆炸极限

物质名称	爆炸极限/%		物质名称	爆炸极限/%		物质名称	爆炸极限/%	
	下限	下限		下限	下限		下限	下限
氢	4.0	75.6	氯 苯	1.3	11.0	乙 醚	1.7	48.0
氨	15.0	28.0	甲 醇	5.5	36.0	丙 酮	2.5	13.0
一氧化碳	12.5	74.0	乙 醇	3.5	19.0	汽 油	1.4	7.6
二硫化碳	1.0	60.0	丙 醇	1.7	48.0	煤 油	0.7	5.0
乙 炔	1.5	82.0	丁 醇	1.4	10.0	乙 酸	4.0	17.0
氰化氢	5.6	41.0	甲 烷	5.0	15.0	乙酸乙酯	2.1	11.5
乙 烯	2.7	34.0	乙 烷	3.0	15.5	乙酸丁酯	1.2	7.6
苯	1.2	8.0	丙 烷	2.1	9.5	硫化氢	4.3	45.0
甲 苯	1.2	7.0	丁 烷	1.5	8.5			
邻二甲苯	1.0	7.6	甲 醛	7.0	73.0			

（3）爆炸极限的影响因素 物质的原始温度、原始压力的数值越高，爆炸的危险性越大；惰性介质及杂质、容器的材质、尺寸、点火源等因素也会对爆炸极限的大小产生影响。

3. 粉尘爆炸

（1）粉尘爆炸 粉尘在空气中达到一定浓度，遇明火会发生爆炸，粉尘爆炸是粉尘粒子表面和氧作用的结果。

（2）影响粉尘爆炸的因素 影响粉尘爆炸的因素包括粉尘的物理化学性质、颗粒大小、粉尘的浮游性、粉尘与空气混合的浓度等。生成粉尘爆炸时并不一定要在爆炸场所整个空间都达到爆炸危险浓度。一般情况下，只要粉尘成层地附着于墙壁、屋顶、设备上就可能引起爆炸。表7-12列出了一些粉尘的爆炸下限。

表 7-12　一些粉尘的爆炸下限/(g/m³)

粉尘名称	雾状粉尘	云状粉尘	粉尘名称	雾状粉尘	云状粉尘
铝	35～40	37～50	聚氯乙烯		63～86
铁　粉	120	135～204	聚丙烯	20	25～35
镁	44～59	44～59	有机玻璃	20	
锌	35	214～284	酚醛树脂	25	36～49
硫　黄	35		脲醛树脂	70	
红　磷		48～64	甲基纤维素	25	
萘	2.5	28～38	硬沥青	20	
松　香	12.6		煤　粉	35～45	
聚乙烯	26～35		煤焦炭粉		37～50
聚苯乙烯	27～37		炭　黑		36～45

（二）火灾爆炸危险性分析

影响火灾爆炸危险性的因素很多，如物质的种类、性质和用量，工艺过程的操作参数，生产装置的技术状态和先进程度，生产厂房空间的大小及其通风设备和条件，操作管理人员的素质以及管道、设备等的泄漏和误操作的可能性等。下面首先对生产过程所使用物料的危险性了解一下。

1. 物料的火灾爆炸危险性分析

（1）气体　评定气体火灾爆炸危险性的主要指标是爆炸极限和自燃点。气体的爆炸极限越宽，爆炸下限越低，其火灾爆炸危险性越大；气体的自燃点越高，其火灾爆炸危险性越小。其他，如气体的扩散性、压缩和膨胀等特性以及临界状态参数等也都影响其危险性。

（2）液体　评定液体火灾爆炸危险性的主要指标是闪点和爆炸极限。闪点越低越易起燃。爆炸极限越宽，危险性也越大。爆炸范围可用浓度表示，也可用温度极限表示，而温度是可以随时测定的，故有实际应用意义。

例如，酒精的爆炸浓度范围为3.3%～18%，这个爆炸范围是在11～40℃形成的，所以11～40℃就是酒精的爆炸温度极限。爆炸温度下限即是液体的闪点，因此测定易燃、可燃液体在容器的温度即可得知蒸气浓度是否达到爆炸危险。此外，液体的饱和蒸气压、受热膨胀性、分子量、化学结构等也影响液体的火灾爆炸危险性。

（3）固体　固体物质的火灾危险性主要决定于固体的熔点、燃点、自燃点、比表面积及热分解性等。例如，熔点或自燃点低的固体物质比熔点或自燃点高的固体物质容易燃烧，燃烧速率较快；同样的固体物质，单位体积的表面积越大，其燃爆性就越大，固体物质的受热分解温度越低，其火灾危险性就越大。

2. 生产和贮存的火灾爆炸危险性分类

为防止火灾和爆炸事故，首先必须了解生产或贮存的物质的火灾危险性，发生火灾爆炸事故后火势蔓延扩大的条件等，这是采取行之有效的防火、防爆措施的重要依据。

生产及贮存的火灾危险性分类见表7-13。分类的依据是生产和贮存中物质的理化性质。

表 7-13　生产及贮存的火灾危险性分类表

生产类别	生产及贮存的火灾危险性分类依据
甲	使用或产生下列物质的生产及贮存： ①闪点<28℃的液体； ②爆炸下限<10%的气体； ③常温下能自行分解或在空气中氧化即能导致迅速自燃或爆炸的物质； ④常温下受到水或空气中水蒸气的作用，能产生可燃气体并引起燃烧或爆炸的物质； ⑤遇酸、受热、撞击、摩擦、催化以及遇有机物或硫黄等易燃的无机物，极易引起燃烧或爆炸的强氧化剂； ⑥受撞击、摩擦或与氧化剂、有机物接触时能引起燃烧或爆炸的物质； ⑦在密闭设备内操作温度等于或超过物质本身自燃点
乙	使用或产生下列物质的生产及贮存： ①闪点区间为(28℃,60℃)的液体； ②爆炸下限≥10%的气体； ③不属于甲类的氧化剂； ④不属于甲类的化学易燃危险固体； ⑤助燃气体； ⑥能与空气形成爆炸性混合物的浮游状态的粉尘、纤维及闪点≥60℃的液体雾滴
丙	使用或产生下列物质的生产及贮存： ①闪点≥60℃的液体； ②可燃固体
丁	具有下列情况的生产及贮存： ①对非燃烧物质进行加工，并在高热或熔化状态下经常产生强辐射热、火花或火焰的生产； ②利用气体、液体、固体作为燃料或将气体、液体进行燃烧作其他用的各种生产； ③常温下使用或加工难燃烧物质的生产
戊	常温下使用或加工非燃烧物质的生产及贮存

注：1. 在生产过程中，如使用或产生易燃、可燃物质的量较少，不足以构成爆炸或火灾危险时，可以按实际情况确定其火灾危险性的类别。

2. 一座厂房或防火分区内有不同性质的生产时，其分类应按火灾危险性较大的部分确定。

生产或贮存物品的火灾危险性分类，是确定建、构筑物的耐火等级、布置工艺装置、选择电气设备类型以及采取防火防爆措施的重要依据。

3. 爆炸和火灾危险场所的区域划分

爆炸和火灾危险场所的区域划分见表 7-14。

表 7-14　爆炸和火灾危险场所的区域划分

序号	爆炸和火灾场所	区域	爆炸和火灾危险场所的区域划分依据
1	有可燃气体或易燃液体蒸气爆炸危险的场所	0 区	正常情况下，能形成爆炸性混合物的场所
		1 区	正常情况下不能形成，但在不正常情况下能形成爆炸性混合物的场所
		2 区	不正常情况下整个空间形成爆炸性混合物可能性较小的场所
2	有可燃粉尘或可燃纤维爆炸危险的场所	10 区	正常情况下，能形成爆炸性混合物的场所
		11 区	仅在不正常情况下，才能形成爆炸性混合物的场所
3	有火灾危险性的场所	21 区	在生产过程中，生产、使用、贮存和输送闪点高于场所环境温度的可燃液体，在数量上和配置上能引起火灾危险的场所
		22 区	在生产过程中，不可能形成爆炸性混合物的可燃粉尘或可燃纤维在数量上和配置上能引起火灾危险的场所
		23 区	有固体可燃物质在数量上和配置上能引起火灾危险的场所

注：1. "正常情况"包括正常的开车、停车、运转（如敞开装料、卸料等），也包括设备和管线正常允许的泄漏情况。

2. "不正常情况"则包括装置损坏、误操作及装置的拆卸、检修、维护不当泄漏等。

4. 可燃气体的火灾危险性分类

可燃气体的火灾危险性分类见表 7-15。

表 7-15 可燃气体的火灾危险性分类

类别	可燃气体与空气混合物的爆炸下限
甲	<10%（体积分数）
乙	≥10%（体积分数）

分析火灾爆炸的危险性，目的在于了解和掌握生产过程中的各种危险因素，弄清各种危险因素之间的关系及其变化规律，从而采取相应的措施以防止事故的发生。

（三）防火防爆安全措施

首先是思想上重视，要认真贯彻执行"安全第一，预防为主"的安全生产方针。严格遵守国家有关防火防爆的法律法规，制定和完善企业安全管理制度，编制和实施安全操作规程，进行职工安全培训教育，组织安全检查，开展安全竞赛活动等。

其次是切实执行企业的安全防火规程；严格采取行政和技术措施，保证有火灾及爆炸危险性物质的生产安全。生产中采取的防止火灾与爆炸发生的措施主要有以下几个方面。

1. 火灾爆炸危险物质的处理

可以采用难燃或不燃物质代替可燃物质，根据物质的危险特性采取相应的安全密闭或通风措施，也可用氮气、二氧化碳、水蒸气等惰性介质进行保护。

2. 点火源的控制

（1）防止明火的产生

① 加热易燃液体时，应尽量避免采用明火，而采用蒸汽、热水等，如果必须采用明火，则设备应严格密闭，防止泄漏。工艺装置中有明火的设备，应远离有可燃物质存在的设备及储罐。在确定的禁火区内，没有消除危险之前，不得进行明火作业。

② 在有火灾爆炸危险性的厂房内，应尽量避免动火，必须动火维修时，应严格执行动火安全管理规定，办理动火证，将动火环境可燃物清理干净，并经检测合格后，方可动火。

此外，也要加强对火柴、焊接、切割、静电的管理，不防爆的电气设备也应避开装置，严格执行动火管理制度。

（2）注意高温表面 在化工生产中，加热装置、高温物料管线及机泵等，其表面温度均较高，要防止可燃物落在上面，引燃着火，可燃物的排放要远离高温表面，高温表面要有隔热措施。

3. 电气火花的控制

电气火花包括生产中使用的电气设备的开关或继电器分合时的火花，短路、保险丝熔断时产生的火花等。为了满足化工生产的防爆要求，必须了解防爆电气设备的类型，学会正确选用防爆电气设备。

4. 防静电

化工生产中，物料、装置、器材、构筑物及人体所产生的静电积累放电时产生的火花具有很高的瞬时能量，引起火灾爆炸。

静电防护的主要措施有以下几个方面。

（1）通过采用适当材料，改进设备结构，限制流速、防止杂质混入等措施；

（2）通过空气增湿、导电设备静电接地和规定物料静止时间等方法，将电荷泄漏消散；

（3）在静电电荷密集的地方，设法用带电离子中和静电电荷，以及添加抗静电剂等方法消除静电。

5. 防雷措施

在防雷措施上，对第一、第二类工业建（构）筑物应有防直击雷、防雷电感应和防雷电波侵入的措施；对第三类工业建（构）筑物应有防直击雷和防雷电波侵入的措施。

6. 其他

通过设置自动控制、信号报警、保险装置、安全联锁等安全保护装置；按工艺要求严格控制工艺参数在安全限度以内；采取严格措施，正确管理建、构筑物；正确安装、使用和管理各种工艺设备及机电设备。安装适用的消防通信工具，保证有充足的消防用水和适当的消防器材；设置人员疏散通道等措施保证生产的安全性。

三、建筑防火结构的安全设计

按 GB 50016—2014《建筑设计防火规范》规定执行。

（一）建、构筑物的耐火性能

按工业建、构筑物结构材料的耐火性能的大小，共分为五级，见表 7-16。

表 7-16　工业建、构筑物耐火程度分级

耐火等级	耐火性能特点
Ⅰ	非燃性的建、构筑物
Ⅱ	非燃性的建、构筑物，但耐火极性较低（耐火能力在 0.25～3h）
Ⅲ	非燃性的建、构筑物，结构上大部分具有非燃性或难燃性，但屋顶具有可燃性
Ⅳ	建、构筑物大部分具有难燃性，但屋顶具有可燃性
Ⅴ	建、构筑物大部分均具有可燃性

（二）厂房的防火、防爆规定

1. 厂房的耐火等级、层数和面积

各类厂房的耐火等级、层数和面积，应符合表 7-17 的要求（《建筑设计防火规范》另有规定者除外）。

表 7-17　厂房的耐火等级、层数和面积

生产类别	耐火等级	最多允许层数	防火墙间最大允许占地面积/m²	
			单层厂房	多层厂房
甲	一级	不限	4000	3000
	二级	不限	3000	2000
乙	一级	不限	5000	4000
	二级	不限	4000	3000
丙	一级	不限	不限	6000
	二级	不限	7000	4000
	三级	2	3000	2000
丁	一级、二级	不限	不限	不限
	三级	3	4000	2000
	四级	1	1000	—
戊	一级、二级	不限	不限	不限
	三级	3	5000	3000
	四级	1	1500	—

2. 工业建、构筑物火灾的危险程度

工业建、构筑物火灾的危险程度分类见表 7-18。

表 7-18　工业建、构筑物火灾的危险程度分类

类别	生产过程中火灾危险性的特征
甲	使用下列物质的生产： ①由于水或空气中氧气的作用，可能起火或爆炸的物质； ②蒸气闪点在 28℃ 以下的液体； ③爆炸极限≤10% 的可燃气体
乙	使用下列物质的生产： ①蒸气闪点在 28～120℃ 的液体，而且该蒸气能与空气形成爆炸性混合物； ②生产过程中产生浮游状态可燃纤维或粉尘，可能与空气构成爆炸混合物
丙	使用或加工下列物质的生产： ①固体的可燃物质或可燃材料； ②蒸气闪点超过 120℃ 的液体
丁	包括在高热或熔化状态经常发生辐射热、火花及火焰的非燃烧体物质和材料进行加工的生产及利用固体、气体及液体燃烧的生产等
戊	包括在冷却状态下加工非燃烧物质或材料的生产

3. 厂房的防火间距

以上的甲、乙类属于火灾危险性较大的生产，如酒精、醋酸等，必须采用比较耐火的建筑结构，同时建筑物间的防火间距要求也较大。根据以上规定，一般工业建、构筑物的防火间距，应按表 7-19 确定。

表 7-19　一般工业建、构筑物的防火间距/m

甲厂房或建(构)筑物 耐火等级	乙厂房或建(构)筑物耐火等级		
	Ⅰ 和 Ⅱ	Ⅲ	Ⅳ 和 Ⅴ
Ⅰ 和 Ⅱ	10	12	16
Ⅲ	12	16	18
Ⅳ 和 Ⅴ	16	18	20

还应注意以下几点。

（1）组与组或组与相邻建筑之间的防火间距应遵守表中的规定（按相邻两座耐火等级最低的建筑物考虑）。

（2）厂房与民用建筑之间的防火间距，不应小于表中的规定值。但甲、乙类生产厂房与民用建筑之间的防火间距不应小于 25m；距重要的公共建筑不宜小于 50m。

（3）散发可燃气体、可燃蒸气的甲类生产厂房与下述地点的防火间距不应小于下列规定值：

明火或散发火花的地点——30m；

厂外铁路线（中心线）——30m；

厂内铁路线（中心线）——20m；

厂外道路（路边）——15m；

厂内主要道路（路边）——10m；

厂内次要道路（路边）——5m。

厂内装卸线如有安全措施，可不受本条限制。

4. 厂房的防爆

（1）有爆炸危险的甲、乙类生产厂房，宜采用钢筋混凝土柱、钢柱或框架承重结构，并宜采用敞开或半敞开式的厂房。

（2）有爆炸危险的甲、乙类生产厂房，应设置必要的泄压面积。泄压面积与厂房体积的比值一般采用 0.05～0.10。爆炸介质的爆炸下限较低或爆炸压力较强以及体积较小的厂房，应尽量加大比值。面积超过 1000m² 的建筑，如采用上述比值有困难时，可适当降低，但不应小于 0.03。

（3）泄压设施宜采用轻质屋盖。易于泄压的门、窗、轻质墙体等也可作为泄压设施。泄压设施应布置合理，并应靠近爆炸部位，不应面对人员集中的地方和主要交通道路。

（4）散发较空气重的可燃气体、可燃蒸气的甲类生产车间以及有粉尘、纤维爆炸危险的乙类生产车间，宜采用不发生火花的地面。容易积存可燃粉尘、纤维的车间内表面，应平整、光滑并易于清扫。

（5）有爆炸危险的甲、乙类生产车间内不应设置办公室、休息室等。供甲、乙类生产车间用的办公室、休息室等，可贴邻本车间设置，但应用耐火极限不低于 3.50h 的非燃烧体墙隔开。有爆炸危险的甲、乙类生产部位，宜设在单层厂房靠外墙处或多层厂房的最上一层靠外墙处。

此外，有关库房的防火规定，易燃、可燃液体储罐的防火规定，可燃、助燃气体储罐的防火间距等方面的设计可参考有关防火方面的规范如：《建筑设计防火规范》（GB 50016—2014）、《爆炸危险场所安全规定》、《石油化工企业设计防火规范》（GB 50160—2008）等。

四、工业毒物的危害与防治

（一）工业毒物及其分类

1. 工业毒物

当某物质进入机体后，能与体液组织发生化学作用或物理变化，扰乱或破坏机体的正常生理功能，引起暂时性或持久性的病理状态，甚至危及生命，该物质称为毒物。这种物质来源于工业生产，也称为工业毒物（主要是指化学物质）。

工业毒物的区分标准是：经口摄取半数致死量 $LD_{50} \leqslant 500mg/kg$ 的固体，$LD_{50} \leqslant 2000mg/kg$ 的液体或经皮肤接触 24h，半数致死量 $LD_{50} \leqslant 1000mg/kg$ 的液体，粉尘、烟雾及蒸气吸入半数致死浓度 $LC_{50} \leqslant 10mg/L$ 的固体或液体，以及列入《危险货物品名表》的农药。

2. 工业毒物的分类

在一般条件下，工业毒物常以一定的物理形态（固体、液体或气体）存在。但在生产环境中，随着反应或加工过程的不同则有下列五种状态可造成环境污染。

（1）粉尘　为飘浮于空气中的固体颗粒，直径大于 0.1μm。大都在固体物质机械粉碎、研磨时形成。

（2）烟尘　又称烟雾或烟气，为悬浮在空气中的烟状固体微粒，直径小于 0.1μm。多由某些金属熔化时产生的蒸气在空气中氧化凝聚而成。

（3）雾　为悬浮于空气中的微小液滴。多由蒸气冷凝或液体喷散而成。

（4）蒸气　由液体蒸发或固体物料升华而成。

（5）气体　在生产场所的温度、气压条件下散发于空气中的气态物质。

从预防生产中毒角度出发，按其性质和作用来区分，一般分为以下几种。

① 刺激性毒物。酸的蒸气、氯、氨、二氧化硫等均属此类毒物。它们直接作用到人体组织上时都能引起组织发炎。

② 窒息性毒物。窒息性毒物可分为窒息及化学窒息性毒物两种。前者如氮、氢、氦等，后者如一氧化碳、氰化氢等。

③ 麻醉性毒物。芳香族化合物、醇类、脂肪族硫化物、苯胺、硝基苯及其他化合物均属此类毒物。该类毒物主要对神经系统有麻醉作用。

④ 无机化合物及金属有机化合物。凡对人体有毒且中毒机理不能归于上述三类的气体和挥发性毒物均属此类。如金属蒸气、砷与锑的有机化合物等。

（二）工业毒物的毒性

1. 毒物的急性毒性分级

毒物的急性毒性分级，可根据动物染毒试验资料的半数致死剂量（LD_{50} 或 LC_{50}），即染毒动物半数死亡的剂量或浓度进行分级。

据此将毒物分为剧毒、高毒、中等毒、低毒、微毒五级，如表 7-20 所示。

表 7-20　化学物质急性毒性分级

毒物分级	大鼠一次经口 LD_{50}/(mg/kg)	6 只大鼠吸入 4h 后死亡 2～4 只的浓度/(μg/g)	兔涂皮时 LD_{50}/(mg/kg)	对人可能致死量	
				g/kg	60kg 体重总量
剧　毒	<1	<10	<5	<0.05	<0.1
高　毒	≈1	≈10	≈5	≈0.05	≈3
中等毒	≈50	≈100	≈44	≈0.5	≈30
低　毒	≈500	≈1000	≈350	≈5	≈250
微　毒	≈5000	≈10000	≈2180	>15	>1000

2. 影响毒性的因素

工业毒物的毒性大小或作用特点常因它本身的理化特性、剂量（浓度）、环境条件及个体的敏感性等一系列因素而异。

（三）工业毒物的防治

当工业毒物逸散到空气中（或与人体接触）并超过容许浓度时，就会对人体产生危害作用。所以，防毒的出发点是减少有毒物质来源，降低有毒物质在空气中的含量，以及减少毒物与人体的接触机会。

一般防毒技术措施的基本原则是：①减少有毒、含毒物料的使用数量；②净化空气以减少空气中有害物质的含量；③减少操作人员在有毒环境中的暴露次数和时间；④加强个体防护。

1. 防毒技术措施

（1）用无毒或低毒物质代替有毒或高毒物质。

（2）采用安全的工艺路线和工艺条件。

（3）以机械化、自动化代替手工操作。

（4）以密闭、隔离操作代替敞开式操作。

（5）以连续化代替间歇式操作。

（6）在连续化、自动化的基础上实现计算机全过程的控制。

此外，在生产装置设计中，考虑有毒区域和无毒区域的隔离；缩短流程，减少管道、阀门的法兰连接；高压系统用焊接代替法兰连接；改进密封形式。

2. 防毒管理措施

加强生产管理，加强卫生安全宣传教育，做到人人重视预防毒害；制定防毒措施，建立健全各项规章制度，明确岗位责任制；加强分析监测工作，严格执行 GBZ 1—2010《工业企业设计卫生标准》，控制空气中毒物的浓度。

严格按计划检修设备，加强设备的维护保养管理，杜绝跑冒滴漏，减少毒物危害。此外，还必须在生产现场配备必要的防毒器材，督促生产者认真做好个人防护工作。

总之，为了防止工业毒物的危害，必须采取综合防毒措施，即组织措施、技术措施、个人防护、卫生保健和有毒气体监测等措施。

第三节　噪声的控制与防护

从广义的角度出发，人们把凡是干扰人们休息、学习和工作的声音，即不需要的、令人厌恶的声音统称噪声。

一、噪声的性质、分类和危害

1. 噪声的性质

噪声是一种感觉公害，虽然不能长时间存留在环境中，但其一旦发生，人们就立刻感觉到它的存在，给人身心健康带来威胁；噪声总局限在声源附近，是一种局限性、分散性公害；噪声具有瞬时性，可随声源的消失而立即消失，既不会持久，也不会积累。

2. 噪声分类

化工生产的某些过程，如固体的输送、压碎和研磨，气体的压缩与传送以及动力机械的运转，气体的喷射等都能造成相当强烈的噪声。下面介绍化工厂几种主要噪声源。

（1）机泵噪声　主要由电机本身的电磁振动所发出的电磁性噪声、尾部风扇的空气动力性噪声及机械噪声组成，一般为83～105dB。

（2）压缩机噪声　主要由主机的气体动力噪声以及主机与辅机的机械噪声组成，一般为84～102dB。

（3）加热炉噪声　主要由喷嘴中燃料与气体混合后，向炉内喷射时与周围空气摩擦而产生的噪声，和燃料在炉膛内燃烧产生的压力波激发周围气体发出的噪声组成，一般为82～101dB。

（4）风机噪声　主要由风扇转动产生的空气动力噪声、机械传动噪声、电机噪声组成，一般为82～101dB。

（5）排气放空噪声　主要由带压气体高速冲击排气管及突然降压引起周围气体扰动所产生的噪声，以气体动力噪声为主。

3. 噪声危害

工业卫生标准规定，噪声的标准是85dB以下，最高不得超过90dB。超过规定的标准，会对生产岗位造成噪声污染，引起人体的听觉损伤，并对神经、心脏、消化系统等产生不良影响，令人烦躁不安，妨害听力和干扰语言，以及成为导致意外事故发生的隐患。当噪声的分贝超过80dB时，应对耳朵采取保护措施。

二、噪声防治对策和措施

所有的噪声基本上可以分为声源、传播路程和接受者三部分。噪声防治对策措施主要考虑从声源上和传播路程上降低噪声两个环节，如果达不到要求或不经济，则可以考虑接受者个人防护。总之，通过化工厂设计和评价提出的噪声防治对策和措施，必须符合针对性、具体性、经济性和技术可行性原则。

1. 从声源上降低噪声

设计制造产生噪声较小的低噪声设备，对高噪声设备规定噪声限制标准；用低噪声的设备和工艺代替强噪声的设备和工艺；在生产管理中保持设备良好的运行状态，不增加不正常运行噪声；对工程实际采用的高噪声设备，在投入安装使用时，应当采取减振、隔音等方法降低噪声，从声源上根治噪声，使噪声降低到对人无害的水平。

2. 噪声传播途径的控制（隔离噪声）

从传播途径上降低噪声是一种最常见的防治噪声污染的手段。即在噪声声源和接受者之间进行屏蔽和疏导，以吸收和阻止噪声的传播。使敏感建筑物远离噪声源，实现"闹静分离"。

（1）合理布局　把噪声强的车间和作业场所与职工生活区分开；工厂内部的强噪声设备与一般生产设备分开；有可能的情况下把同类型的噪声源，如空压机、真空泵等集中在一个机房内，以缩小污染面并便于集中处理。

（2）利用和设置声屏　利用天然地形如山岗、土坡、树木草丛或已有的建筑屏障等阻断或屏蔽一部分噪声的传播。

（3）吸声　利用吸声材料或吸声结构来吸收声能，从而达到降低噪声的效果，一般可用玻璃纤维、聚氨酯泡沫塑料、微孔吸声砖、软质纤维板、矿渣棉等吸声材料。

（4）隔声　用屏蔽物将声音挡住，把声源封闭在一个有限的空间内，使其与周围环境隔绝。隔声结构一般采用密实、质重的材料如砖墙、钢板、混凝土、木板等。

（5）消声　消声就是运用安装消声器来削减声能的过程。

（6）减振　在机械设备下面安装减振垫层，将机器与其他机构的刚性连接变为弹性连接，以减弱振动的传递。

（7）利用声源的指向性控制噪声　对环境污染面大的高声强声源，要合理选择和布置传播方向，对车间内的小口径高速排气管道，应引至室外，让高速气流向上空排放，或把排气管道与烟道或地沟连接，也能减少噪声对环境的污染。

3. 个体防护

如果以上方法和手段仍无法保证受噪声影响的环境敏感目标达到相应的环境要求，应对保护对象采取降噪措施。许多场合下，采用个人防护是最有效、最经济的降低噪声危害的方法。最常用的是佩戴护耳器，如耳塞、耳罩、耳棉、隔声帽等。可使耳内噪声降低20～30dB。

总之，工业噪声的防治以固定的工业设备噪声源为主。对项目整体来说，可以从工程选址、总图布置、设备选型、操作工艺变更等方面考虑，尽量减少声源可能对环境产生的影响。

三、化工厂厂界噪声标准

1. 厂界噪声排放限值

化工企业的生产车间或作业场所的噪声标准，应按现行《工业企业厂界噪声标准》（GB

12348—2008）执行。化工企业厂界环境噪声不得超过表7-21规定的排放限值。

表 7-21　化工企业厂界环境噪声限值/dB（A）

厂界外声环境功能区类别	时段	
	昼间	夜间
0 类	50	40
1 类	55	45
2 类	60	50
3 类	65	55
4 类	70	55

厂界外声环境功能区类别如下。

（1）0类声环境功能区　指康复疗养区等特别需要安静的区域。

（2）1类声环境功能区　指以居住、医疗、文教机关为主要功能，需要保持安静的区域。

（3）2类声环境功能区　指以居住、商业金融、工业混杂，需要维持住宅安静的区域。

（4）3类声环境功能区　指以工业生产、仓储物流为主要功能，需要防止工业噪声对周围环境产生严重影响的区域。

（5）4类声环境功能区　指交通干线两侧一定距离之内，需要防止交通噪声对周围环境产生严重影响的区域。

另外，对夜间频发噪声的最大声级超过限值的幅度不得超过10dB（A），夜间偶发噪声的最大声级超过限值的幅度不得超过15dB（A）。

2. 每个工作日接触噪声时间限值

化工企业每个工作日允许接触噪声量和时间不得超过表7-22规定的限值。

表 7-22　每个工作日允许接触的噪声量和时间

每个工作日接触噪声时间/h	允许噪声量/dB	
	新建企业	现有企业
8	85	90
4	88	93
2	91	96
1	94	99
1/2	97	102
1/4	100	105

注：最高不得超过115dB。

思 考 题

1. 大气中的污染物主要有哪些？
2. 简述化工生产废气的来源及主要的污染物。
3. 气态污染物的治理方法有哪些？
4. 颗粒污染物的净化方法有哪些？

5. 水体污染的水质指标有哪些？

6. 化工生产废水的处理技术有哪些？

7. 化工生产固体废物控制的主要原则是什么？

8. 化工生产固体废物处理常用的方法有哪些？

9. 从哪些方面分析物料的火灾爆炸危险性？

10. 化工生产物料防火防爆的安全措施有哪些？

11. 什么是工业毒物？有哪些种类？

12. 工业毒物的防治措施有哪些？

13. 噪声的性质有哪些？

14. 噪声的防治对策和措施主要有哪些？

第八章
设计说明书和概算的编制

 【学习目标】

　　通过本章内容的学习，使学生了解设计说明书、施工图设计说明书的编制方法，初步了解建设项目投资估算、生产成本估算、经济评价、综合技术经济指标，以及工程概算书的编制。

第一节　设计说明书的编制

　　化工厂设计的基本任务是将一个系统（一个工厂、一个车间或一套装置等）的基建任务以图纸、表格及必要的文字说明（说明书）的形式描绘出来，即把技术装备转化为工程语言，然后通过基本建设的方法把这个系统建设起来，并生产出合格产品。这些图纸、表格及说明书的绘（编）制就是设计文件的编制。

　　设计文件是工程项目设计的最终成品，是组织施工的依据，由于设计阶段的不同，设计文件的编制内容和深度要求也不同。

一、初步设计阶段的设计说明书编制

　　化工厂初步设计文件按设计专业分别编制，包括总论、技术经济、总图运输、化工工艺及系统、布置与配管、厂区外管、分析、设备、自动控制及仪表、供配电、土建、环保等。化工工艺及系统专业初步设计文件按装置分别编制，包括设计说明书和说明书的附表、附图。

　　1. 设计说明书的编制内容

　　（1）概述

　　① 设计原则。说明设计依据、车间概况及特点、生产规模、生产方法、流程特点、主要技术资料和技术方案的确定，主要设备的选型原则等。

　　② 车间组成。说明车间组成、设计范围、车间布置的原则和特点等。

　　③ 生产制度。说明年生产时间，连续和间歇生产情况以及生产班次等。

　　（2）原材料及产品（包括中间产品）的主要技术规格　主要技术规格按表 8-1 格式编制。

　　（3）危险性物料的主要物性　危险性物料是指决定车间（装置）区域或厂房防火、防爆等级，以及操作环境中有害物质的浓度超过国家卫生标准而采取隔离、置换（空气）等措施

的主要物料。具体按表 8-2 所示的格式填写。

表 8-1 原材料、产品及助剂的主要技术规格

序号	名称	规格	分析方法	国家标准	备注
1					
2					
...					

表 8-2 危险性物料的主要物性

序号	物料名称	分子量	熔点/℃	沸点/℃	闪点/℃	燃点/℃	在空气中爆炸极限		国家标准	备注
							上限	下限		
1										
2										
...										

（4）生产流程简述　按生产工序叙述物料经过工艺设备的顺序及生成物的流向，主要操作控制指标，如温度、压力、流量、配比等。说明产品及原料的贮存、运输方式及有关安全措施和注意事项。对间歇操作须说明操作周期、一次加料量及各阶段的控制指标。

（5）主要设备的选择与计算

① 对车间有决定性影响的设备（如反应器、传质设备、压缩机等）的选用，应从技术可靠性和经济合理性论证。各主要设备应做必要的工艺计算；对非定型设备应以表格形式分类表示计算和选择的结果；对选定的设备填写技术特性表。同时，推荐各设备的制造厂等。

② 各主要设备应做必要的工艺计算，对机泵等定型设备要填写技术特性表，并将全部设备设计的结果填入"设备一览表"内，并推荐制造厂。

（6）原材料、动力消耗定额及消耗量

① 原材料消耗定额及消耗量。原材料消耗定额（以每吨产品计）及消耗量见表 8-3。

表 8-3 原材料消耗定额及消耗量

序号	名称	规格	单位	消耗定额	消耗量		备注
					每小时	每年	
1							
2							
...							

② 动力消耗定额及消耗量。动力（水、电、汽、气）消耗定额（以每吨产品计）及消耗量，见表 8-4。

表 8-4 动力消耗定额及消耗量

序号	名称	规格	使用情况	单位	消耗定额	消耗量		备注
						正常	最大	
1								
2								
...								

表 8-3、表 8-4 中消耗定额可按每吨 100%分析纯产品计或每吨工业产品计。

（7）生产控制分析　格式见表 8-5。

表 8-5　生产控制分析

序号	取样地点	分析项目	分析方法	控制指标	分析次数	备注
1						
2						
…						

注：1. 取样地点指在哪台设备（或管线）上取样。

2. 分析项目指为使工艺生产正常运行而应控制的分析组分。

3. 分析方法只需简要标明所采用的分析方法即可（如重量法、容量法、色谱法等）。

4. 控制指标系指所分析的项目应控制的上、下限范围。

5. 分析次数是指正常运转时，每小时或每班的次数，至于开车时的分析次数则可视情况而定，并应用括号括出，同时在备注中加以说明。

（8）车间或工段定员　格式见表 8-6。

表 8-6　车间或工段定员

序号	名称	生产工人		辅助工人		管理人员	操作班次	轮休人员	合计
		每班定员	技术等级	每班定员	技术等级				
1									
2									
…									
车间（或工段）补缺人员									
车间（或工段）合计									

（9）主要节能措施　论述能源选择和利用的合理性，采用节能新技术、新工艺、新材料、新设备的情况及其节能效益。

（10）"三废"治理　说明排放物的性质、数量、排出场所，以及对环境的危害情况，提出"三废"治理措施及综合利用办法。"三废"排量及组成见表 8-7。

表 8-7　"三废"排量及组成

序号	排放物名称	温度/℃	压力/Pa	排出点	排放量			组成及含量	国家排放标准	处理意见	备注
					单位	正常	最大				
1											
2											
…											

（11）产品成本估算　车间成本主要从原材料费、动力消耗费、工资、车间经费以及副产品与其他回收费用进行估算。作为工厂成本则还需估算企业管理费。格式见表 8-8。

（12）自控部分　这一部分由自控专业按初步设计的要求进行编写。主要说明自控特点和控制水平确定的原则、环境特征及仪表选型、动力供应及存在的问题等。

（13）概算　按概算编制的规定编制出车间的总概算书，并编入说明书的最后部分。

（14）技术风险备忘录　说明造成技术风险的原因和存在的技术问题，说明所采用技术或专利可能导致对设计性能保证指标、原材料及公用工程消耗指标产生不利影响的情况，并预计其后果。

表 8-8　产品成本估算

序号	名称	单位	消耗定额	单价	成本	备注
一	原材料费 合计					
二	动力费 水 电 合计					
三	工资 合计					定员××人
四	车间经费 1. 折旧费 2. 修理费 3. 管理费 合计					按××年折旧 按折旧费××%计 按1、2项之和××%计
五	副产品及其他回收费 合计					
六	产品车间（装置）成本					

（15）存在问题及解决意见　说明设计中存在的主要问题，提出解决的办法和建议，以及需要提请上级部门审批的重大技术方案问题。

2. 设计说明书的附图和附表

（1）流程图图例符号、缩写字母和说明（或首页图）。

（2）物料流程图和物料平衡表。

（3）管道及仪表流程图。

（4）设备布置图。

（5）主要设备设计总图。根据设计具体情况确定应作设备总图的主要设备，确定结构形式、材料选择、主要技术特性、操作条件等。

（6）附表。包括表 8-1～表 8-8；设备一览表按容器类、塔类、换热器类、泵类等分别分项编写；设备位号按流程顺序、分工顺序编写（见表 8-9～表 8-12）。

表 8-9　再沸器、换热器和冷却器（E）

序号	流程编号	名称	介质	程数	温度/℃ 进	温度/℃ 出	压力(绝压)/MPa	流量/(kg/h)	平均温度差/℃	热负荷/(kJ/h)	传热系数/[kJ/(m²·h·℃)]	传热面积/m² 计算	传热面积/m² 采用	型号	挡板间距/mm	备注
1			管内													
			管间													
2			管内													
			管间													
…			管内													
			管间													

表 8-10　塔（T）

| 序号 | 流程编号 | 名称 | 台数/台 | 型号 | 操作条件 | | | 体积流量/(m³/h) | 空速（催化时）/(m³/m³) | 催化装置量/m³ | 装料系数 | 线速度/(m/s) | 停留时间/(min) | 规格 | | 备注 |
					介质	温度/℃	压力（绝压）/MPa							内径×长度/mm×mm	容积/m³	
1																
2																
…																

表 8-11　反应器（R）

| 序号 | 流程编号 | 名称 | 台数/台 | 型号 | 操作条件 | | | 体积流量/(m³/h) | 装料系数 | 线速度/(m/s) | 停留时间/min 或贮存时间/d | 规格 | | 备注 |
					介质	温度/℃	压力（绝压）/MPa					内径×长度/mm×mm	容积/m³	
1														
2														
…														

表 8-12　容器（V）

| 序号 | 流程编号 | 名称 | 台数/台 | 型号 | 操作条件 | | | 体积流量/(m³/h) | 装料系数 | 线速度/(m/s) | 停留时间/min 或贮存时间/d | 规格 | | 备注 |
					介质	温度/℃	压力（绝压）/MPa					内径×长度/mm×mm	容积/m³	
1														
2														
…														

（7）图号及编排。各种图、表进行统一编排。编号的一般原则是：工程代号——设计阶段代号——主项代号——专业代号——专业内分类号——同类图纸序号。

二、施工图设计文件的编制

施工图纸是工程施工、安装的依据。施工图设计就是要进一步完善初步设计阶段的工艺流程图设计、设备布置图设计，并进一步完成管道布置图设计、管架设计及设备、管道的保温、防腐设计等。编制各主项施工图设计文件时，应编写主项图纸总目录，非定型设备图纸目录和工艺图纸目录。

工艺施工图设计文件编制内容如下。

1. 工艺设计说明

工艺设计说明可根据需要按下列各项内容编写。

（1）工艺修改说明，说明对初步设计的修改变动。

（2）设备安装说明，主要及大型设备吊装，建筑预留孔，安装前设备可放位置。

（3）设备防腐、脱脂、除污要求和设备外壁防锈、涂色要求及试压、试漏和清洗要求等。

（4）设备安装需进一步落实的问题。

（5）管路安装说明。

（6）管路的防腐、涂色、脱脂和除污要求及管路的试压、试漏和清洗要求。

（7）管路安装需统一说明的问题。

（8）施工时应注意的安全问题和应采取的安全措施。

（9）设备和管路安装所采用的标准和其他说明事项。

2. 带控制点的工艺流程图（施工流程图）

带控制点的工艺流程图应表示出全部工艺设备和物料管线、阀门等，进出设备的辅助管线及工艺和自控仪表的图例、符号。

3. 辅助管路系统图

辅助管路系统图应表示出系统的全部管路。一般在带控制点工艺流程图左上方绘制，若辅助管路系统复杂时，可以单独绘制。

4. 首页图

按《化工工艺设计施工图内容和深度统一规定》（HG/T 20519—2009）的规定，在工艺设计施工图中，将设计中所采用的部分规定以图、表的形式绘制成首页图，以便更好地了解和使用各设计文件。内容包括：管道及仪表流程图中采用的图例、符号、设备位号、物料代号和管道编号等；装置及主项的代号和编号；自控专业在工艺过程中所采用的检测和控制系统的图例、符号、代号等；其他有关的说明事项。图幅大小可根据内容而定，一般为 A1。

5. 分区索引图

分区索引图可按化工单元分区（如精馏区、干燥区等），也可按功能分区（如压缩区、急冷区等），并在该区的右下角标上分区名称，左下角应标注基准点。

6. 设备布置图

设备布置图包括平面图与剖面图，其内容应表示出全部工艺设备的安装位置和安装标高，以及建筑物、构筑物、操作台等。

7. 设备一览表

根据设备订货分类要求，分别做出定型工艺设备表、非定型工艺设备表、机电设备表等，格式见表 8-13～表 8-15。

表 8-13　定型工艺设备一览表

设计单位名称		工程名称		定型工艺设备表（泵类、压缩机、鼓风机类）			编制		年 月 日		库号	
		设计项目					校对		年 月 日			
		设计阶段					审核		年 月 日	第 页	共 页	

序号	流程图位号	名称	型号	流量或排气量/(m³/h)	扬程（水柱）/m	介质		温度/℃		压力/MPa			原动机型号	功率/kW	电压/V或蒸气压（表压）/MPa	数量	单位质量/kg	单价/元	备注
						名称	主要成分	入口	出口	单位	入口	出口							
1																			
2																			
...																			

8. 管路布置图

管路布置图包括管路布置平面图和剖面图，其内容表示出全部管路、管件和阀件，简单的设备轮廓线及建筑物、构筑物外形。

9. 配管设计模型

做模型设计时，可用配管设计模型代替管路布置图。

表 8-14　非定型工艺设备一览表

设计单位名称	工程名称		非定型工艺设备表				编制		年 月 日	库号	
	设计项目						校对		年 月 日		
	设计阶段						审核		年 月 日	第 页 共 页	

序号	流程图位号	名称	主要规格	操作条件			材料	面料/m² 或容积/m³	附件	数量	质量/kg	单价/元	复用或设计	图纸库号	保温		备注
				主要介质	温度/℃	压力/MPa									材料	厚度	
1																	
2																	
…																	

表 8-15　机电设备一览表

设计单位名称	工程名称		机电设备表		编制		图号	
	设计项目				校对			
	设计阶段				审核		第 页 共 页	

序号	流程图位号	名称	型号规格	技术条件	单位	数量	质量/t		价格/元		备注
							单位质量	总质量	单位	总价	
1											
2											
…											

10. 管路轴测图及材料表

　　管路轴测图是用来表示一个设备与另一个设备（或另一管路）间一段管路的立体图样。可以手工绘制，也可以用计算机绘制。管路材料的相应内容可填入管路轴测图的附表中。

11. 管架和非标准管件图

　　有特殊要求或结构复杂的焊制非标准管件和管架应按设备专业的制图规定绘制结构总图，列出材料表并填写重量。铸件根据需要还应绘制零件图。

　　在现场用型钢焊制的一般管架，只绘制结构总图，标注详细尺寸，可不绘制零件图。材料数量可直接在图上注明。

　　为了便于图纸复印，应尽量只绘一个管架或管件。

12. 管架表

　　本表按管道布置图分区编制。填写管架表时，应按管架类别及生根部位的结构组成的字头分若干张进行，以免管架序号相混。如果管架不多，每张管架表允许划分上下两半部分或数段分别填写几种字头的管架。

13. 综合材料表

　　综合材料表应按管路安装材料及管架材料、设备支架材料和保温防腐材料三类材料进行编制。格式见表 8-16。

表 8-16　综合材料表

序号	材料名称	规格	单位	数量	材料	标准或图号	备注
1							
2							
…							

表 8-17　换热器条件表

条件修改

修改标记	修改处数	修改内容	条件修改单生产令号	签字	日期

简图及说明

管口表

符号	公称尺寸 DN	连接尺寸标准	连接面形式	用途或名称	备注

设计参数及要求

No.	项目		壳程	管程
1	工作介质	名称		
		组分		
		密度/(kg/m³)		
		黏度		
		流量		
2	设计压力/MPa			
3	工作压力/MPa			
4	工作温度/℃	入口		
		出口		
5	设计温度/℃			
6	换热器类型			
7	程数			
8	传热面积/m²			
9	换热管	规格： 管长： 根数：	排列形式：	
10	折流板（支撑板）	数量： 间距： 缺边位置与高度：		

设备名称　　　　　设备型号　　　　　设备号

组织　　　　　　　　　　　　顾客

技术代表　　　电话　　　传真　　　技术代表

校核人　　　审核人　　　电话

设计参数及要求

No.	项目		壳体	换热管
11	腐蚀裕量/mm			
12	推荐材料			
13	保温材料	名称		
		厚度/mm		
		密度/(kg/m³)		
		特性		
14	总传热量/(kJ/h)			
15	平均温差/℃			
16	给热系数			
17	密封要求			
18	操作方式及要求			
19	安装检修要求			
20	设计寿命			
21	设计规范			
22	其他要求			

台数

交货日期　　年　月　日

日期　　年　月　日

传真

14. 管口方位图

管口方位图应表示出全部管口、吊钩、支脚及地脚螺栓的方位，并标注管口编号、管径和管道名称。对塔还要表示出地脚螺栓、吊柱、直爬梯和降液管的位置。

15. 换热器条件表

换热器条件表应表示出它的工作介质、设计压力、工作压力、设计温度、工作温度、换热器类型、传热面积、程数、折流板、换热管的特性，格式见表 8-17。

第二节　设计概算的编制

化工工程基本建设的概算是化工工程设计中一项不可缺少的工作。化工设计在初步设计阶段编制的概算、施工图设计阶段编制的预算、工程竣工后由建设单位进行的决算合称为基本建设的"三算"。

化工工程基本建设概算主要指设计概算，是设计文件的重要组成部分。通过概算、预算，各项工程的投资可用价值表示出来，可用以判断建设项目的经济合理性，也是投资者或国家对基本建设工作进行财政监督的一项重要措施。工程概算是编制固定资产投资计划、签订建设项目贷（筹）款合同，实行建设项目投资包干的依据；同时也是办理贷款、付款及控制施工图预算以及考核设计经济合理性的依据。

一、概算的内容

概算的内容主要包括：单位工程概算（建筑工程概算、设备及安装工程概算）；单项工程综合概算；总概算（包括编制说明书，主要设备，建筑安装的钢材、木材、水泥三大材料的用量估算表，投资分析及总概算表）；其他工程和费用概算。

1. 单位工程概算

单位工程概算是计算一个独立车间或装置（即单项工程）中每个专业工程所需工程费用的文件。单位工程是单项工程的组成部分，单位工程是指具有单独设计、可以独立组织施工但不能独立发挥生产能力或使用效益的工程，如某个拟建大型综合化工企业中的一个生产车间（或装置）就包括土建工程、供排水工程、采暖通风工程、工艺设备及安装工程、工艺管道工程、电气设备及安装工程等单位工程。单位工程概算又分为建筑工程概算和设备及安装工程概算两类。

2. 单项工程综合概算

单项工程是指建成后能独立发挥生产能力和经济效益的工程项目。单项工程综合概算是计算一个单项工程（车间或装置）所需建设费用的综合性文件。单项工程综合概算由单项工程内各个专业的单位工程概算汇总编制而成，是编制总概算工程费用的组成部分和依据。

3. 总概算

总概算是指一个独立厂（或分厂）从筹建、建设安装到竣工验收交付使用前所需的全部建设资金。概算内容包括各单项工程概算内容的汇总、其他费用计算等。总概算应编制总概算表和概算说明书，进行投资分析。

二、概算费用的分类

1. 设备购置费

包括工艺设备（主要生产、辅助生产及公用工程项目的设备）、电气设备（电动、变电配电、电信设备），自控设备（各种计量仪器仪表、控制设备及电子计算机等）、生产工具、器具家具等的购置费。

2. 安装工程费

安装工程费指完成装置的各项安装工程所需的费用，包括主要生产、辅助生产，公用工程项目的工艺设备的安装、各种管道的安装，电动、变电配电、电信等电气设备安装；计量仪器、仪表等自控设备安装费用。

设备内部填充（不包括催化剂），内衬，设备保温、防腐以及附属设备的平台、栏杆等工艺金属结构的材料及其安装费也列入安装工程费。

3. 建筑工程费

建筑工程费包括下列主要内容：

（1）一般土建工程　包括生产厂房、辅助厂房、库房、生活福利房屋、设备基础、操作平台、烟囱、各种地沟、栈桥、管架、铁路专用线、码头、道路、围墙、冷却塔、水池以及防洪的等的建设费用。

（2）大型土石方和场地平整及建筑工程的大型临时设施费。

（3）特殊构筑工程　包括气柜、原料罐、油罐、裂解炉及特殊工业炉工程。

（4）室内供排水采暖通风工程　包括暖风设备及安装，卫生设施、管道煤气、供排水及暖风管道和保温等建设费用。

（5）电气照明及避雷工程　包括生产厂房、辅助厂房、库房、生活福利房的照明和厂区照明，以及建筑物、构筑物的避雷等建设费用。

（6）主要生产、辅助生产、公用工程等车间内外部管道，阀门以及管道保温、防腐的材料及安装费。

（7）电动、变配电、电信、自控、输电线路、通信网络安装工程的电缆、电线、管线、保温材料及其安装费。

4. 其他基本建设费用

除上述费用以外的有关费用，如建设单位管理费、生产工人培训费、基本建设试车费、办公及生活用具购置费、建筑场地准备费（如土地征用及补偿费、居民迁移费、建筑场地清理费等）、大型临时设施费及施工机构转移费、设备间接费等。

概算项目按工程性质也可以分为工程费用、其他费用和预备费三种。

（1）工程费用

① 主要生产项目费用　包括生产车间原料的贮存，产品的包装和贮存，以及为生产装置服务的工程，如空分、冷冻、集中控制室、工艺外管等项目的费用。

② 辅助生产项目费用　包括机修、电修、仪修、中心实验室、空压站、设备材料等项目的费用。

③ 公用工程费用　包括供排水工程（水站、泵房、冷却塔、水池等），供电及电信工程（全厂的变电所，配电所，电话站，广播、输电和通信线路等），供汽工程（全厂的锅炉房、供热站、外管等）、运输工程（全厂的大门、道路、公路、铁路、码头、围墙、运输车辆及船舶等），厂区外管工程等项目的费用。

④ 服务性工程费用　包括厂部办公室、门卫、食堂、医务室、浴室、汽车库、消防车库、厂内厕所等项目的费用。

⑤ 生活福利工程费用　包括宿舍、住宅、食堂、幼儿园以及相应的公用设施如供电、供排水、厕所、商店等项目的费用。

⑥ 厂外工程费用　包括水源工程、远距离输水管道、热电站、公路、铁路、厂外供电线路等工程的费用。

（2）其他费用　其他费用项目不是固定不变的，可根据建设项目的具体情况增减，一般包括以下项目的费用。

① 施工单位管理费　包括施工管理费、劳保支出、施工单位法定利润、技术装备费、临时设施费、施工机械迁移费、冬（雨）季施工费、夜间施工增加费。

② 建设单位费用　包括建设单位管理费用，生产工人进厂及培训费，试车费，生产工具、器具及家具的购置费，办公及生活用具购置费，土地征用及迁移补偿费，绿化费，不可预见工程费等。

③ 勘察、设计和试验研究费　包括勘察费、设计前期工作费、设计费；其他费用，如工程可行性研究费，设计模型费，样品、样机购置和科学研究试验费等。

其他费用又可分为固定资产其他费用、无形资产其他费用和递延资产费用。

① 固定资产其他费用　指使用期限超过一年，单位价值在规定标准以上，并且在使用过程中保持原有实物形态的劳动资料，包括房屋及建筑物、机器、设备以及其他与经营活动有关的工具、器具等。固定资产其他费用包括土地征用费、建设单位管理费、临时设施费、工程造价咨询费、可行性研究费、工程设计费、地质勘察费、环境影响评价费、劳动安全卫生评价费、职业病危害与评价费、地震评价费、顾问支持费、进口设备材料国内检验费、施工队伍调遣费、锅炉及压力容器安装检验费、超限设备运输特殊措施费、工程保险费、国内设备监造费、研究试验费等。

② 无形资产其他费用　无形资产指企业长期使用但是没有实物形态的资产，包括专利权、商标权、土地使用权、非专利技术、商誉等。无形资产通常以取得该项资产的实际成本为原值。无形资产其他费用包括工艺包费用、国内专利技术费、引进专利或专有技术费、技术服务费、软件费等。

③ 递延资产费用　指不能全部计入当年损益，应当在以后年度内分期摊销的费用，主要指开办费。递延资产费用包括生产人员准备费、办公及生活家具购置费。

（3）预备费　预备费是指在概算中难以预料的工程的费用，包括基本预备费和工程造价调整预备费。

三、概算的编制依据

概算的编制依据如下：工程立项批文，可行性研究报告的批文；业主（建设单位）、监理、承包商三方与设计有关的合同书；主要设备、材料的价格依据；概算定额（或指标）的依据；工程建设其他费用的编制依据及建造安装企业的施工费用依据；其他专项费用的计取依据。具体包括如下内容：

1. 相关法规、文件

概算编制应遵守国家和所在地区的相关法规以及拟建项目的主管部门批文、立项文件各类合同、协议。

2. 设计说明书和图纸

要求按照说明书及图纸的内容，逐项计算、编制，不能任意漏项。

3. 设备价格资料

定型设备的设备原价按市场现行产品最新出厂价格计算，各类定型设备的出厂价格可根据产品样本或向厂家询价确定；非定型设备可按同类设备估价，设备购置费按设备原价加上设备运杂费估算，设备运杂费一般为设备总价的 5.5%。

4. 概算指标（概算定额）

以《化工建设概算定额》（HG 20238—2003）规定的概算指标为依据，不足部分可按各有关公司和建厂所在省、市、自治区的概算指标进行编制。

如果查不到指标，可采用结构相同（或相似）、参数相同（或相似）的设备或材料指标，或与制造厂家商定指标，或按类似的工程的预算参考计算。概算价格水平应按编制年度水平控制。

四、概算的方法

工程项目设计概算分单位工程概算、单项工程综合概算、其他工程费用概算及总概算四个部分。工程项目的概算均由规定的表格和文字组成，文字只是说明编制的依据和表格不能表达的内容。设计概算的编制取决于设计深度、资料完备程度和对概算精确程度的要求。

它们的编制顺序是先编制单位工程概算，然后编制单项工程综合概算、其他工程费用概算，最后编制总概算。

1. 单位工程概算

（1）建筑工程费　根据主要建筑物设计工程量，按建筑工程概算指标或定额进行编制，包括直接工程费、间接工程费计划利润和税金。建筑工程的单位工程概算采用表 8-18 的格式编制。

表 8-18　单位工程概算

价格依据	名称及规格	单位	数量	单价/元		总价/元	
				合计	其中工资	合计	其中工资

审核　　　　　核对　　　　　编制　　　　　　　　　年　月　日

（2）设备及安装工程费　这一概算包括设备购置费概算和安装工程费概算两个内容。其中设备购置费由设备原价和运杂费组成；安装工程费又由设备安装费和材料及其安装费组成，按概算指标和预算定额编制，设备及安装工程费采用表 8-19 的格式编制。

表 8-19　设备及安装工程费

序号	编制依据	设备及安装工程名称	单位	数量	重量/t		概算价值/元					
					单位重量	总重量	单　价			总　价		
							设备	安装工程		设备	安装工程	
								合计	其中工资		合计	其中工资

审核　　　　　核对　　　　　编制　　　　　　　　　年　月　日

单项工程综合概算是以其所辖的建筑工程概算表和设备安装概算表为基础汇总编制的。当建设项目只有一个单项工程时，单项工程综合概算（实为总概算）还应包括工程建设其他费用、含建设期货款利息、预备费和固定资产投资方向调节税的概算。

2. 综合概算

综合概算是在单位工程概算的基础上，以单项工程为单位进行编制的，它是工程总概算的基础，是编制总概算的依据。

根据建设项目中所包含的单项工程的个数的不同，单项工程综合概算的内容也不相同。一个建设项目一般包括主要生产项目、辅助生产项目、公用工程、服务性工程、生活福利性工程、厂外工程等多个单项工程。综合概算是将各车间（单位工程）按上述项目划分，分别填在表 8-20 综合概算的第 2 栏中，然后，把各车间的单位工程概算表中的设备费、安装费、管道及土建的各项费用，按工艺、电气、自控、土建、供排水、照明、避雷、采暖、通风等各项分类汇总在综合概算表中。

表 8-20　综合概算

主项号	工程项目名称	概算价值/万元	单位工程概算价值/元												
			工艺			电气			自控			土建	室内	照明	采暖
			设备	安装	管路	设备	安装	线路	设备	安装	线路	构筑物	供排水	避雷	通风
	一、主要生产项目														
	（一）×××装置(或系统)														
	（二）×××装置(或系统)														
	...														
	二、辅助生产项目														
	三、公用工程														
	（一）供排水														
	（二）供电及电信														
	（三）供汽														
	（四）总图运输														
	四、服务性工程														
	五、生活福利工程														
	六、厂外工程														
	总计														

审核　　　　核对　　　　编制　　　　　　　年　月　日

注：1. 各栏填写内容

第 1 栏填写设计主项（或单元代号）

第 2 栏填写主项（或单元）名称

第 4、5 栏填写主要生产项目，辅助生产项目和公用工程的供排水、供汽、总图运输以及相应的厂外工程的设备和设备安装费。

第 6 栏填写上述各项目的室内外管路安装费。

第 7～16 栏分别填写电动、变配电、电信、自控等设备和设备安装费及其内外部线、厂区照明、土建、室内给排水、采暖、通风等费用。

第 3 栏为第 4～16 栏之和。

2. 工程项目名称栏内一～六项每项均列合计数，总计为合计之和。第一项主要生产项目除列合计数外，其中各生产装置（或系统）还应分别列小数计。第三项公用工程中供排水、供电及电信、供汽、总图运输均应分别列小计。

3. 本表金额以万元为单位，取两位小数。

3. 其他工程费用概算

其他工程费用概算是指一切未包括在单项工程概算内，但又与整个建设工程有关的工程和费用的概算。这些工程费用在建设项目中不易分时，一般不分推到各个单位工程。它是根据设计文件及国家、地方和主管部门规定的收费标准单独进行编制。

其他工程费用概算计算如下。

（1）建设单位管理费　指建设单位为进行项目的筹备、建设、联合试运转、竣工验收交付使用及后评估等管理工作所支付的费用，包括工作人员工资、工资附加费、差旅交通费、办公费、工具用具使用费、固定资产使用费、劳动保护费、招收工人费用和其他管理费用性质的开支。建设单位管理费计算方法有两种：一是按总概算第一部分价值的某一百分率计算；二是按人员定额及费用指标计算。

（2）征用土地及迁移补偿费　指建设工程通过划拨或土地使用权出让方式取得土地使用权所需的费用。其中包括在征用土地上必须迁移的建筑物和居民的补偿费用；征用土地上已经种植的农作物和树木的补偿费用等，这些费用应按建设所在地的规定指标计算。

（3）工器具和备品备件购置费　指建设工程为生产准备要购置的不够固定资产标准的设备、仪器、器具、生产家具和备品备件的费用，应按国务院主管部门规定的费用指标计算。

（4）办公和生活用具购置费　指为保证新建项目正常生产和管理而需要的办公和生活用具的费用，可按新建项目所在地的规定指标计算。

（5）生产工人进厂和培训费　指为培训工人、技术人员和管理人员所支出的费用，可按设计规定的培训人员数量、方法、时间和国务院主管部门规定的费用指标计算。

（6）基本建设试车费　一般不列。所需资金先由流动资金或银行贷款解决，再由试车产品相抵。新工艺、新产品可能发生亏损的，可列试车补差费。

（7）建设场地完工清理费　指工程完工后清理和垃圾外运需支付的费用，可按建筑安装工作量的 0.1% 计算，小范围的扩建，技术改造等外延内涵项目，可参照执行。

（8）施工企业的法定利润　指实行独立核算的国有施工企业的计划利润。可按建筑安装工作量和建设部、财政部规定的施工利润率计算。

（9）不可预见工程费　指在初步设计和概算中难以预料的工程费用。这部分费用一般按工程费用和其他工程费用的总计的 5% 计算。

4．总概算

总概算是反映建设项目全部建设费用的文件，它包括从筹建起到建设安装完成以及试车投产的全部建设费用。总概算是由综合概算和其他工程费用概算组成。一般采用表 8-21 的格式编制。初步设计说明书中的概算书，要以总概算的形式表示。总概算一般是按独立的或联合的企业进行编制，如果需要按一个装置（或系统）进行概算，可不经过综合概算直接进行总概算。

总概算的内容如下：

（1）编制说明　扼要说明工程概况，如生产品种、规模、设计内容、公用工程及厂外工程的主要情况。

（2）资金来源及投资方式　是中央还是地方，企业投资或境外投资，是借贷、自筹还是中外合资等。

（3）设计范围及设计分工。

（4）编制依据　列出项目的相关批文、合同、协议、文件的名称、文号、单位及时间。

（5）概算编制的依据。

（6）材料用量估算　填写主要设备用量、主建筑和安装三大材料用量估算表，可按表8-21、表 8-22 的格式编制。

表 8-21 主设备用量

项目	设备总台数	设备总重量/t	定型设备		非定型设备					
			台数	重量/t	台数	重量/t	其中			
							碳钢	不锈钢	铝	其他

注：本表根据设备一览表填列各车间（工段）的生产设备，一般通用设备填入定型设备栏，非定型设备除填列重量外，同时按材质填入重量，以上表中"项目"按主要生产项目、辅助生产项目、公用工程等填写。其中主要生产项目装置填写，其他不列细项。

表 8-22 主建筑和安装三大材料用量

项目	木材用量/m²	水泥用量/t	钢材用量/t					
			板材	其中不锈钢	管材	其中不锈钢	型材	其中不锈钢

注：可根据单位工程概算表中的材料统计数字填写，表中"项目"一栏主要生产项目、辅助生产项目、公用工程等填写，其中主要生产项目按装置填写，其他不列细项。

（7）投资分析 分析各项投资比重，并与国内外同类工程比较，分析投资高低的原因。

（8）总概算表的编制 总概算表分工程费用和其他费用两大部分。如有"未可预见的工程费用"，一般按表中第一、第二部分总费用的 5% 计算，详见表 8-23。

五、工程概算书的内容

完整的工程概算书应包含以下内容。

（1）编制说明 包括工程概况、编制依据、编制方法、其他必要说明事项、材料用量表等。

（2）概算表 包括工程费用、其他费用、预备费、建设期贷款利息、铺底流动资金等。

（3）单位工程概算书 包括建筑工程概算书、设备安装工程概算书等。

例如，利用概算定额编制设备概算的具体步骤如下：

① 熟悉设计图纸，了解设计意图、施工条件和施工方法。

② 列出单位工程设计图中各分部、分项工程项目，计算出相应的工程量。

③ 确定各分部、分项工程项目的概算定额单价（或基价）。

④ 计算单位工程各分部、分项工程项目的直接费用和总直接费用。

⑤ 计算各项费用和税金。

⑥ 计算不可预见费。

⑦ 计算单位工程概算总造价。

⑧ 计算技术经济指标。

⑨ 进行核算工料分析

⑩ 编写概算编制说明。

表 8-23　总概算

序号	工程费用或其他费用名称	概算价值/万元					占总概算价值/%	技术经济指标		
		设备购置费	安装工程费	建筑工程费	其他基建费	合计		单位	数量	指标/元
	第一部分：工程费用									
	一、主要生产项目									
	（一）××装置（或系统）									
	…									
	二、辅助生产项目									
	三、公用工程									
	（一）供排水									
	（二）供电及电信									
	…									
	小计									
	四、服务性工程									
	五、生活福利工程									
	六、厂外工程									
	合计									
	第二部分：其他费用									
	其他工程和费用									
	第一、二部分合计									
	未可预见的工程和费用									
	总概算价值									

审核　　　　核对　　　　编制　　　　　　　　　　年　月　日

注：1. 各栏填写说明

第2栏按本表规定项目填写，除主要生产项目列出生产装置、集中控制室、工艺外管等项目外，其他不列细目。

第3栏填写综合概算表的第4、7、10栏之和及其他费用中的生产工具购置费。

第4栏填写综合概算表的第5、8、11栏之和及其大型临时设施相应费用。

第5栏填写综合概算表中的第6、9、12～16栏之和及其他工程和费用中，大型土石方、场地平整，大型临时设施的相应费用。

第9、10栏填写生产规模或主要工程量。

第11栏等于第7栏。

2. 本表金额以万元为单位，取两位小数。

第三节　技术经济分析

技术经济是指生产技术方面的经济问题，即在一定的自然条件和经济条件下，采用什么样的生产技术在经济上比较合理，能取得最好的经济效果。技术经济分析需要对不同的技术政策、技术方案、技术措施进行经济效果的评价、论证和预测，力求达到技术上先进和经济上合理，为确定对发展生产最有利的技术提供科学依据和最佳方案。技术经济分析在化工建设过程中是一个具有战略性的步骤，是决定项目命运、保证项目建设顺利进行、提高项目经济效果的根本性措施。

现参照国外的估算方法，结合我国的情况分别介绍适合我国化工行业在可行性研究中估算项目建设投资、生产成本和经济评价的常用方法。

一、投资估算

1. 国内工程项目建设投资估算

（1）基本建设投资　按国内习惯，工程项目基建投资由下列三部分费用组成。

①　工程费用。包括主要生产项目、辅助生产项目、公用工程项目、服务性工程、生活福利和厂外工程的费用。

②　其他费用。主要包括征用土地费、青苗补助费、建设单位管理费、研究试验费、生产职工培训费、办公和生活用具购置费、勘探设计费、供电贴费、施工机构迁移费、联合试车费、涉外工程出国联系费等。

③　不可预见费。有时也称预备费。为一般不能预见的有关工程及其费用的预备费。其费用一般按工程费用和其他费用之和的一定百分比计。

（2）流动资金　企业进行生产和经营活动所必需的资金称之为流动资金。包括储备资金、生产资金和成品资金三部分。一般按几个月生产的总成本计。

（3）建设期贷款利息　基建投资的贷款在建设期的利息，以资本化利息进入总投资。该部分利息不列入建设项目的设计概算，不计入投资规模，进入成本作为考核项目投资效益的一个因素。

（4）总投资　计算公式如下：

总投资＝基本建设投资＋流动资金＋建设期贷款利息

总投资作为考核基本建设项目投资效益的依据。

2. 涉外工程项目建设投资估算

（1）国外部分投资

①　硬件费。指设备、备品备件、材料、化学药品、催化剂、润滑油等费用。

②　软件费。指设计、技术资料、专利、商标、技术服务、技术秘密等费用。

（2）国内部分投资

①　贸易从属费。一般包括国外运费、运输保险费、外贸手续费、银行手续费、关税、增值税等。

②　国内运杂费和国内保险费。

③　国内安装费。

④　其他费用。包括外国工程技术人员来华各项费用，出国人员各项费用，招待所家具及办公费等。

（3）国内配套工程费用　与国内项目一样估算费用。

（4）总投资　总投资计算公式如下：

总投资＝国外部分投资＋国内部分投资＋国内配套工程费用

3. 工艺装置（工艺界区）建设投资估算

按国内习惯，主要生产装置费用只计算了装置的直接投资［即包括和生产操作有关的一切土建、设备、管道、仪器以及位于界区内的水、电、汽（气）供应以及界区内的所有管道、管件、阀门、防火设施及"三废"治理等］，而未包括装置的间接投资（如装置的专利费、设计费和技术服务费等），把装置的间接投资归结为"其他费用"。但国外的做法与国内有所不同，在与外商签订的合同中可以看出，间接投资也计入在装置的总价中。因此，在项目的可行性研究阶段，有时也要用到界区投资的估算，下面就常用的方法作一简单介绍。

（1）规模指数法

$$C_1 = C_2 \left(\frac{S_1}{S_2} \right)^n$$

式中　C_1——拟建工艺装置的界区建设投资；

C_2——已建成工艺装置的界区建设投资；

S_1——拟建工艺装置的建设规模；

S_2——已建成工艺装置的建设规模；

n——装置的规模指数。

装置的规模指数通常情况下取为 0.6。当采用增加装置设备大小达到扩大生产规模时，$n=0.6\sim0.7$；当采用增加装置设备数量达到扩大生产规模时，$n=0.8\sim1.0$；对于试验性生产装置和高温高压的工业性生产装置，$n=0.3\sim0.5$，对生产规模扩大 50 倍以上的装置用规模指数法计算误差较大，一般不用。

（2）价格指数法

$$C_1 = C_2 \times \frac{F_1}{F_2}$$

式中　C_1——拟建工艺装置的界区建设投资；

C_2——已建成工艺装置的界区建设投资；

F_1——拟建工艺装置建设时的价格指数；

F_2——上述已建成工艺装置建设时的价格指数。

价格指数是根据各种机器设备的价格以及所需的安装材料和人工费加上一部分间接费按一定百分比根据物价变动情况编制的指数。

过去我国物价波动范围不大，因此，没有价格指数这个概念。设备等费用的变动是主管部门根据材料费、加工费等变动情况若干年调整一次。国外化学工业中用的价格指数有：美国《化学工程杂志》编制的工厂价格指数（简称 CE 指数）、纳尔逊的炼厂建设指数和美国斯坦福国际咨询研究所编制的用于化工经济评价的价格指数。

（3）单价法　对于新开发技术的装置费用，是根据工艺过程设计编制的设备表来进行装置的建设投资估算。一个化工生产装备，是由化工单元设备如压缩机、风机、泵、容器、反应器、塔器、换热器、工业炉等组成。通常情况下，流程图包括的上述主要设备要占整个装置投资的一半以上，关于各种机器设备费的估算，是根据各类机器设备的价格数据，选择影响设备费用的主要关联因子，应用回归分析方法，求出设备费用与主要关联因子间的估算关联式而进行的。对流程图中包括的主要设备估算完成后，就可以估算整个装置的界区建设投资。

二、产品生产成本估算

产品生产成本是指工业企业用于生产某种产品所消耗的物化劳动和活劳动，是判定产品价格的重要依据之一，也是考核企业生产经营管理水平的一项综合性指标。产品生产成本包括如下项目。

1. 原材料费

原材料费包括原料及主要材料、辅助材料费用。

原材料费＝消耗定额×该种材料价格

式中，材料价格系指材料的入库价。

入库价＝采购价＋运费＋途耗＋库耗

途耗指原材料采购后运进企业仓库前的运输途中的损耗，它和运输方式、原材料包装形式、运输管理水平等因素有关。库耗指企业所需原材料入库至出库间的损耗，库耗与企业管理水平有关。

2. 燃料费

燃料费计算方法与原材料费相同。

3. 动力费用

$$动力费用 = 消耗定额 \times 动力单价$$

动力供应有外购和自产两种情况。动力外购指向外界购进动力供企业内部使用，如向本地区热电站购电力等，此时动力单价除提供的单价之外，还需增加本厂为该项动力而支出的一切费用。自产动力指厂内设水源地、自备电站、自设锅炉房（供蒸汽）、自设冷冻站、自设煤气站等，则各种动力均须按照成本估算的方法分别计算其单位车间成本，作为产品成本中动力的单价。

照明、电动机及一切操作设备的动力由电能供应，在电力输送过程中，部分的电能将转化为热能，一般情况下，电力的供应量为需要的 $1.1 \sim 1.25$ 倍。电、水、蒸汽、燃料的成本，大略估计占产品成本的 $10\% \sim 20\%$。

4. 生产工人工资及附加费

生产工人指直接从事生产产品的操作工人。工资附加费是指根据国家规定按工资总额提留一定百分比的职工福利费部分，不包括在工资总额内。因此，生产工人工资估算出总额后，应再增加一定百分比的工资附加费。

$$生产工人工资及附加费 = \frac{某产品生产工人平均工资 + 附加费}{某产品的年产量} \times 某产品生产工人人数$$

单位时间的工资随工厂性质及地区而异，一般的化工厂，工资占产品成本的 $1\% \sim 3\%$。

5. 车间经费

车间经费为管理和组织车间生产而发生的费用。如车间管理人员和辅助人员的工资及工资附加费、办公费、照明费、车间固定资产折旧费，大、中、小修理费，低值易耗品费，劳动保护费，取暖费等。

工程项目在建设前期车间经费的估算一般以车间固定资产为基数，通常分车间固定资产折旧费，大、中、小修理费和车间管理费三部分计算。

$$车间经费 = 车间固定资产折旧费 + 大、中、小修理费 + 车间管理费$$

$$车间固定资产折旧费 = \frac{计提折旧的车间固定资产原值}{产品的年产量} \times 折旧率$$

$$折旧费 = \frac{1}{项目寿命年限} \times 100\%$$

$$大、中、小修理费 = 车间固定资产折旧费 = \frac{计提折旧的车间固定资产原值}{产品的年产量} \times 修理费率$$

$$车间管理费 = \frac{计提折旧的车间固定资产原值}{产品年产量} \times 车间管理费率$$

折旧包括实质性折旧和功能性折旧。前者是指资产的实体发生变化导致价值的减少，后者是指由于需求发生变化、居民点迁移、能力不足、企业关闭等。由于折旧是用价值的减少来度量的，所以在计算折旧费时，要考虑二者来确定该项目及装置的服务寿命，由其服务寿命即可计算出折旧费。

6. 联产、副产品费

化工生产中常有联产品、副产品与主产品按一定的分离系数产生出来。

联产品的成本计算多采用"系数法"。系数是折算各项实物产品为统一标准的比例数，如反映主产品和联产品的化学有效成分含量的比例、耗用原料比例、售价的比例、成本的比例等。可选择一项起主导作用的比例数作为制定系数的基础。

副产品费用通常可用副产品的固定价格乘以副产品的数量从整产品的成本中扣除。

7. 企业管理费

企业管理费为企业管理和组织生产所发生的全厂性的各项费用。如企业管理部分人员的工资及附加费、办公费、研究试验费、差旅费、全厂性固定资产（除车间固定资产外）折旧费、维修费、福利设施折旧费、工会经费、流动资金利息支出和其他费用等。

一般估算的方法按商品、产品、车间总成本的比例分摊于产品成本中。企业内部的中间产品或半成品不计入企业管理费。

$$企业管理费 = 车间成本 \times 企业管理费率$$

车间成本＝原材料费＋燃料费＋动力费＋生产工人工资及附加费＋车间经费－联产、副产品费。

8. 销售费用

销售费用指销售产品支付的费用。包括广告费、推销费、销售管理费等。销售费用可用销售额的一定百分比来提取，也常用工厂成本的一定百分比来考虑。百分比的大小根据产品种类、市场供求关系等具体情况来确定。

$$销售费用 = 产品销售额 \times 销售费率$$

$$销售费用 = 工厂成本 \times 销售费率$$

$$工厂成本 = 车间成本 + 企业管理费$$

以上 1～8 项相加，构成了产品的生产成本，通常称为工厂完全成本或销售成本。

三、经济评价

1. 经济评价方法的分类

投资效果是技术方案经济评价的核心，是技术经济分析的主体。技术方案经济效果的计算和评价方案，主要是指投资效果的计算和评价方法。

投资效果的计算和评价方法很多，归纳起来，可分类如下。

① 按是否计算时间因素（资金的时间价值）分为静态分析法和动态分析法。

② 按求取的目标分为所得法和所费法。所得法是从收益大小比较不同方案的投资效果；所费法是从费用大小比较不同方案的投资效果。

按以上两个不同角度，将投资效果计算和评价的各种方法归纳分类见表 8-24。

2. 投资效果的静态分析法

（1）投资回收期法　投资回收期法也叫返本期法或偿还年限法，是一种投资效果的简单分析法。它是将工程项目的投资支出与项目投产后每年的收益进行简单比较，以求得投资回收期或投资回收率。这种方法比较粗略，但简便易行，是我国实际工作中应用最广泛的一种静态分析方法。但它不反映时间因素，不如动态分析法精确。投资回收期法按其计算对象和计算方法的不同，又可分为以下几种：

投资回收期法 {
　总投资回收期法 {
　　按达产年收益计算
　　按累计收益计算
　　按逐年收益贴现计算
　}
　追加投资回收期法
}

表 8-24 投资效果计算和评价方法

因素评价方法 求取目标	时间	静态	动态	
			按各年经营费用计算	
所得法	投资回收期(τ)	总投资回收期法 追加投资回收期法 财务平衡法	逐年利润贴现偿还法 定额返本法	按逐年现金流量计算
	投资收益率(i)	简单投资收益率法(ROI法)	投资报酬率比较法	现金流量贴现法(IRR法) 净现值法(NPV法) 净现值率法(NPVR法) 现值指数法
所费法	总费用(S)	总算法(静)	总算法(动) 现值比较法(PW法)	
	年计算费用(C)	现值比较法 年计算费用法(C)	年成本比较法(AC法) 年两项费用法	

① 总投资回收期。总投资回收期是一个绝对的投资经济效果指标，有下列几种不同算法。

a. 按达产年收益计算。达产年收益是指工程项目投产后，达到设计产量的第一个整年所获得的收益，用该收益额来计算回收该工程项目全部投资所需的年数。计算公式如下

$$投资回收期（年）= \frac{总投资}{年净利润 + 年折旧费}$$

$$年净利润 = 销售收入 - 销售成本 - 税金$$

b. 按累计收益计算。累计收益是指工程项目从正式投产之日起，累计提供的总收益额。投资回收期即为该收益额达到投资总额时所需的年数。

c. 按逐年收益贴现计算。这是考虑时间因素的一种投资回收期计算方法（但与动态分析法不完全相同）。由于利润是在投产后逐年获得的，应该折算为现值然后去补偿投资。计算公式如下：

$$投资回收期（\tau）= \frac{\lg\left(1 - \dfrac{K_i}{m}\right)}{\lg(1+i)}$$

式中　K_i——年投资额；

　　　m——年利润额与年折旧费之和；

　　　i——年投资收益率。

② 追加投资回收期。这是一个相对的投资效果指标。追加投资回收期是指一个方案比另一个方案所追加的（多花费的）投资，用两个方案的年成本费用的节约额去补偿追加投资所需的年数。其计算公式如下：

$$追加投资回收期（\tau）= \frac{\Delta K（投资差额）}{\Delta C（年成本差额）} = \frac{K_1 - K_2}{C_1 - C_2}$$

式中　K_1，K_2——甲、乙方案的年投资额；

　　　C_1，C_2——甲、乙方案的成本额。

所求得的追加投资回收期年数还必须与国家或部门所规定的标准投资回收期 τ_a 作比较才能作出结论。假如 $\tau_a \leqslant \tau$，则投资大的方案是经济合理的，选取投资大的方案；反之，若 $\tau_a > \tau$，则应选取投资小的方案。

（2）计算费用法　计算费用法也叫折算费用法，即对参与比较的各个方案的投资费用利用投资效果系数折算成和经营费类似的费用，然后和经营费相加，得到计算费用值，以数值小者为优，据此决定方案的取舍。

计算费用法一般以年为计算周期，计算公式如下：

$$F = C + KE_n$$

式中　F——年计算费用；

C——年经营费（或年总成本）；

K——投资费用；

E_n——标准投资效果系数；

KE_n——技术方案由于占用了国家资金未能发挥相应的生产效益所引起的每年损失费用。

3. 投资效果的动态分析法

上述静态分析法只考虑了投资回收，而没有考虑投资回收之后的情况，也就是没有考虑整个项目存在期间的投资经济效果。动态分析法兼顾了项目的经济使用年限和资金时间价值。动态分析计算方法很多，最常用的有：现金流量贴现法（IRR 法），净现值法（NPV法），净现值率法（NPVR 法），年成本比较法（AC 法），现值比较法（PW 法）等。其中净现值法和现金流量贴现法是目前国内外应用最广泛的两种。下面分别予以介绍。

（1）净现值法　净现值法（NPV 法）是指建设项目在整个服务年限内，各年所发生的净现金流量（即现金流入量和现金流出量的差额），按预定的标准投资收益率，逐年分别折算（即贴现）到基准年（即项目起始时间），所得各年净现金流量的现值（简称净现值NPV），视其合计数的正负和大小决定方案优劣。净现值的计算公式如下：

$$NPV = \sum_{n=1}^{n} C_t (1+i)^{-n}$$

式中　C_t——第 t 年的净现金流量；

t——年数（$t = 1, 2, \cdots, n$）；

i——年折现率（或标准投资收益率）；

n——工程项目的经济活动期。

净现值的计算结果可能出现以下三种情况。

NPV>0，表示投资不仅能得到符合预定的标准投资收益率的利益，而且还能得到正值差额的现值利益，则该项目为可取。

NPV<0，表示投资达不到预定的标准投资收益率的利益，则该项目不可取。

NPV=0，表示投资正好能得到预定的标准投资收益率的利益，则该项目也是可行的。

【例 8-1】　设某项目初始投资 100 万元，逐年现金流量见表 8-25，折现率为银行贷款利率 10%，试求该项目的净现值。

表 8-25　逐年现金流量　　　　　　　　　　　　单位：万元

项目	年份					
	0	1	2	3	4	5
现金流入		160	160	160	160	110
现金流出	100	150	150	150	150	
净现金流量	−100	10	10	10	10	110

解 作逐年的净现金流量

$$NPV = \frac{10}{(1+0.1)} + \frac{10}{(1+0.1)^2} + \frac{10}{(1+0.1)^3} + \frac{10}{(1+0.1)^4} + \frac{110}{(1+0.1)^5} - 100 = 0$$

NPV 等于零，意味着投资 100 万元在该项目上将一无所得。各年的净现金流量完全等同于这 100 万元按银行贷款利率计算的资金的时间价值。即相当于从银行贷款 100 万元，每年支付利息，最后一年连本带利一并支付，刚好相等。

若将逐年的净现金流量（万元）改为 -100，15，15，15，15，120，则有

$$NPV = -100 + \frac{15}{1.1} + \frac{15}{1.1^2} + \frac{15}{1.1^3} + \frac{15}{1.1^4} + \frac{120}{1.1^5} = 22.06(万元)$$

22.06 万元即为投资者投资 100 万元后，在扣除了由于资金产生的时间价值以外所获得的净收益。

实际上，上式可分解为两部分，即

$$NPV = \left(\frac{10}{(1+0.1)} + \frac{10}{(1+0.1)^2} + \frac{10}{(1+0.1)^3} + \frac{10}{(1+0.1)^4} + \frac{110}{(1+0.1)^5} - 100 \right)$$
$$+ \left(-100 + \frac{15}{1.1} + \frac{15}{1.1^2} + \frac{15}{1.1^3} + \frac{15}{1.1^4} + \frac{120}{1.1^5} \right) = 0 + 22.06 = 22.06(万元)$$

前一个括号内的数据可以理解为 100 万元的投资在 5 年中产生的时间价值，故它对投资者而言经济上不会带来任何收益。而后一个括号内的数据可以理解为投资该项目所带来的真正的收益。也即意味着投资者一旦决定将资金投入该项目，其资金就会立刻得 22.06 万元的增值。

同时，在工程项目的经济评价中，经常遇到一些不知其收益、没有收益或收益基本相同但难以计算的情况。为了简化计算，可采用费用净现值的指标进行评价，以费用净现值较低者为优。

【例 8-2】 有两种压缩机，功能、寿命相同，但投资、年操作费用不同（见表 8-26），若基准折现率为 12%，应选择哪种？

表 8-26　两种压缩机比较

压缩机	A	B
投资	30000 元	40000 元
寿命	6 年	6 年
残值	2000 元	3000 元
年操作费用	3600 元	2000 元

解 分别计算两种压缩机的费用净现值。因为全部为费用，所以计算时用正值。

$$NPV_{(A)} = 30000 + 3600(P/A, 0.12, 6) - 2000(P/F, 0.12, 6) = 43787.8$$
$$NPV_{(B)} = 40000 + 2000(P/A, 0.12, 6) - 3000(P/F, 0.12, 6) = 46703.0$$

根据费用最低原则，应选择压缩机 A。

（2）净现值率法　净现值率法（NPVR 法）是在净现值法的基础上发展起来的，可作为净现值法的一种补充方法。对两个或两个以上的建设方案进行比较时，仅计算所得净现值的大小，还不能判断哪一个方案好，因为各个方案的投资额可能不同。所以，还要通过净现值率（NPVR）的大小，来比较各方案的投资经济效果。净现值率法表示方案的净现值与投资现值的百分比，即单位投资产生的净现值。净现值率越高，说明方案的投资效果越好。计算公式如下：

$$净现值率(NPVR) = \frac{净现值(NPV)}{投资现值(PVI)} \times 100\%$$

（3）现金流量贴现法 现金流量贴现法（简称 DCF 法）也称内部收益率法（即 IRR 法）或报酬率比较法，是指建设项目在使用期内所发生的现金流入量的现值累计数和现金流出量的现值累计数相等时的贴现率（即内部收益率），即净现值等于零时的贴现率。这个内部收益率反映了项目总投资支出的实际盈利率，再将此内部收益率与预定的标准投资收益率比较，视其差额大小，作出对项目投资效果优劣的判断。

内部收益率的计算方法如下。

① 先将项目使用期正常年份的年净现金流量除以项目的总投资额，所求得的比率作为第一个试算的贴现率。

② 以求得的试算贴现率计算项目的总净现值，如果总净现值为正值，说明该贴现率偏小，需要提高，如果是负值，说明该贴现率偏大，需要降低。

当找到按某一个贴现率所求得的净现值为正值，而按相邻的一个贴现率所求得的净现值为负值时，则表明内部收益率就在这两个贴现率之间。

③ 用线性插值法求得精确的内部收益率，公式如下：

$$IRR = i + \frac{NPV_1(i_2 - i_1)}{|NPV_1| + |NPV_2|}$$

式中　IRR——内部收益率，%；

　　　i_1——略低的折现率，%；

　　　i_2——略高的折现率，%；

　　NPV$_1$——在低折现率 i_1 时总净现值（正数）；

　　NPV$_2$——在高折现率 i_2 时总净现值（负数）。

以上介绍了一些最常用的投资估算、成本估算及经济分析的方法，由于工程项目的性质、外界的条件、经济评价的目的和委托者的要求以及经济评价工作者的习惯都不相同，经济评价所包括的内容以及评价结果书面文件的编写形式和详略程度也互不相同。表 8-27 介绍了一个工程项目经济评价结果的书面文件格式仅供参考，需要说明的是这并不是一个标准或样板。

表 8-27　主要技术经济指标汇总

序号	指标名称	单位	数值	备注	序号	指标名称	单位	数值	备注
1	①产品 ②副产品					①工程费用 ②其他费用			
2	年工作日					③不可预见费用			
3	主要原料、燃料				10	流动资金			
	①				11	资金来源			
	②…					①国内贷款			
4	公用工程实量					②国外贷款			
	①水					③自筹资金			
	②电				12	总产值			
	③蒸汽				13	年总成本			
	④冷冻量					①固定成本			
5	建筑面积及占地面积					②可变成本			
	建筑面积				14	利润			
	占地面积					①年销售利润			
6	年运输量					②企业留利			
	①运入量				15	税金			
	②运出量					①产品销售税金			
7	工厂定员					②城市建设维护税等			
	①生产人员				16	技术经济指标			
	②非生产人员					①人年劳动生产率			
8	"三废"					②投资回收周期（静态）			
	①废气					投资回收周期（动态）			
	②废水					③投资收益率（静态）			
	③废渣					投资收益率（动态）			
9	基建投资					④净现值			
						⑤净现值率			

④ 根据当地和主管部门的现行建筑工程和专业安装工程的概算定额（或预算定额、综合预算定额）、单位估价表、材料及构配件预算价格、工程费用定额和有关费用规定的文件等资料。

思 考 题

1. 项目概算的主要内容是什么？为什么要做项目概算？
2. 项目概算的依据是什么？
3. 简述项目可行性估算和项目概算的区别。
4. 为什么可行性研究中要进行项目估算？

第九章
施工配合、安装和试车

【学习目标】

通过本单元的学习，使学生了解与设计工作相关的施工配合问题，了解设备安装的基本知识，了解化工新建工程试车的基本程序，从而增强化工工厂设计的工程意识，保障化工工厂设计的准确性和顺利实施。

第一节 施 工 配 合

一、划安装基准线

安装基准线一般都以厂房的纵向中心线和开间中心线为准。开间中心线又常以第一根梁的中心线为基准线，对于采用钢筋混凝土楼板的厂房，一般从底层开始划线。

首先在底层划出基准线，如图 9-1 所示。底层基准线为 AB，在 AB 两端点用铅锤分别在二楼模壳板上，找到 A_1、B_1 两点后，将此两点用钻钻通，再用铅锤穿过钻通的孔眼在二楼楼面上校正 A_1、B_1 两点，使 A_1B_1 同 AB 线在同一个铅垂面内，划出 A_1B_1 线，则 A_1B_1 线即为二楼的纵向安装基准线。横向基准线也可用同样的方法画出。纵、横基准线 AB 和 CD，A_1B_1 和 C_1D_1 必须严格保持垂直。各楼基准线可依次定出。

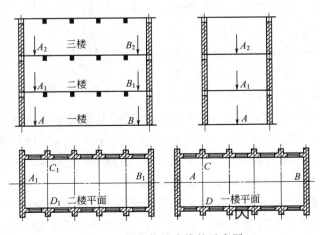

图 9-1 划安装基准线的示意图

二、划设备基准线

在各楼基准线确定后，根据这层楼面所设置的机器设备台数和位置，从基线上平行或垂直引出各台设备的中心线。对同一规格台数较多而又排列成行的设备（如泵列），可先从基线引出与基线平行的设备中心线，然后在这条中心线上分出各台设备与基线垂直的中心线。在校对设备的中心线后，再从设备中心线分别定出设备洞眼和底脚螺栓中心线。

三、预埋地脚螺栓

为了保证预埋地脚螺栓符合图纸规定的中心距尺寸，并在浇制混凝土时不致发生移位，应该制作地脚螺栓木模板，见图 9-2。

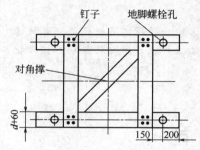

图 9-2　地脚螺栓木模板示意图

地脚螺栓木模板用厚度 20～25mm 的木条制成，宽度按螺栓直径增加 60mm。为了防止变形，应加对角撑。在其四端应比孔突出 150～200mm，以便固定在楼板模壳板上或其他需要浇制混凝土板的模壳上。

在木模板上确定螺孔位置时，最好根据实际设备的脚螺孔进行实样划线或者打孔。因为从工具手册或说明书上给定的设备的脚螺孔尺寸，与实物可能有出入。如不按实际设备的脚螺孔进行划线或者打孔，可能造成差错。板上螺孔的大小，以刚能穿过螺栓为宜。

在木模板上应划出相应的设备中心线，以便定位时使用。预埋地脚螺栓木模板定位时，必须使模板上划的中心线与该设备在楼板上划定的设备中心线相吻合，并用钉固定在浇制楼板的楼壳板上。

预埋地脚螺栓应注意以下事项。

① 选用地脚螺栓的形式应根据设备的不同、轻重、工作时运转的平稳程度和埋设位置的情况而定，如图 9-3 所示。

对埋设在楼板上的螺栓，如图 9-3（a），其长度应根据设备地脚及楼板结构层的厚度来确定。埋入长度为楼板结构层厚度的 70% 左右，粉刷层厚度 20～25mm。弯角长度视螺栓直径大小而定，一般为 50～70mm。螺纹长度按设备需要而定，对载荷较大的设备

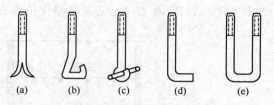

图 9-3　预埋地脚螺栓的种类

地脚螺栓，应埋设在梁上，如图 9-3（b）所示。如果要安装较重的设备或者承载较大的负荷如大型泵的基座螺栓，应用图 9-3（c）所示的类型。对埋设在二楼预制板缝隙之间，荷载较轻的螺栓采用图 9-3（d）所示的类型，一般是车间屋顶吊挂管用图 9-3（e）所示的类型。

② 螺栓中心距尺寸，按规定误差不超过 1mm。

③ 为了保证预埋螺栓垂直而不倾斜，可用钢丝将螺栓捆在钢筋上。

④ 如果需要在屋面上预埋螺栓时，最好安置在屋面大梁上，否则会因屋面、楼面太薄，容易造成屋面漏水。

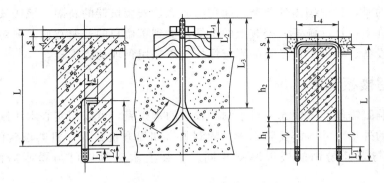

图 9-4 预埋地脚螺栓的形式

除了上述预埋地脚螺栓外，还可以用其他预埋形式来固定机器的地脚螺栓。

① 预留螺栓孔。当浇注混凝土楼板时，将钉在框架上的圆木棒，安放在相应的固定地脚螺栓的位置，混凝土干后将木棒冲击出，即成预留螺栓孔（为便于取出木棒，棒的端部应制成锥体，棒外包一层牛皮纸。同时，在使用前先在水中浸泡一下，否则在浇注时，吸水膨胀，就难以取出了），如图 9-4 所示。

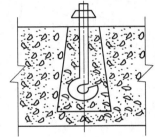

图 9-5 二次浇灌预埋
地脚螺栓

这种预留螺栓孔，安装地脚螺栓时容易定位。机器拆除后，地面上不会留有螺栓头，使行走安全。但装有螺栓时，尾部露头在外面，影响美观。

与此相同的方法，在浇注混凝土楼板时，预留一节与楼板厚度相同的钢管。这种预留钢管，特别运用于安装防护罩或防护栏杆的地脚。利用插式联结，装卸十分方便。

② 二次浇灌。对于安装要求较高的设备，可以采用二次浇灌法。第一次浇灌时，在安置地脚螺栓的地方，留下一定深度的方形孔洞，洞口边长大小为 $100 \sim 200 \mathrm{mm}$，预留孔洞应做成上小下大，见图 9-5。

当设备定位时，调整好高低，拧上地脚螺栓后，进行第二次浇灌，采用这种方法，安装准确度高，但施工较麻烦。

③ 预埋特殊构件。随着钢结构的发展，出现新型特殊构件，预埋在梁内可以方便安装及调整，见图 9-6。

这种特殊构件，下端有一条 22mm 宽的槽，将专用螺栓放入槽内，转过 90° 后，上紧螺母，就定了位。由于螺栓在槽内位置可以调整，所以安装灵便、省时。

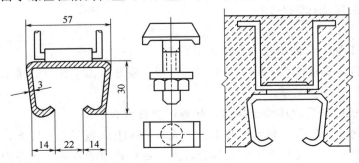

图 9-6 预埋特殊构件

需要指出的是，目前国内外普遍兴起用膨胀螺栓安装机器的新潮。该法安装快捷，设计方便，省去了许多设计、施工、安装上的麻烦，受到了用户的普遍欢迎。但对于荷载较重的机器，如塔类设备、容器类设备等的固定螺栓仍需采用预埋地脚螺栓。

四、预留楼板洞眼

预留楼板洞眼需制作木模壳，对于洞眼较小的木模壳，可以用实心木块制成；洞眼的尺寸应是木模壳的外形尺寸。需要装木法兰的洞眼（如提升机机筒，机器设备的出口等），木模壳的高度可与未经粉刷的楼板厚度相同。当装上木法兰后可与粉刷后的楼板面找平（见图9-7）。

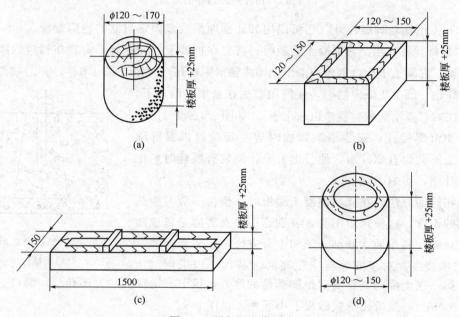

图 9-7 预留洞眼模型壳

洞眼木模壳在浇制前定位时，同一台设备的几个木模壳之间，应用木条钉牢，以保持相互间的位置。

第二节 设备安装

一、编制施工组织计划

1. 排出安装工程的全部工作内容及人员配备

根据工程内容，安排各个工种所需工作的计划。安装所需工种有起重工、安装钳工、电焊工、电工、建筑工、杂工等。

2. 按设备就位的先后次序编出搬运、起重吊装日程表

根据各层楼面的设备布置和安装要求，在先后次序上应做到先上后下，先大后小，先里后外，先安装作业机，后安装管道。对体积较大、重量较重的设备，应按先里后外的顺序起吊安装。对每一层楼面的设备，应根据安装难易，分几次起运就位，不要一次全部将设备运

至现场，致使场地拥挤阻塞，给安装带来困难。因此，最好将设备名称、数量、就位地点、起运顺序，起运日期等编入工作日程表。

二、安装前的准备工作

（1）熟悉图纸　要求全体参加人员，包括领导、技术人员和工人熟悉工艺设计图纸；弄清各设备的安装位置；进一步检查图纸上各部分的安装尺寸，如有遗漏和差错应及时与设计部门联系；研究保证重点设备安装质量的技术措施。

（2）检查设备　新设备连同包装箱一起运到现场，拆箱后，由装箱单、产品说明书逐项检查配件、备用零件及专用工具是否齐全，其次检查设备是否有缺、损零件。对于需及时安装的设备，运到底层检查、清洗和装配；对于旧设备，应全面拆洗、整修和重新装配。

（3）清理场地　将各层楼面进行清扫，清除土建施工中留下的各种杂物。对预留孔内黏积的水泥砂浆应清除干净。检查预埋螺栓和预留洞眼的位置尺寸是否与设计图纸相符。对预埋螺栓露头部位，采取一定的保护措施如拧上螺母、套上镀锌管等。

（4）准备工具　除扳手、榔头等常用工具外，还应准备水平尺、钢角尺、手拉葫芦、千斤顶、手提式砂轮机、角向磨光机、液压升降平台、双梯、曲线锯、弯管机、冲击钻、电焊机等安装用的工具。

（5）安全防护　施工现场应具备防火、防风、防雨、防冻等安全防护设施。

（6）基础处理　基础的强度应达到设计强度的 75%，基础外观不得有裂纹、蜂窝、空洞、露筋等缺陷。机器安装前应对基础做如下处理：

① 铲出麻点，麻点深度宜不大于 10mm，密度以每平方分米内有 3～5 个点为宜，表面不应有油污或疏松层；

② 放置垫铁或支持调整螺钉用的支撑板处（至周边约 50mm）的基础表面应铲平；

③ 地脚螺栓孔内的碎石、泥土等杂物和积水，必须清除干净；

④ 预埋地脚螺栓的螺纹和螺母表面黏附的浆料必须清理干净，并进行妥善保护。

（7）设备基础的位置、几何尺寸　基础上应明显地标出标高基准线、纵横中心线及预留孔中心线。在建筑物上应标有坐标轴线及标高线。重要机器的基础应有沉降观测点。

三、化工设备的安装方法

1. 设备中心线找正

（1）设备安装时，要求设备的实际中心线与地面划出的中心线相重合。

（2）以转轴为中心线时，挂边线法找中心线。在转轴径向两边用铅锤线吊线，两面垂线投影连线的中心刚好与地面划出的中心线重合即可。

2. 设备高度找正

对设备有一定高度要求的，须进行高度找正。方法为垫片法，所用垫片的材质可以是硬木片或者是金属片，要求表面平整。垫片法包括标准垫片法、井字垫片法和十字垫片法三种（见图 9-8）。

（1）标准垫片法　将垫片放在地脚螺栓两边，适于底座较长的设备。

（2）井字垫片法　适于底座近似方形的设备。

（3）十字垫片法　适于底座较小的设备。

3. 传动轴轴承中心线找正

先在轴承座安放轴承的口内卡一块木块，木块必须同轴承上口相平，然后在木块平面上

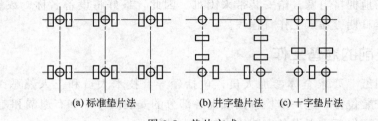

(a) 标准垫片法　　　(b) 井字垫片法　　(c) 十字垫片法

图 9-8　垫片方式

划出轴承中心线。

　　将各轴承座安装到机架上，用一弦线校核各轴承座的中心线在同一水平线上。并使它与划定的传动轴中心线重合就算找正。

4. 安装基准点的选择

机器找平及找正时，安装基准测量点应在下列部位中选择。

（1）机体上水平或铅垂方向的主要加工面；

（2）支承滑动部件的导向面；

（3）转动部件的轴颈或外露轴的表面；

（4）联轴器的端面及外圆周面；

（5）机器上加工精度较高的表面。

5. 设备的固定

设备找平、找正后，需对设备底座上的固定螺栓进行紧固，然后进行灌浆，灌浆分为一次灌浆和二次灌浆。一次灌浆工作，应在机器的初找平、找正后进行。二次灌浆工作，应在隐蔽工程检查合格、机器的最终找平及找正后 24h 内进行。灌浆时，捣实地脚螺栓预留孔中的混凝土，但不得使地脚螺栓歪斜或使机器产生位移。带锚板的地脚螺栓孔，应按图 9-9 的要求进行浇灌；不带锚板的地脚螺栓孔，应按图 9-10 的要求进行浇灌；地脚螺栓预留孔内及一次灌浆层的灌浆用料，宜为细碎石混凝土，其标号应比基础混凝土的标号高一级。

四、塔类设备的安装举例

塔类设备在化工企业应用很多，其安装方法具有代表性，另外立式容器类设备在安装时也可以参照塔类设备安装的方法。

（一）双杆整体滑移吊装法

塔类设备多采用此法安装，起重杆之一为固定式起重杆，另一杆常用轮胎式起重机配合使用，便于调整设备位置。设备安装的工艺过程主要包括准备工作、吊装工作、校正工作和内部构件的安装工作等。

1. 准备工作

吊装前的准备工作主要包括以下几项工作。

（1）设备的运输

（2）设备的检查　主要检查设备的气密性、结构尺寸以及变形（圆度和直线度）的情况等。

（3）管口的对正

① 管口方位相差不大时，可以用千斤顶来顶，也可利用钢丝绳绕在塔体外面，在切线方向用力拉，可使塔体旋转。

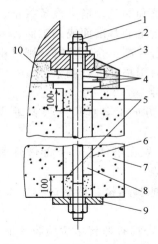

图 9-9　带锚板的地脚螺栓孔

1—地脚螺栓；2—螺母、垫圈；
3—底座；4—垫铁组；5—砂浆
层；6—预留孔；7—基础；8—砂
填充层；9—锚板；10—二次灌浆层

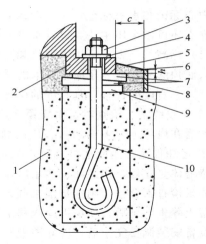

图 9-10　不带锚板的地脚螺栓孔

1—基础；2—底座底面；3—螺母；
4—垫圈；5—灌浆层斜面；6—灌
浆层；7—成对斜垫铁；8—外模板；
9—平垫铁；10—地脚螺栓

　　② 管口方位相差很大时，用捆绑塔体的吊索，将塔体吊起后旋转一定的角度到所需要的位置。

　　（4）起重工具和机械的准备与布置

　　（5）锚点的设定　要注意安全可靠，必要时进行拔出力试验。

　　（6）起重杆的竖立　起重杆竖立时可以采用滑移法、旋转法和扳倒法三种常见的方法，也可以利用汽车式或履带式起重机来竖立。

　　（7）卷扬机的固定

　　（8）设备的捆绑　捆绑位置于设备重心以上，一般约在重心以上 1.5m 到全高的 2/3 处，不允许捆绑进出口接管等薄弱处。捆绑时，应在吊索与设备之间垫以方木，卡在加强圈上，以免擦伤设备壳体和滑脱现象。捆绑壁厚较薄的塔类设备时，应在设备内部加支撑装置，以免塔体发生变形。捆绑好后应将吊索挂到吊钩上。

　　有时采用特制的对开式的卡箍来夹持塔体，大多数设备外壳上都焊有专供起吊用的吊耳，吊装后不必除去。

　　2. 吊装工作

　　（1）吊装前的检查

　　（2）预起吊　在预起吊时，首先开动卷扬机，直到钢丝绳拉紧为止。当把塔体的前部吊起 0.5m 左右时，再次停止卷扬机进行检查。

　　（3）正式起吊　当塔将要到垂直位置时，应控制拴在塔底的制动滑轮组，以防塔底离开拖运架的瞬间向前猛冲，当塔体吊升到稍高于地脚螺栓时，即停止吊升，然后便可进行就位工作。

　　（4）设备就位　若螺栓孔与螺栓不能对准，则用链式起重机（或撬杠）使塔体稍微转动，或用气割法将螺栓孔稍加扩大，使塔体便于就位。

　　3. 校正工作

　　一般校正工作的主要内容包括标高和垂直度的检查。找正与找平应按基础上的安装基准线（中心标记和水平标记）对应设备上的基准测量点进行调整和测量。塔类设备找正、找平的基准点还可以采用主法兰口，水平或垂直的轮廓面或其他指定的基准面或加工面。

（1）标高的检查　可用水准仪和测量标杆来进行测量。若标高不合要求时，则可用千斤顶把塔底顶起来，或者用起重杆上的滑轮组把塔吊起来，然后用垫板进行调整。

（2）垂直度的检查　垂直度的检查方法常用的有以下两种。

① 铅垂线法。检查时，由塔顶互成垂直的 0° 和 90° 两个方向上各挂设一根铅垂线至底部，然后在塔体上、下部的 A、B 两测点上用直尺进行测量。

② 经纬仪法　用此法检查时，必须在塔体未吊装以前，先在塔体上、下部做好测点标记。待塔体竖立后，用经纬仪测量塔体上下部的 A、B 两测点。

如果检查不合格，则用垫板来调整。校正合格后，拧紧地脚螺栓，然后进行二次灌浆，待混凝土养生期满后，便可拆除或移走起重杆。

设备安装调整完毕后，应立即做好"设备安装记录"，并经检查监督单位验收签证。

（二）内部构件的安装

1. 填料塔

（1）填料支承结构的安装　填料支承结构（栅板、波纹板）安装后应平稳、牢固，并要保持水平，气体通道不得堵塞。

（2）实体填料（拉西环、鲍尔环、阶梯环等）的安装　安装过程中要防止填料破碎或变形，破碎变形的必须拣出。塑料填料应防止日晒老化。规则排列填料应靠塔壁逐圈向中心排列，两层填料排列位置允许偏差为填料外径的 1/4。乱堆填料也应从塔壁开始向中心均匀填平，避免架桥和变形。

（3）液体分布装置安装

① 喷淋器的安装位置距上层填料的距离大小应符合设计图纸要求，安装后应牢固，在操作条件下不得有摆动或倾斜。

② 莲蓬头式喷淋器的喷孔不得堵塞。

③ 溢流式喷淋器各支管的开口下缘（齿底）应在同一水平面上。

④ 冲击型喷淋器各个分布器应同心，分布盘底面应位于同一水平面上。并与轴线相垂直，盘表面应平整光滑。

⑤ 各种液体分布装置安装的允许偏差应符合规定。

⑥ 液体分布装置安装完毕后，都要做喷淋试验，检查喷淋液体是否均匀。

液体再分布装置的安装要求同塔盘的安装。

填料塔内件安装合格以后，应立即填写安装记录。

2. 板式塔

主要有浮阀塔、泡罩塔和筛板塔，它们的塔板多半在制造时已装配好，并保证了塔板的水平度，故在吊装后一般不进行调整。

对于立式安装塔盘则是在塔体安装完成后进行的，其主要方法和步骤如下。

（1）支持圈的安装　支持圈与塔壁焊接后，重新测量支持圈上各点的水平度偏差是否在允许范围内，以便调整。相邻两个支持圈的间距应符合要求。

（2）支持板的安装　支持板与降液板、降液板与受液盘、降液板与塔内壁、支持板与支持圈安装后的偏差应在允许范围内。

（3）支承横梁的安装　双溢流或多溢流塔中，支承塔板的横梁其水平度、弯曲度以及与支持圈的偏差均必须在允许范围内。

（4）塔盘的安装　塔盘是在降液板、横梁螺栓紧固并检查合格后进行安装的。先组装两侧弓形板，再向塔的中心装矩形板，最后装通道板。塔板安装时，先临时固定，待各部位尺寸与间隙调整符合要求后，再用卡子或螺栓紧固，然后用水平仪校准塔盘的水平度。合格后，拆除通道板，以便出入。

安装过程中，塔板上的卡子、螺栓的规格、位置、紧固程度、板的排列、板孔与梁的距离、板与梁或支持圈的搭接尺寸等均应符合要求。

（5）其他　受液盘的安装与塔板相同，其偏差应符合要求。溢流堰安装后，堰顶水平度和堰高的偏差要在允许范围内。塔盘气液分布元件的安装根据塔的类型不同而不同，如浮阀安装应开度一致，无卡涩现象；筛板开孔均匀，大小相同；泡罩不能歪斜或偏移，以免影响鼓泡的均匀性等。

（三）塔设备的其他吊装法

1. 分段吊装法

分段吊装的塔，每段内有数块塔板，在组装过程中，不仅要保证塔的内件相互位置的正确，而且更重要的是要保证塔板安装的整体水平度。

（1）顺装法

优点：适用于吊装总重量很大，但每一节的重量又不重的塔设备。所以只需起重量较小，其高度超过吊装塔的总高度的起重杆就行。

缺点：高空作业的工作量大，操作不够安全，质量难以保证。

（2）倒装法

优点：减少高空作业工作量，安全，质量易保证。

缺点：需要起重量较大的起重杆，但起重杆高度可低于塔总高。它适用于吊装总重量不太大，但高度较高的塔设备。

2. 单杆整体吊装法

塔设备的单杆整体吊装法分为滑移法、旋转法及扳倒法三种。和起重杆的安装方法基本相同，其安装工艺和双杆整体滑移法也基本相同，在此不再赘述。

3. 联合吊装法

利用起重杆和建筑构架上的起重滑轮组或链式起重机进行联合整体吊装是很常见的一种吊装方法。

第三节　新建化工厂的试车

一、试车准备

试车工作是系统、严谨的工作，往往会出现很多问题，因此要注意以下几点。

① 试车工作必须严格执行试车总体方案规定的程序，当在试车过程中发生事故或故障时，必须立即查明原因，采取措施，予以排除，否则严禁继续试车。

② 预试车所需用的电力、水、燃料、气、蒸汽、易损备件和施工预算中未包括的各种化学品、各种润滑油脂，以及化工投料试车和生产考核所需的物资等，一般由建设单位负责供应。

③ 化工投料试车应避开严寒季节，否则必须采取相应的防冻、防寒措施。

试车准备包括组织准备和技术准备两个方面。

组织准备就是成立必要的组织，确定领导人员和组织分工，研究试车的方法和具体步骤，明确任务和要求。试车时应配备安全员和记录员。

技术准备内容包括以下几个方面。

① 根据施工图检查各设备的安装质量，是否符合所提的技术要求。

② 根据工艺流程图核对各设备的进出口和输送网路的连接是否正确。

③ 检查输送管道是否顺接，是否有脱节和密封不严现象存在，阀门转动是否灵活。

④ 检查供水和动力线路是否安装正确。

⑤ 检查压缩空气管路是否正确，是否有漏气现象。

⑥ 检查传动装置是否安装正确。

⑦ 检查各种安全防护措施，如防护罩和防护栏杆是否齐全和可行。

⑧ 在一切检查工作完成后，清理机器内部和现场，准备试车。在清理时特别要注意清除螺钉、螺母、铁块等金属杂物，以防损坏机器设备和发生人身事故。

二、预试车

预试车就是在安装工程完成以后，化工投料试车以前现场进行的各种工作。它包括管道系统及设备的预试车、单机试车和联动试车。

1. 管道系统和设备的预试车

管道吹扫工作一般结合大型压缩机的试车一并进行，亦可利用大型容器贮气进行吹扫工作。吹扫前要用盲板使管道系统与无关系统、机器及设备隔离。管道上的孔板、测温元件、管道仪表等和以法兰连接的调节阀应予拆除。对于焊接在管道上的调节阀，应采取流经旁路或卸掉阀头及阀口加保护套等防护措施；吹扫时按先干线后支线的顺序依次进行。对支线应采用轮流间歇吹扫的办法进行吹扫。用靶片的方法进行确定吹扫合格与否的检验。吹扫后，与机器、设备连接的管道应确保自由对中。

对于大口径的管道可采用人工清扫，大型压缩机的段间管道宜采用化学清洗的方法。清洗剂需选用曾在大型生产装置化学清洗中使用过的可靠的清洗液配方，经过化学清洗后暂不使用的管道系统，应采取置换充氮等防锈措施。忌油装置和管道系统的脱脂工作应按《脱脂工程施工及验收规范》的规定执行。脱脂后的装置严禁使用含油介质进行吹扫和严密性试验，并应妥善维护，进行必要的防锈处理。设备及管道系统的钝化处理，必须在联动试车合格，并经清洗合格后进行。

管道清扫后需要管道系统耐压试验，对管道试压时，在确保与其他系统隔离的前提下按管道的压力等级进行分段耐压试验；当管道和设备一同试压时，以设备的试验压力为准；当与仅能承受压差的设备相连时，必须采取可靠措施，确保在升压和卸压过程中其最大压差不得超过规定范围。

2. 单机试车

单机试车就是现场安装的驱动装置空负荷运转或单台机器、机组以水、空气等为介质进行的负荷试车，以检验其除受介质影响外的力学性能和制造、安装质量。

凡是有驱动的装置、机器或机组，安装后必须进行单机试车，其中确因受介质限制而不能进行试车的，必须经现场技术总负责人批准后，可留待化工投料试车时一并进行。

单机试车前应具备下列条件方可批准试车。

（1）硬件准备　与单机试车相关的设备、工艺管道进行吹扫或清洗合格，系统耐压试验合格，并经过相关电气和仪表调校后。

（2）人员准备　组织参与试车操作人员进行学习，熟悉试车方案和操作，经考试合格后方可参与试车。指定专人进行测试，认真做好记录。

（3）物质准备　试车所需燃料、动力、仪表空气、冷却水、脱盐水等确有保证；测试用仪表、工具、记录表格齐备。

试车前，需要划定试车区，无关人员不得进入，用盲板把试车系统与其他系统隔离，单机试车必须设置包括保护性联锁和报警等在内的自控装置。

试车过程中须按照机械说明书、试车方案和操作法进行指挥和操作，严禁多头领导、越级指挥、违章操作，防止事故发生。单机试车合格后，由参与试车的单位在《化工机器安装工程施工及验收规范》所规定的表格上共同签字确认。可以进入联动试车阶段。

3. 联动试车

联动试车是对规定范围内的机器、设备、管道、电气、自动控制系统等，在各自达到试车标准后，以水、空气等为介质所进行的模拟试运行，以检验其除受介质影响外的全部性能和制造、安装质量。

进行联动试车时应具备下列条件，并经全面检查确认合格后，方可开始联动试车。

（1）试车方案和操作方法已经批准。

（2）试车范围内的机器，除必须留待化工投料试车阶段进行试车的以外，单机试车已经全部合格。

（3）试车范围内的设备和管道系统的内部处理及耐压试验、严密性试验已经全部合格。

（4）试车范围内的电器系统和仪表装置的检测系统、自动控制系统、联锁及报警系统等应符合联动试车条件。

（5）工厂的正常管理机构已经建立，各级岗位责任制已经执行，参加试车的人员已经考试合格。

（6）试车所需燃料、水、电、汽、工艺空气和仪表空气等可以确保稳定供应，各种物资和测试仪表、工具皆已齐备。

（7）试车方案中规定的工艺指标，报警及联锁设备规定值已确认并下达。

（8）试车现场有碍安全的机器、设备、场地、走道处的杂物，已经清理干净。

联动试车前应划定试车区，无关人员不得进入，在联动试车过程中，试车人员应按建制上岗，服从统一指挥，按照试车方案及操作法精心指挥和操作。不受工艺条件影响的仪表、保护性联锁、报警皆应参与试车，并应逐步投用自动控制系统。联动试车过程中应按试车方案的规定认真做好记录。

在规定的期限内，参与联动试车的系统应首尾衔接地稳定运行；参加试车的人员应掌握开车、停车、事故处理和调整工艺条件的技术。联动试车完成并经消除缺陷后，由建设单位负责向上级主管部门申请化工投料试车。

三、化工投料试车

化工投料试车是对工厂的全部生产装置按设计文件规定的介质打通生产流程，进行各装置之间首尾衔接的试运行，以检验其除经济指标外的全部性能，并生产出合格产品。

除合同另有规定外，化工投料试车方案一般由建设单位组织生产部门和设计、施工单位共同编制，由生产部门负责指挥和操作。在工程交接证书签署后，向上级申报化工投料试车报告和方案，得到批准后，可以着手准备投料试车。

化工投料试车前必须具备下列条件。

（1）工厂的生产经营管理机构和生产指挥调度系统已经建立，责任制度已经明确，管理人员、操作维修人员经考试合格，已持上岗合格证就位。

（2）以岗位责任制为中心的各项规章制度、工艺规程、安全规程、机电仪表维修规程、分析规程以及岗位操作法和试车方案等皆已印发实施。

（3）全厂人员都已受过安全、消防教育，生产指挥、管理人员和操作人员经考试合格，已获得安全操作证。

（4）水、电、汽、气已能确保连续稳定供应，事故电机、不间断电源、仪表自动控制系统、集散系统已能正常运行。

（5）原料、燃料、化学药品、润滑油脂、包装材料等，已按设计文件和试车方案规定的规格数量配齐，并能确保连续稳定供应。

（6）储运系统已能正常运行。

（7）试车备品、备件、工具、测试仪表、维修材料皆已齐备，并建立了正常的管理制度。

（8）自动分析仪表，化验分析用具已经调试合格，分析仪表样气、常规分析标准溶液皆已备齐，现场取样点皆已编号，分析人员已经上岗就位。

（9）机械、管道的绝热和防腐工作已经完成。

（10）机器、设备及主要的阀门、仪表、电气皆已标明了位号和名称，管道皆已标明了介质和流向。

（11）盲板皆已按批准的带盲板的工艺流程图安装或拆除，安装的盲板具有明显标志，并经检查位置无误，质量合格。

（12）生产指挥、调度系统及装置内部的通信设施已经畅通，可供生产指挥系统及各管理部门随时使用。

（13）全厂安全、急救、消防设施已经准备齐全，安全网、安全罩、电器绝缘设施、避雷、防静电、防尘、防毒、事故急救等设施也已齐备，可燃气体检测仪、火灾报警系统经检查，试验灵敏可靠，并皆已符合有关安全的规定。

（14）全厂道路畅通，照明可以满足试车需要。

（15）"三废"处理装置已经建成，预试车合格，具备了投用条件。

（16）各计量仪器已标定合格，并处于有效期内。

（17）岗位操作记录、试车专用表格等已准备齐全。

准备工作完备后，经组织检查合格、批准，方可进行化工投料试车。试车时，必须按化工投料试车方案和操作法进行操作，化工投料试车必须循序渐进，当上一道工序不稳定或下一道工序不具备条件时，不得继续进行下一道工序试车。在化工投料试车期间，化学分析工作要按设计文件及分析规程规定的项目和频率进行分析，必要时可以增加分析项目和频率，并且按照化工投料试车方案的规定测定数据，做好记录。争取在规定的试车期限内，打通生产流程，生产出合格产品，完成投料试车。化工投料试车合格后，应及时消除试车中暴露的缺陷，并逐步达到满负荷试车，为生产考核创造条件。

试车过程中需要注意以下问题。

（1）参加试车人员必须在明显部位佩戴试车证，无证人员不得进入试车区。

（2）仪表、电气、机械人员必须和操作人员密切配合，在修理机械、调整仪表、电气时，应事先办理工作票，防止发生事故。

（3）化工投料试车应避开严寒季节，否则必须制订冬季试车方案，落实防冻措施。

（4）化工投料试车应达到标准，并不得发生重大事故和超过试车预算。

（5）与试车相关的各生产装置必须统筹兼顾，首尾衔接，同步试车。

四、试车中的调整工作

一般新建厂的试车过程，需要反复进行调试，才能达到设计规定的要求。所以，调整工作是一项技术性较强的工作。试车调整可从以下几方面着手。

（1）全面检查各设备的工艺效果，对于达不到要求的要查出原因，通过调试，设法达到要求。

（2）检查设备的生产量是否已达到设计要求。

（3）检查和调整传动系统，保证传动可行和平稳，动力分配和使用合理。

（4）根据工艺设计要求，使各生产工段的操作指标调整到规定范围。

新建厂试车成功，各项技术经济指标能达到设计要求时，按工程验收规定，正式移交生产部门使用。

思 考 题

1. 试叙述某三层车间纵、横安装基准线的确定方法。

2. 试列举预埋地脚螺栓的方法以及每种方法的特点。

3. 进行设备安装时需要进行找正，找正的时候可以选择哪些部位作为安装基准点？

4. 试叙述塔类设备安装时可以采用的方法。

5. 试解释单机试车、联动试车和化工投料试车。

6. 试叙述工艺管道系统的吹扫注意事项。

7. 列举化工投料试车前必须具备的条件。

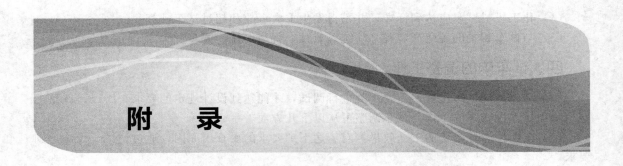

附　录

附录1　工艺流程图常用设备图例

设备类型及代号	图　例
塔（T）	填料塔　　板式塔　　喷洒塔
塔内件	降液管　受液盘　浮阀塔塔板　泡罩塔塔板　格栅板　升气管 湍球塔　筛板塔塔板　（丝网）除沫层　分配（分布）器、喷淋器　填料除沫层
反应器（R）	固定床反应器　列管式反应器　流化床反应器　反应釜（带搅拌、夹套）
工业炉（F）	箱式炉　　圆筒炉　　圆筒炉

续表

设备类型及代号	图　　例
火炬烟囱（S）	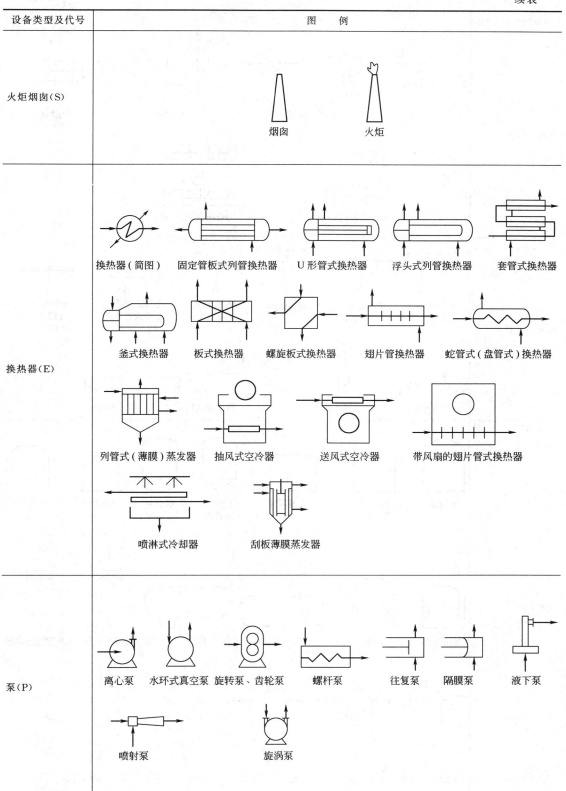
换热器（E）	
泵（P）	

设备类型及代号	图 例

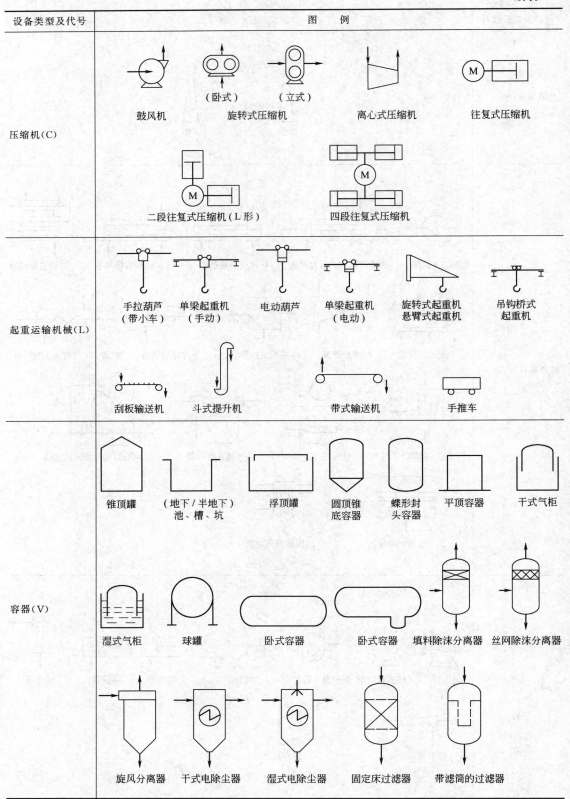

压缩机(C)

鼓风机　　旋转式压缩机（卧式）（立式）　　离心式压缩机　　往复式压缩机

二段往复式压缩机（L形）　　四段往复式压缩机

起重运输机械(L)

手拉葫芦（带小车）　单梁起重机（手动）　电动葫芦　单梁起重机（电动）　旋转式起重机悬臂式起重机　吊钩桥式起重机

刮板输送机　斗式提升机　带式输送机　手推车

容器(V)

锥顶罐　（地下/半地下）池、槽、坑　浮顶罐　圆顶锥底容器　蝶形封头容器　平顶容器　干式气柜

湿式气柜　球罐　卧式容器　卧式容器　填料除沫分离器　丝网除沫分离器

旋风分离器　干式电除尘器　湿式电除尘器　固定床过滤器　带滤筒的过滤器

续表

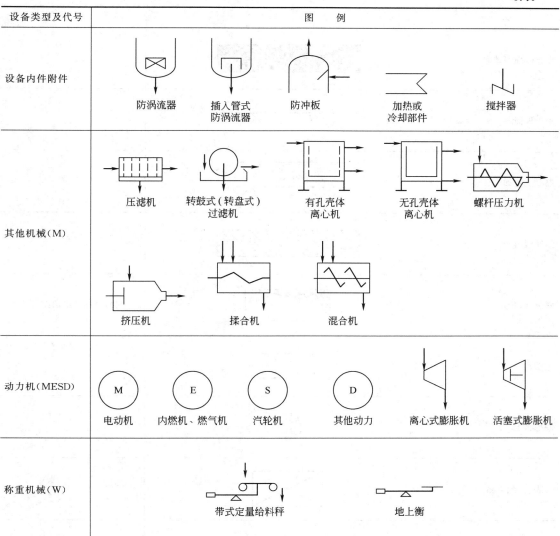

设备类型及代号	图　例
设备内件附件	防涡流器　　插入管式防涡流器　　防冲板　　加热或冷却部件　　搅拌器
其他机械（M）	压滤机　　转鼓式（转盘式）过滤机　　有孔壳体离心机　　无孔壳体离心机　　螺杆压力机　　挤压机　　揉合机　　混合机
动力机（MESD）	M 电动机　　E 内燃机、燃气机　　S 汽轮机　　D 其他动力　　离心式膨胀机　　活塞式膨胀机
称重机械（W）	带式定量给料秤　　地上衡

附录 2　设备布置图图例及简化画法

名　称	图　例	备　注
方向标	PN 0° 270° 90° 3mm 180°	圆直径为 20mm

续表

名　称	图　例	备　注
砾石(碎石)地面		
素土地面		
混凝土地面		
钢筋混凝土		
安装孔、地坑		剖面涂红色或填充灰色
电动机	M	
圆形地漏		
仪表盘、配电箱		
双扇门		剖面涂红色或填充灰色
单扇门		剖面涂红色或填充灰色
空门洞		剖面涂红色或填充灰色
窗		剖面涂红色或填充灰色
栏杆	平面　　　立面	

名　称	图　例	备　注
花纹钢板	局部表示网格线	
算子板	局部表示算子	
楼板及混凝土梁		剖面涂红色或填充灰色
钢梁		剖面涂红色或填充灰色
楼梯	下　上　上　下	
直梯	平面　　　立面	
地沟混凝土盖板		
柱子	混凝土柱　　钢柱	剖面涂红色或填充灰色
管廊		按柱子截面形状表示

名　称	图　例	备　注
单轨吊车	平面　　　　　立面	
桥式起重机	平面　　　　　立面	
悬臂起重机	平面　　　　　立面	
旋臂起重机	平面　　　　　立面	
铁路	平面	线宽 0.6mm
吊车轨道及安装梁	平面　　　　　T. B.	
平台和平台标高	EL ×××××	
地沟坡度和标高	i = ×××× 　EL××××	

附录 3　管道及仪表流程图中的缩写

缩写词	中文词义	缩写词	中文词义
A	空气(空气)驱动	BTF. V	蝶阀
A	分析	BUR	燃烧器、烧嘴
ABS	绝对的	B. V	由制造厂(卖主)负责
ABS	丙烯腈-丁二烯-苯乙烯	C	管帽
ABS. EL	绝对标高	CAB	醋酸丁酸纤维素
ACF	先期确认图纸资料	CAT	催化剂
ADPT	连接头	C. B	雨水井(池)、集水井(池)、滤污器
AFC	批准用于施工	C/C(C-C)	中心到中心
AFD	批准用于设计	CCN	用户变更通知
AFP	批准用于规划设计	C. D	密闭排放
AGL	角度	C/E(C-E)	中心到端头(面)
AGL. V	角阀(角式截止阀)	CEMLND	衬水泥的
ALT	高度、海拔	CENT	离心式、离心力、离心机
ALUM.	铝	CERA.	陶瓷
ALY. STL.	合金钢	C/F(C-F)	中心到面
AMT	总量、总数	CF	最终确认图纸资料
APPROX	近似的	CG	重心
ASB.	石棉	CH	冷凝液收集管
ASPH.	沥青	CHA. OPER	链条操纵的
A. S. S	奥氏体不锈钢	C. I.	铸铁
ATM	大气、大气压	CIRC	循环
AUTO	自动的	CIRC.	圆周
AVG	平均的、平均值	C. L(ϕ)	中心线
B	买方、买主	CL	等级
BAR	气压计、气压表	CLNC	间距、容积、间隙
BA. V	球阀	CND	水管、导道、管道
B/B(B-B)	背至背	CNDS	冷凝液
B. B	买方负责	C. O	清扫(口)、清除(口)
BBL(bbl)	桶、桶装	COD	接续图
B. C	二者中心之间(中心距)	COEF	系数
BD. V	泄料阀、排污阀	COL	塔、柱、列
BF	盲法兰	COMB	组合、联合
B. INST	由仪表(专业)负责	COMBU	燃烧
BL	界区线范围、装置边界	COMPR	压缩机
BLD	挡板、盲板	CONC	同心的
BLC. V	切断阀	CONC.	混凝土
B. M	基准点、水准	CONC. RED	同心异径管
BOM	材料表、材料单	CONDEN	冷凝器
BOP	管底	COND.	条件、情况
BOT	底	OCNN	连接、管接头
BP	背压	CONT	控制
B. P	爆破压力	CONTD	连接、续
B. PT	沸点	CONT. V	控制阀
BRS.	黄铜	COP.	铜、紫铜
BR. V	呼吸阀	CPE	氯化聚醚
BRZ.	青铜	CPMSS	综合管道材料表
B. S	由卖主负责	CPLG	联轴器、管箍、管接头

缩写词	中文词义	缩写词	中文词义
CPVC	氯化聚氯乙烯	EPR	乙丙橡胶
C. S.	碳钢	EQ	公式、方程式
CSC	关闭状态下铅封(未经允许不得开启)	E. S. S	紧急关闭系统
CSO	开启状态下沿封(未经允许不得关闭)	EST	估计
C. STL.	铸钢	etc	等等
CSTG	铸造、铸件、浇铸	ETL	有效管长
CTR	中心	EXH	排气、抽空、取尽
C. V	止回阀、单向阀	EXIST	现有的、原有的
CYL	钢瓶、汽缸、圆柱体	EXP	膨胀
D	密度	EXP. JT	伸缩器、膨胀节、补偿器
D	驱动机、发动机	FBT. V	罐底排污阀
DAMP	调节挡板	FC	故障(能源中断)时阀关闭
DA. P	缓冲筒(器)	FD	法兰式的和碟形的(圆板形的)
DBL	双、复式的	F. D	地面排水口、地漏法兰端部
DC.	设计条件	FE	面到面
DDI	详细设计版	F/F(F-F)	平面(全平面、满平面)
DEG	度、等级	FF	消防水龙带
DF.	设计流量	F. H	平盖
D. F	喷嘴式饮水龙头	FH	故障(能源中断)时阀处任意位置
DH	分配管(蒸汽分配管)	FI	图
DIA	直径、通径	FIG.	故障(能源中断)时阀保持原位
DIM	尺寸、量纲	FL	(最终位置)
DISCH	排料、出口、排出	FL	楼板、楼面
DISTR	分配	FLG	法兰
DIV	部分、分割、隔板	FLGD	法兰式的
DN	公称(名义)通径	FL. PT	闪点
DN	下	FMF	凹面
DP.	设计压力	FO	故障(能源中断)时阀开启
D. PT	露点	FOB	底平
DP. V	隔膜阀	FOT	顶平
DR.	驱动、传动	FPC. V	翻板止回阀
DRN	排放、排水、排液	FPRF	防火
DSGN	设计	F. PT	冰点
DSSS	设计规定汇总表	FS	冲洗源
DT.	设计温度	F. STL.	锻钢
DV. V	换向阀	FS. V	冲洗阀
DWG	图纸、制图	FTF	管件直连
DWG NO	图号	FTG	管件
E	东	FT. V	底阀
E	内燃机	F. W.	现场焊接
E	燃气机	G(GENR)	发电机、动力发生机、发生器
ECC	偏心的、偏心器(轮、盘、装置)	GALV	电镀、镀锌
ECC RED	偏心异径管	G. CI	灰铸铁
E. F	电炉	GEN	一般的、通用的、总的
EL	标高、立面	GL	玻璃
ELEC	电、电的	G. L	地面标高
EMER	事故、紧急	GL. V	截止阀
ENCL	外壳、罩、围墙	G. OPER	齿轮操作器
EP	防爆	GOV	调速器
EPDM	乙烯丙烯二烃单体	GR	等级、度

缩写词	中 文 词 义	缩写词	中 文 词 义
GRD	地面	LG	玻璃管(板)液位计
GRP	组、类、群	LIQ	液体
GR. WT	总(毛)重	LJF	松套法兰
GS	气体源	LL	最低(较低)
GSKT	垫片、密封垫	LLL	低液位
G. V	闸阀	LND	衬里
H	高	LO	开启状态下加锁(锁开)
HA. P	手摇泵	L. P	低压
HAZ	热影响区	LPT	低点
H. C	手工操作(控制)	L. R	载荷比
HC.	软管连接、软管接头	LR	长半径
H. C. S	高碳钢	LTR	符号、字母、信
HCV	手动控制阀	LUB	润滑油、润滑剂
HDR	总管、主管、集合管	M	电动机、马达、电动机执行机构
HH	手孔	MACH	机器
HH	最高(较高)	MATL	材料、物质
HLL	高液位	MAX	最大的
HOR	水平的、卧式的	M. C. S	中碳钢
H. P	高压	MDL(M)	中间的、中等的、正中、当中
HPT	高点	MF	凸面
HS	软管站(公用工程站、公用物料站)	M&F	阳的与阴的(凸面和凹面)
HS	液压源	MH	人孔
HS. C. I	高硅铸铁	M. I.	可锻铸铁
HS. V	软管阀	MIN	最小的
HT	高温	M. L	接续线
HTR	加热器(炉)	MOL WT	分子量
HYR	液压操纵器	MOV	电动阀
ID	内径	M. P.	中压
i. e	即、也就是	M. S. S	马氏体不锈钢
IGR	点火器	MTD	平均温差
INL. PMP	管道泵	MTO	材料统计
IN	进口、入口	MW	最小壁厚
IN	输入	M. W	矿渣棉
INS	隔热、绝缘、隔离	N	北
INST	仪表、仪器	NB	公称孔径
INSTL	装置、安装	NC	美国标准粗牙螺纹
INST. V	仪表阀	N. C	正常状态下关闭
INTMT	间歇的、断续的	N. C. I.	球墨铸铁
IS. B. L	装置边界内侧	NF	美国标准细牙螺纹
JOB NO	项目号	NIL	正常界面
KR	转向半径	NIP	管接头、螺纹管接头
L	长度、段、节、距离	NLL	正常液位
L	低	N. O	正常状态下开启
LN. BLD	管道盲板	NOM	名义上的、公称的、额定的
LNB. V	管道盲板阀	NO. PKT	不允许出现袋形
LC	关闭状态下加锁(锁闭)	NOR	正常的、正规的、标准的
L. C. S	低碳钢	NOZ	喷嘴、接管嘴
LC. V	升降式止回阀	NPS	国标管径
LEP	大端为平的	NPS	美国标准直管螺纹
LET	大端带螺纹	NPSHA	净(正)吸入压头有效值

缩写词	中文词义	缩写词	中文词义
NPSHR	净（正）吸入压头必需值	PT	点
NPT	美国标准锥管螺纹	PTFE	聚四氟乙烯
NS	氮源	PT. V	柱塞阀
NUM	号码、数目	P. V	旋塞阀
N. V	针形阀	PVC	聚氯乙烯
OC.	操作条件、工作条件	PVCLND	聚氯乙烯衬里
OD	外径	PVDF	聚偏二氟乙烯
OET	一端制成螺纹（一端带螺纹）	Q CPLG	快速接头
OF.	操作流量、工作流量	QC. V	快闭阀
O/O(O-O)	总尺寸、外廓尺寸	QO. V	快开阀
OOC	坐标原点	OTY	数量
OP.	操作压力、工作压力	R	半径
OPER	操作的、控制的、工作的	RAD	辐射器、散热器
OPP	相对的、相反的	R. C	棒桶口（孔）
OR	外半径	RECP	贮罐、容器、仓库
ORF	孔板、小孔	RED	异径管、减压器、还原器
OS. B. L	装置边界外侧	REGEN	再生器
OT.	操作温度、工作温度	REV	修改
PA	聚酰胺	RF	突面
PAP	管道布置平面	RFS	光滑突面
PAR	平行的、并联的	R. H.	相对湿度
PARA	段、节、款	RJ	环形接头（环接）
PB	聚丁烯	RL. V	泄压阀
PB	按钮	RO	限流孔板
PB STA	控制（按钮）站	RP	爆破片
PC	聚碳酸酯	RS	升杆式（明杆）
PE	平端	RSP	可拆卸短管（件）
PE	聚乙烯	RUB LND	衬橡胶
P. F	永久过渡器	RV	减压阀
PF	平台、操作台	S	取样口、取样点
PFD	工艺流程图	S	卖方、卖主
PG	塞子、丝堵、栓	S.	壳体、壳程、壳层
PI	交叉点	S	南
P&ID	管道仪表流程图	S	特殊（伴管）
P. IR.	生铁	SA. V	取样阀
PL	板、盘	SC	取样冷却器
PLS	塑料	SCH. NO	壁厚系列号
PMMA	聚甲基丙烯酸甲酯	SCRD	螺纹、螺旋
PN	公称压力	SECT	剖面图、部分、章、段、节
PNEU	气动的、气体的	SEP	小端为平的
PN. V	夹套式胶管阀（用于泥浆粉尘等）	SET	小端带螺纹
PO	聚烯烃	S. EW	安全洗眼器
POS	支承点	S. EW. S	安全喷淋洗眼器
PP	聚丙烯	SG	视镜
P. PROT	人员保护	SH. ABR	减震器、振动吸收器
PRESS(P)	压力	SK	草图、示意图
PS	聚苯乙烯	SLR	消声器
P. SPT	管架	SL. V	滑阀
PSR	项目进展情况报告	SN.	锻制螺纹短管
PSSS	订货单、采购说明汇总表	SNR	缓冲器、锚链制止器、掏槽眼、减震器

缩写词	中文词义	缩写词	中文词义
SO.	蒸汽吹出（清除）	TOP	顶、管顶
SP	特殊件	TOS	架顶面、钢结构顶面
SP.	静压	TR. V	节流阀
S. P.	设定点	T. S	临时过滤器
S. P	设定压力、整定压力	TURB	透平机、涡轮机、汽轮机
SPEC	说明、规格特性、明细表	U. C	公用工程连接口（公用物料连接口）
SP GR	相对密度（比重）	UFD	公用工程流程图（公用物料流程图）
SP HT	比热容	UG(U)	地、地下
SR	苯乙烯橡胶	UH	单元加热器、供热机组
S. S	安全喷淋器	UN	活接头、联合、结合
S. S.	不锈钢	V	阀
SS	蒸汽源	V	制造商、卖主
ST	蒸汽伴热	VAC	真空
ST.	蒸汽（透平）	VARN	清漆
STD	标准	VBK	破真空（阀）
S. TE	T 形结构	VCM	厂商协调会
STL.	钢	VEL	速度
STM	蒸汽	VERT	垂直的、立式、垂线
STR	过滤器	VISC	黏度
SUCT	吸入、入口	VIT	玻璃状的、透明的
SV	安全阀	VOL	体积、容量、卷、册
SW	承插焊的	VT	放空
SW	开关	V. T	缸瓦质、陶瓷质
SYM	对称的	VTH	放气孔、通气孔
SYMB	符号、信号	VT. V	放空阀
T	T 形、三通	W	西
T	蒸汽疏水阀	WD	宽度、幅度、阔度
T.	管子、管程、管层	WE	随设备（配套）供货
T&B	顶和底	W. I	熟（锻）铁
T/B(T-B)	顶到底	W. LD	工作荷载、操作荷载
TE	螺纹端	WNF	对焊法兰
TEMP(T)	温度	WP	全天候、防风雨的
THD	螺纹的	W. P.	工作的、操作的
THK	厚度	WS	水源
TIT.	钛	WT	壁厚
TL	切线	WT.	重量
TL/TL(TL-TL)	切线到切线	XR	X 射线

附录4　首页图

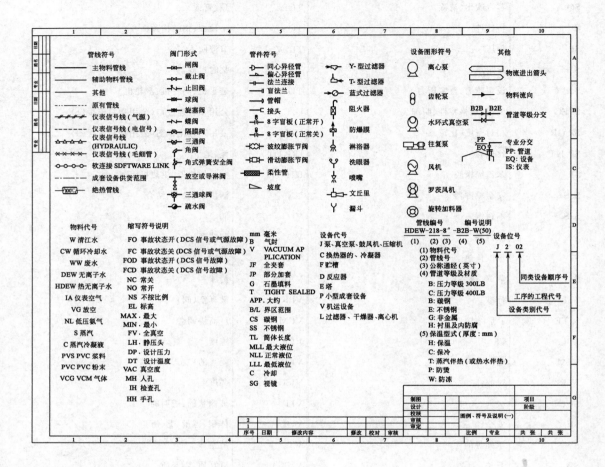

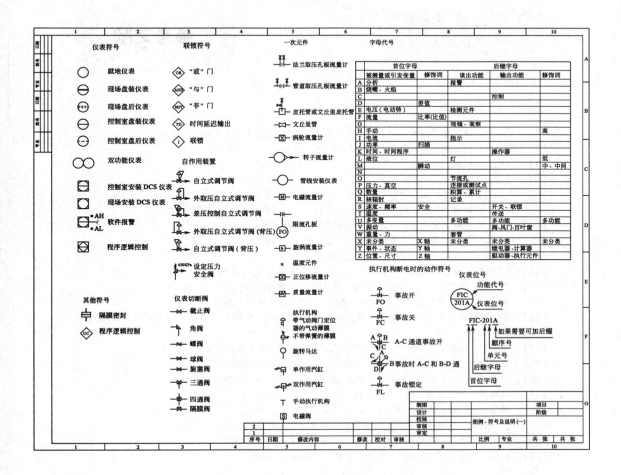

参考文献

［1］ 吴德荣．化工工艺设计手册．第4版．北京：化学工业出版社，2009．

［2］ 蔡庄红．化工制图．北京：化学工业出版社，2009．

［3］ 陈砺，王红林．化工设计．北京：化学工业出版社，2017．

［4］ 梁志武，陈声宗．化工设计．北京：化学工业出版社，2017．

［5］ 王德堂，周福富．化工安全设计概论．北京：化学工业出版社，2008．

［6］ 黄英，王艳丽．化工过程开发与设计．北京：化学工业出版社，2008．

［7］ 黄英，王艳丽．化工设计．北京：化学工业出版社，2008．

［8］ 王静康．化工过程设计．北京：化学工业出版社，2006．

［9］ 尹先清．化工设计．北京：石油工业出版社，2006．

［10］ 刘道德等．化工厂的设计与改造．长沙：中南大学出版社，2005．

［11］ 王正德，乔子荣．化工设计习题集．内蒙古：内蒙古大学出版社，2005．

［12］ 侯文顺．化工设计概论．第2版．北京：化学工业出版社，2005．

［13］ 中国石化集团上海工程有限公司主编．化工工艺设计手册．第4版．北京：化学工业出版社，2009．

［14］ 方利国，陈砺．计算机在化学化工中的应用．北京：化学工业出版社，2003．

［15］ 娄爱娟，吴志泉，吴叙美．化工设计．上海：华东理工大学出版社，2002．

［16］ 时钧，汪家鼎，余国琮，陈敏恒．化学工程手册．北京：化学工业出版社，2002．

［17］ 苏健民．化工技术经济．北京：化学工业出版社，2002．

［18］ 黄璐，王保国．化工设计．北京：化学工业出版社，2001．

［19］ 王红林．化工设计．广州：华南理工大学出版社，2001．

［20］ 彭秉璞．化工系统分析与模拟．北京：化学工业出版社，2001．

［21］ 黄璐，王保国．化工设计．北京：化学工业出版社，2000．

［22］ 傅启民．化工设计．北京：化学工业出版社，1999．

［23］ 中国石化集团上海工程有限公司．化工工艺设计手册（上、下册）．第4版．北京：化学工业出版社，2009．

［24］ 李国庭，胡永琪．化工设计及案例分析．北京：化学工业出版社，2016．